데이터 통신과 네트워크

서장원 · 박민식 · 김기태 공저

도서출판 기한재

인터넷을 기반으로 한 정보화 사회에 있어서 실시간으로 생산되는 많은 양의 정보들을 얼마만큼 빠르고 효율적으로 처리하느냐 하는 문제는 컴퓨터 네트워크 기술과 더불어 데이터 통신에서 다루어야 하는 매우 중요한 사항이다. 특히, 현재와 같은 무선 네트워크 환경이 증가함으로 인해 데이터 처리 기술은 시간과 비용 절감 측면에서도 신중히 고려해야 할 필수적인 부분이다.

본 교재는 이러한 데이터 통신망 상의 운영 목적과 개념을 충실히 이해하고 응용할 수 있도록 데이터 통신과 네트워크 기반 통신 그리고 차세대 정보 통신 기반 기술 분야에 대해 서술하였다.

이 책의 구성을 세부적으로 살펴보면, 1장에서는 데이터 통신의 정의와 개요에 대해 설명하였고, 2장과 3장에서 각각 데이터 전송 기술과 네트워크 구축 기술을 설명하였으며, 4장에서는 데이터 전송 시 발생할 수 있는 전반적인 오류에 대한 데이터 제어 기술을 설명하였다. 5장에서는 프로토콜의 개념과 통신의 기초가 되는 OSI 7계층 모델에 대해 소개하였고, 6장에서는 네트워크 구축 모형의 종류와 응용에 대해 설명하였으며, 7장에서는 인터넷과 관련된 주소 체계와 TCP/IP 프로토콜에 대해서 설명하였다.

그리고 8장에서는 무선과 이동통신 기술에 대해 설명하였고, 9장과 10장에서는 무선 LAN 기술과 향후 IT 산업의 트랜드가 될 네트워크 기반 기술들에 대한 내용을 서술하였다.

오랜 시간동안 많은 참고문헌과 최근 강의노트를 나름대로 수집하고 분석하여 정리하였지만, 만족한 결과보다는 아직도 미흡하고 아쉬운 부분들이 더 많이 있는 것 같습니다. 향후, 강의와 연구를 통해 보다 나은 교재가 될 수 있도록 지속적인 수정과 보완 작업을 수행할 것임을 약속드립니다.

끝으로 이 책이 완성되기까지 격려해 주신 동료 교수님들과 출판을 위해 물심양면으로 도움을 주신 도서출판 기한재의 김형근 사장님과 편집부 직원 여러분께 깊이 감사드립니다.

제10장 최신 네트워크 기반 기술_247

제 1 장

데이터 통신의 개요

데이터 통신이란 무엇인지 이해하고. 데이터 통신의 발전과정과 구조, 표준에 대해 각각 학습한다.

1.1 데이터 통신의 개념

보다 빠르고 정확하게 정보를 송수신하기 위한 방법과 연구들이 오래 전부터 활발하게 진행되어 왔다. 최근에 와서는 통신 기술과 컴퓨터의 비약적인 발전으로 인해 그 방법들이 더욱 크게 변화되고 있으며, 특히 컴퓨터 시스템의 응용분야에서 데이터를 발생 근원지에서 직접 입력하여 컴퓨터로 처리한 다음 생성된 정보를 필요로 하는 어느 곳으로도 즉시 전송이 가능한 방식이 보편화되고 있다.

아울러 즉시 전송을 위한 실시간 처리 시스템에서는 해당 작업을 처리하는데 있어서 필요한 처리 속도의 응답 시간을 보장하는 컴퓨터와 데이터 전송 시스템이 필요한데, 데이터 전송 시스템이란 "기계를 이용해서 처리하거나 혹은 처리된 데이터의 전송"을 의미한다.

여기서, 데이터란 임의의 형태로 형식화된 사실이나 개념, 의사, 명령 등을 사람이나 기계에 의한 처리가 적합하도록 숫자, 문자, 기호 등으로 나타낸 것이다. 컴퓨터 시스템의 관점에서 보면 데이터는 0과 1로 이루어진 2진수 형태의 디지털 정보처리 단위를 의미한다. 그리고, 통신이란 정보 송신자와 정보 수신자간의 정보의 이동으로, 원격지 상에 있는 두 지점간의 정보 전달을 의미한다. 따라서, 통신의 목적은 상대방과 의사소통을 원활히 하기 위해서 언제 어디서나 필요한 시기에 신속하고 정확하게 정보를 전달하는데 있다.

데이터 통신이란 "멀리 떨어져 있는 입출력 장치와 컴퓨터를 통신회선을 이용하여 넓은 범위의 데이터 처리와 데이터 전송을 종합적으로 가능케 하는 방식"이라고 정의할 수 있다. 다시 말해서, 데이터 통신이란 데이터 전송에 데이터 처리까지 덧붙여서 포함시킨 의미를 담고 있다. 이때, 데이터 통신을 목적으로 구축해 놓은 시스템을 데이터 통신 시스템이라고 한다.

데이터 통신 시스템의 기본적인 구성은 사용자가 데이터 통신 시스템과의 접점에서 사용하는 데이터 입출력의 단말 장치, 데이터를 처리하는 중앙 장치 그리고 이 둘을 연결하는 데이터 전송회선으로 구성되어진다.

따라서, 데이터 통신 시스템을 효과적으로 운용하기 위해서는 다음과 같은 세 가지 중요한 목표가 설정되어야 한다.

- **데이터 전송의 정확성**: 데이터는 전송 중에 신호 감쇠나 잡음 등에 의해 원래의 형태가 변형될 수 있고, 결과적으로 잘못된 정보가 전송될 수 있다. 이는 데이터 통신의 실패를 의미한다. 따라서, 이를 해결하기 위해서 데이터 통신 시스템에서는 여러 가지 방법으로 정확한 정보 전송을 위해 노력해야 한다.
- **데이터 전송의 효율성**: 데이터 전송에 투자된 비용이 획득한 정보의 가치 보다 크다면 그러한 데이터 통신은 그 의미를 상실하게 된다. 따라서, 데이터의 전송은 정확하고 효율적으로 이루어

져야 한다.

- **데이터 전송의 안전성**: 정확하고 효율적인 전송이 이루어졌다고 하더라도 그 데이터의 내용이 원하지 않는 제3자에게 누출되거나 또는 변형된다면 이 또한 큰 문제가 될 수 있다. 따라서, 성공적인 데이터 통신의 수행을 위해서 전송은 안전하게 이루어져야 한다.

1.2 데이터 통신의 발전과정

1844년 모르스(Samuel F. B. Morse)는 유선으로 두 지점 사이에 전기적인 펄스 형태로 데이터를 전송하는 방법을 고안하였는데, 이것이 전기통신의 효시인 전신이 되었다. 그 후, 1876년에는 알렉산더 그레함 벨(A. G. Bell)이 전화기를 발명해서 통신선을 통하여 데이터와 음성을 전달할 수 있게 되었다.

컴퓨터와 통신 기술이 결합한 데이터 통신 시스템의 기원은 1958년 미국에서 군사 목적으로 개발한 SAGE(Semi-Automatic Ground Environment) 시스템이다. 이 시스템은 지령 센터에 있는 컴퓨터와 항공 레이더망을 통신회선으로 연결하고 전 항공기로부터 전달되어지는 정보를 컴퓨터로 분석 처리하여 임무 수행중인 전투기에 지령을 내려주는 시스템이다.

그 후, 이와 같은 기술은 민간의 상업적인 분야로 응용되어 1964년 미국의 항공회사인 American Airline이 좌석 예약과 회계 업무 등에 관련된 정보를 처리하기 위해서 세계 최초의 상업용 데이터 통신 시스템인 SABRE(Semi-Automatic Business Research Environment)를 개발하였다. SABRE 시스템은 각 지역에 분산된 공항, 지점 등에 설치된 1,300여대의 단말기와 뉴욕의 컴퓨터 센터를 연결하여 기본적인 좌석 예약은 물론 항공기 운항 계획, 경영 정보 등을 처리하도록 하였다.

또한, 1960년대에는 컴퓨터 시스템을 다수의 사용자가 공동으로 이용하기 위한 시분할 시스템(TSS : Time Sharing System) 개발에 주력하게 되었다. 이런 목적의 시스템으로 미국의 MIT 대학에서 1963년 CTSS(Compatible Time Sharing System)를 완성하였고, 1968년에는 기존 CTSS 기술에서 얻은 경험을 토대로 보다 큰 규모의 시분할 처리를 목표로 한 MULTICS (MULTiplex Information and Computing Service)를 완성하였다.

1960년대 후반부터 1970년대에 걸쳐서 데이터 통신의 발전이 급격하게 변화되었는데, 가장 큰 변화는 자원의 공유와 통신 설비의 비용 절감을 위한 패킷 교환망(packet switching)의 출현일 것이다. 이런 배경 하에서 1968년에 미국 국방성 고등 연구 계획국(ARPA : Advanced Research Project Agency)이 컴퓨터 네트워크의 실험을 시작하였는데, 이 실험 시스템을 ARPANET이라 명명해서 1971년부터 국방성을 중심으로 미국의 대학과 연구 기관에 있는 다수의 컴퓨터와 단말기를 디지털 회선으로 접속하여 각 단말에서 임의의 컴퓨터를 호출할 수 있는 실용적 시스템으로 구성하게 되었다. 이 ARPANET은 최초의 패킷 교환 방식을 사용하였는데, 이는 종래의 회선 교환 방식에 대해 융통성을 부여해서 컴퓨터 상호간의 통신에 적합한 방식으로서 데이터 통신 시대의 개막에 크게 공헌하게 된다.

1970년대에는 하와이 대학에서 시작된 실험용 무선 패킷 교환망인 ALOHA(Additive Links

Online Hawaii Area) 시스템도 컴퓨터 네트워크에 중요한 영향을 주었으며, 이는 1975년에 서비스를 개시한 미국의 TELENET이나 TYMNET 등의 민간 기준의 패킷 교환 데이터 통신의 개발로 이어진다.

한편, 컴퓨터 네트워크의 개념은 종래의 전기 통신망의 확장이 아니고 컴퓨터 시스템 고유의 개념 위에 데이터 통신망을 구축하는 네트워크 구조(network architecture)로 발전하였다. 이런 대표적인 예가 1974년에 IBM이 발표한 SNA(System Network Architecture)로서 컴퓨터간의 접속을 용이하게 하고, 이용 형태의 다양화, 복잡화에 대처하기 위한 체계화된 네트워크 방식이 있다.

1980년대 이후는 컴퓨터 기술의 발전과 함께 컴퓨터 가격의 하락, 컴퓨터 통신 기술의 발달로 각 기관에서는 개별적인 근거리 통신망(LAN : Local Area Network)을 구성하여 자원의 공유, 분산 처리, 사무자동화, 공장자동화 등에 이용하고 있다. LAN의 보급이 확산됨에 따라 지역적으로 분산되어 있는 LAN들을 공중 통신망을 통해 상호 연결하여 보다 광범위한 정보의 공유를 하고자 하는 요구가 증가되었다.

이에 따라, 지리적으로 대도시 크기의 영역에 분산되어 있는 LAN들을 상호 연결하여 데이터 통신 및 음성 또는 영상 등의 서비스를 제공하기 위해 도시 통신망(MAN : Metropolitan Area Network)에 대한 개념이 나타나게 되었다. 또한, 광역 통신망(WAN : Wide Area Network)은 지리적으로 멀리 떨어진 곳에 위치하고 있는 통신 장비들 사이에 데이터를 전송할 수 있는 서비스를 제공하기 위한 것이다.

한편, 1980년 중반 이후 가정에 들어오는 하나의 전화 가입자 회선으로 전화뿐만 아니라 데이터까지 통합 전송을 하기 위한 종합 정보 통신망(ISDN : Integrated Service Digital Network)에 대한 연구가 시작되었다. 이 기술은 기존의 전화 가입자 선을 디지털화하여 전화뿐만 아니라 FAX 및 PC를 동시에 연결하여 통신을 할 수 있다.

1980년대 말 국제전기통신연합(ITU-T)에서는 전화뿐만 아니라 데이터, 동영상까지 미래의 모든 정보 통신 서비스를 궁극적으로 통합하여 전송 및 교환하기 위한 새로운 광대역 종합 정보 통신망(B-ISDN : Broadband-ISDN) 표준화를 시작하였고, 이를 위해 ATM(Asynchronous Transfer Mode)을 B-ISDN을 위한 표준 기술로 채택하였다. B-ISDN의 실현은 서비스 품질이 보장되지 않는 현재 인터넷을 대체하고 모든 네트워크 응용들은 TCP/IP(Transmission Control Protocol/Internet Protocol)가 아닌 ATM 프로토콜을 사용할거라 예상하였다.

그러나, 1990년대 초 WWW(World Wide Web)의 등장으로 인하여 누구나 언제든지 손쉽게 인터넷을 사용할 수 있게 됨으로써 인터넷의 대중화 속도는 상상을 초월하였다. 웹은 1989년 CERN (Conseil European pourla Recherche Nucleaire)의 Tim Berner-Lee에 의해 개발되었는데, 그 핵심은 웹 서버와 클라이언트, HTTP(Hypertext Transfer Protocol)와 HTML(Hypertext Markup Language) 이다. 웹의 등장으로 인한 인터넷의 급속한 확산은 인터넷에 연결되는 호스트 수와 데이터 통화량을 1년의 거의 두 배씩 증가시킴으로써 정보 통신의 중심도 전화망에서 인터넷으로 급격히 패러다임이 바뀌어 가고 있다.

최근에는 통신 이용률이 증가하고 통신 서비스에 대한 사용자의 요구가 점차 고급화되고 다양화되는 추세에 맞추어 언제, 어디서나 시간과 공간을 초월하여 이동하면서 통신하고자 하는 욕구를 충족시켜 줄 수 있는 이동 통신과 위성 통신에 관련된 기술이 계속 연구 및 개발되고 있다. 특히, 차세대 이동 통신망으로서 육상, 이동 및 위성 통신 전체가 하나로 통합되고, 각 사용자가 자신의 개인 단말기로부터 음성, 화상 및 데이터 등 멀티미디어 서비스를 제공받을 수 있는 제3세대 이동 통신 시스템인 미래 공중 육상 이동 통신 시스템(FPLMTS : Future Public Land Mobile Telecommunication System)에 대한 연구가 21세기 통신 서비스 제공을 목표로 활발히 진행되고 있다.

1.3 데이터 통신의 구조

데이터 통신의 기본적인 구조는 두 지역 사이에서 정보를 교환하는 것이다. 여기서는 [그림 1.1]과 같은 간단한 통신 모델을 근거로 설명하도록 한다.

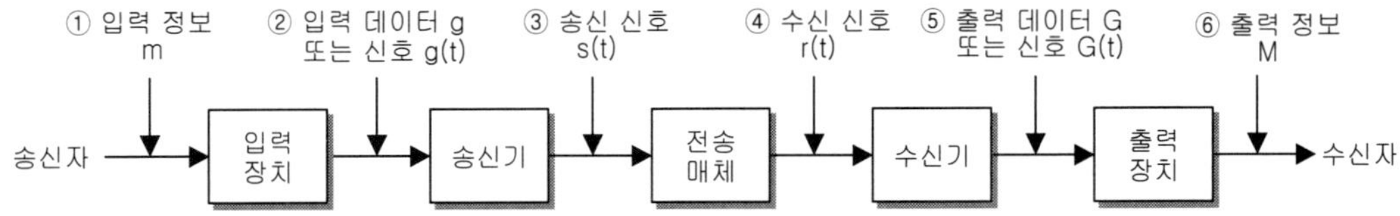

[그림 1.1] 간단한 통신 모델의 예

[그림 1.1]에서 교환하고자 하는 정보를 메시지 m이라 하자. 이 정보는 데이터 g로 표현되며, 시간에 따라 변하는 신호 g(t)의 형태로 송신기에 전송된다. 신호 g(t)가 전송되어야 하지만 일반적으로 이 신호는 전송에 적절한 형태가 아니므로 이것을 전송 매체에 부합되는 신호 s(t)로 변환되게 된다.

이 신호는 전송 매체를 통해 전송되며, 수신측에서는 송신측에서 보내준 신호 s(t)와 다를 수 있는 신호 r(t)가 수신된다. 이 신호는 수신기에 의해 변환되어 출력에 적합한 형태가 된다. 변환된 신호 G(t)인 데이터 G는 입력의 근사값이며, 최종적인 출력 장치는 예상되는 메시지 M을 수신자에게 보내게 된다.

이런 단순한 통신의 예는 많은 기술적인 복잡성을 함축하고 있으며, 그 예로는 전자 우편(electronic mail)과 전화가 있다.

다음의 항목들은 데이터 통신 시스템에서 수행되어야 하는 주요 작업들을 나타낸 것이다.

- **전송시스템 활용**: 많은 통신 기기들 간에 일반적으로 공유되는 전송 설비의 효율적인 사용의 필요성을 말한 것으로, 전송 매체의 총용량을 많은 사용자에게 할당하기 위한 많은 기법들(예: 다중화 기법)이 이용되고 있다. 이것은 전송 서비스의 과다한 요구로 인한 시스템의 다운을 초래하지 않도록 하는 경쟁 제어 기법이 필요할 수도 있다.
- **인터페이스**: 통신하기 위한 기기는 전송 시스템과의 인터페이스가 중요하다. 인터페이스가 설정되고 통신을 시도하려면 어떤 신호 발생이 필요하다.
- **신호 발생**: 신호는 다음과 같은 두 가지 특징을 가져야 한다. 첫째, 전송 시스템을 통한 전파가 가능하여야 하고 둘째, 수신기에서 데이터로서 해석 가능해야 한다.
- **동기화**: 신호는 전송 시스템과 수신기에서 필요한 조건에 부합되도록 발생되어야 하며, 송수신

기간의 동기화를 제공하여야 한다.

- **교환 관리**: 두 교신자간의 통신을 위해서는 신호의 특성과 시기를 결정하는 기본적인 문제 외에도 교환 관리의 범주에 포함되는 많은 다른 필요 항목들이 존재한다. 즉, 양측의 장치가 동시에 혹은 교대로 전송할 것인가, 한 번에 전송하는 데이터양은 얼마로 할 것인가, 데이터 형식은 어떻게 할 것인가, 오류(error) 발생시에는 어떻게 대처할 것인가 등이다.
- **오류 감지 및 수정**: 전송상의 오류가 허용될 수 없는 경우에는 오류 감지 및 수정이 필요하다.
- **흐름 제어**: 수신측이 데이터를 처리하거나, 흡수하는 속도보다 빠르게 송신측의 전송이 이루어지는 경우에 발생하는 시스템의 다운 현상을 방지한다.
- **주소 지정 및 경로 배정**: 전송 설비가 두 개 이상의 기기에 의해 공유되는 경우에 송신측 시스템은 어떤 방법을 사용하여 수신측을 지정하여야 한다.
- **회복**: 오류 수정과는 구별될 수 있는 개념으로 정보 교환에서 시스템의 어느 부분의 결함에 의해 작업이 중단된 경우에 회복 기법이 필요하다.
- **메시지 형식화**: 교환 혹은 전송되는 데이터의 형태에 대한 두 교신자의 협정이다.
- **보호**: 데이터의 송신자는 의도된 수신자만이 데이터를 수신하도록 보장되길 원하며, 또한 수신자는 수신된 데이터가 전송 중에 변형되지 않기를 원하며, 그 데이터가 실제의 송신자로부터 송신된 것임이 보장되기를 원한다.
- **시스템 관리**: 통신 시스템을 정하고, 상태를 감시하며, 다운이나 과부하에 대해 대처하고, 미래의 확장성에 대해 타당성 설계를 하기 위해서는 시스템 관리 능력이 필요하다.

[그림 1.1]에서 본 바와 같이 데이터 통신이라는 용어는 기본적으로 ②번에서 ⑤번 사이에 일어나는 상태를 말한다. 다시 말해서, 두 지점간의 신호나 데이터의 집합을 전송하는 일에만 관련될 뿐이지 그 데이터가 담고 있는 의미와는 무관하다.

이와 유사하게 기본적으로 통신망이라고 하는 것도 데이터 전송과 관련될 뿐이지 데이터의 내용과는 무관하다. 하지만 컴퓨터, 터미널 그리고 다른 데이터 처리용 장치가 데이터 교환을 할 때는 이와 관련된 분야가 훨씬 광범위하다고 할 수 있다. 예를 들어, 두 컴퓨터간의 파일 전송을 생각해 보면, 두 컴퓨터 간에는 직접적이든 또는 통신망을 통해서든 어떤 데이터 전송로가 필요할 것이다.

일반적으로 데이터 통신에서 수행되어야 할 작업의 내용은 다음과 같다.

① 송신 시스템은 데이터 전송로를 직접 가동시키든지, 또는 수신 시스템을 판별할 수 있는 정보를 통신망에 알려야 한다.

② 송신 시스템은 수신 시스템이 데이터를 받을 준비가 되어 있는지를 먼저 확인하여야 한다.

③ 송신 시스템 상에 존재하는 파일 전송 응용 프로그램은 수신 시스템에 존재하는 파일 관리 프로그램이 파일을 받아 저장할 준비가 되어 있는가를 확인해야 한다.

④ 두 시스템에서 사용되는 파일 형식이 비호환적일 경우에, 하나의 시스템은 형식 변환 기능을 수행하여야 한다.

또한, 이 두 컴퓨터 시스템 간에는 높은 수준의 협력 작업이 존재하여야 할 것이다. 이런 협력적인 작업을 목표로 하는 컴퓨터간의 정보 교환을 일반적으로 컴퓨터 통신이라고 부르며, 이들의 컴퓨터 집합을 컴퓨터망이라고 한다. 컴퓨터 통신과 컴퓨터망을 논의하는데 있어서 프로토콜과 컴퓨터 통신 구조의 두 가지 개념이 중요하다.

프로토콜은 서로 다른 시스템의 개체(entity)간의 통신을 위해서 사용된다. 개체의 예로는 사용자 응용 프로그램, 파일 전송 패키지, 데이터베이스 관리 시스템, 전자 우편 설비, 터미널 등이 있고, 시스템의 예로는 컴퓨터, 터미널, 원격 센서 등이 있다. 일반적으로 개체는 정보를 송수신할 수 있는 것을 나타내며, 시스템은 하나 혹은 복수개의 개체를 포함하는 물리적으로 독립된 대상을 말한다.

두 개의 개체가 원하는 대로 교신하기 위해서는 서로 같은 언어를 사용해야 한다. 즉, 무엇을 교신하며, 어떻게 교신하고, 언제 교신할 것인가는 관련된 개체 사이에서 상호간에 수용 가능한 협정을 정해서 그대로 이행하면 가능하다. 이런 협정을 프로토콜이라고 하며, 두 개체 간의 데이터 교환을 관리하는 일련의 규약의 집합으로 정의된다.

서로 다른 시스템의 두 개체 간의 통신을 하나의 프로세스나 모듈로 처리하기는 너무 복잡하다. [그림 1.2]는 컴퓨터 통신에서 파일 전송의 응용을 보여준 예이다.

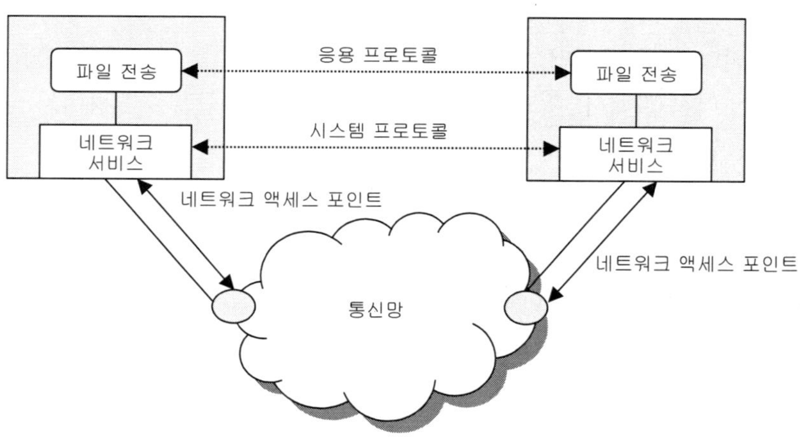

[그림 1.2] 컴퓨터 통신 구조의 예

앞에서 설명한 작업 ③과 ④는 파일 전송 패키지에서 구현된 응용 위주의 프로토콜로 수행될 수 있다. 두 개의 파일 전송 패키지가 데이터를 교환하기 위해서는 그 각각이 네트워크 서비스 모듈을 호출하게 되며, 여기서 작업 ②를 수행하고 로컬 파일 전송 모듈을 이용해서 데이터를 교환한다. 작업 ②를 수행하기 위해서 두 네트워크 서비스 모듈은 시스템과 시스템 간의 프로토콜을 사용한다. 최종적으로 실제 데이터 전송을 위해서 네트워크 서비스 모듈은 작업 ①을 수행해야 하는데, 통신망의 경계 노드에서 네트워크 액세스 프로토콜을 사용하는 대신 통신 기능을 구현하는 프로토콜의 구조적 집합을 사용한다. 이러한 구조를 컴퓨터 통신 구조라고 한다.

1.4 데이터 통신의 표준

표준(standard)이란 "사회이익의 증진을 목적으로 해서 과학 기술 및 경험의 종합적 결론이나 이해 관계자의 협력과 모든 의견, 대다수의 승인에 의해서 작성된 기술 명세서(technical specification) 또는 그 외의 문서이고 국가, 지역 또는 국제 레벨에서 인정된 단체에 의해서 승인된 것이다."라고 국제표준기구(ISO)에서 정의하고 있다. 다시 말해서, 데이터 통신 표준이란 궁극적으로 정보통신망 및 정보통신 서비스를 제공하거나 이용하는데 필요한 정보통신 주체 간에 합의된 규약의 집합이라 할 수 있다. 이러한 정보통신 시스템 간의 프로토콜을 정립하는 활동을 표준화라 한다.

이러한 표준화를 따름으로서 여러 업체에 의해 만들어진 상이한 장비일지라도 다른 부가적인 장비 없이 서로 간에 통신이 가능할 뿐만 아니라 제품에 대한 대규모 시장을 형성함으로써 생산성 향상에도 영향을 끼칠 것이다. 또한, 정확하고 효율적인 통신을 위해서는 여러 가지 동기화해야 할 요인이 많기 때문에 네트워크의 노드 간에 여러 가지 조정이 필요하다. 따라서 데이터 통신에는 다양한 표준이 존재하며 이러한 표준은 국내 및 국제간 데이터 및 전기통신 기술의 상호 연동성을 보장하기 위해 필수적인 수단이다.

표준화의 단계는 기초 및 기반 연구, 표준의 제정, 표준의 구현, 표준의 시험 그리고 이용 및 응용의 5단계로 이루어진다.

- 1단계 : 기초 및 기반 연구

  새롭게 도입, 이용될 가능성이 있는 정보통신 프로토콜에 대한 아이디어를 제안하고, 제안된 아이디어가 새로운 방식으로 채택함이 적합하다는 것을 이론적이거나 실험적으로 입증하는 단계.

- 2단계 : 표준의 제정

  제안된 표준 초안을 관련 이해 당사자들이 모여서 의견을 수렴하고 협의하여 합의점을 도출하는 단계.

- 3단계 : 표준의 구현

  합의된 표준에 따라 제품을 구현하는 단계.

- 4단계 : 표준의 시험

  구현 제품에 대한 시험 단계. 프로토콜의 적합 여부를 확인하는 적합성 시험(conformance test)과 제품 상호간에 서비스의 운용성이 보장되는지를 확인하는 연동성 시험(interoperability test)이 있다.

- **5단계 : 이용 및 응용**

  일반 제조자나 서비스 이용자 및 제공자가 해당 표준을 이용하여 제품을 생산하거나 서비스를 제공 및 이용하는 단계.

이러한 단계를 통한 표준화의 주요 기본 방침은 다음과 같다.

- **완전성** : 각종 조건에 부합하는 인터페이스는 예외를 피해야 한다. 즉, 규정의 불분명한 사항을 없애기 위해 순서도, 상태도, 타이밍 등을 결정하여 인터페이스의 명확화를 도모한다.
- **신뢰성 향상** : 고도의 오류 제어 방식을 채택하여 상호 확인을 기본으로 하는 제어 실행 등으로 신뢰도를 높인다.
- **보수성 향상** : 오류 검출, 테스트 루프 등으로 보수성 향상을 도모한다.
- **기존 터미널과의 호환성 향상** : 변복조기 인터페이스와의 접속, 전송 제어 순서의 규정과 관계없이 각종 기존 터미널의 접속 등을 가능하게 한다.
- **신기술의 채용** : 신기술을 채용하여 소형, 경제화를 가능하게 한다.

다양한 통신 분야의 프로토콜 표준화를 담당하는 많은 기구들이 있으나 여기서는 데이터 통신 및 네트워크와 관련된 대표적인 표준 기구들만 소개하기로 한다.

1) 국제표준기구(ISO)

ISO(International Organization for Standardization)는 1947년 창설되어 상품과 서비스 등의 국제 교류를 용이하게 하고, 과학기술 활동과 경제 활동 등 각 분야에서 국제적인 협력을 증진시키기 위하여 공업 규격의 국제적인 통일과 조정을 목적으로 설립된 기관이다.

ISO의 표준화 작업의 추진은 해당분야의 전문위원회(technical committee)가 있어 그 소관 업무를 관장하며 이 위원회가 OSI 모델을 설계하였다.

또한, ISO/TC97에서 1981년 8월에 발족된 SC18에서는 문자뿐만 아니고 도형이나 영상 등을 포함한 텍스트의 작성 및 전송을 위한 프로토콜이 표준화 되었다. OSI의 기본 개념인 개방형 시스템 간 상호접속을 위한 참조모델을 표준화하여 이를 기초로 필요한 프로토콜의 표준화를 작성하였다.

2) 국제전신전화자문위원회(CCITT)

CCITT(Consultative Committee on International Telegraphy and Telephone)는 1956년 창설되었으며 ITU의 산하기관으로 스위스 제네바에 본부를 두고 있다. CCITT는 몇 개의 연구 그룹으로 나뉘어 무선 통신을 제외한 전화, 전신 및 데이터 전송에 관한 국제적인 제반 문제를 연구 수행하는데, 국제적인 합의 사항에 대해 권고를 표명하는 일을 임무로 하며, 이 적용에 의한 국제 통신의 활성화를 그 목적으로 하고 있는 위원회이다.

CCITT는 최고 의사결정 기관으로서 총회는 4년마다 한 번씩 개최되며, 주로 연구위원회의 결론을 심의하여 채택하며 이를 권고하거나, 새로운 연구 과제를 정하며 필요에 따라 연구 계획을 작성하거나, 연구위원회의 계속 설치 또는 신설을 수행하며 차기 총회까지의 연구 과제를 할당하는 등의 일을 수행한다.

3) 국제전기통신연합 표준화부문(ITU-T)

ITU-T(International Telecommunication Union-Telecommunication Standardization Sector)는 UN의 ITU 산하의 표준화 기구이다. ITU-T는 국가 간 통신의 호환성을 위해 각 통신 분야의 기술 및 운용에 대한 표준화를 주된 목적으로 하고 있다.

ITU-T는 이전의 CCITT를 대체하기 위해 1993년 3월에 창설되었다. ITU-T의 조직은 현재 14개의 연구반으로 나누어져 있으며 전화, 팩시밀리, 패킷 교환 데이터 통신 등 공중 통신망에 관련된 국제 표준화를 담당하고 있다. 대표적인 예로 공중 전화망인 PSTN(Public Switched Telephone Network), 공중 데이터 통신망인 PSDN(Public Switched Data Network), 종합정보통신망인 ISDN(Integrated Service Digital Network) 등에 대한 표준을 담당하고 있다.

ITU-T에서는 권고안(recommendation)이라는 이름으로 4년마다 이들 분야에 대한 개정된 표준을 책으로 발간하고 있다.

4) 미국표준기구(ANSI)

ANSI(American National Standard Institute)는 미국 내에서 자체적으로 공업 표준을 확립하는 것을 목적으로 1918년에 창설된 비영리, 비정부 조직의 기구로서 1969년에 현재의 명칭을 갖게 되었다. ANSI는 무역과 전문 협회, 일반 회사, 정부 부처 및 기관들의 연합체로서 필요한 표준 규격을 개발하기 위해서 국가적 조정 협회로서의 역할을 하며 또한, 자발적인 국가 표준 규격의 승인과 보급에 대한 과정만 제공한다.

즉, ANSI 스스로는 규격안을 작성하지 않고 관심이 있는 그룹이 규격을 작성하여 제출하면 이 규격을 승인하는 형식으로 규격을 정한다.

5) 전기전자공학자협회(IEEE)

IEEE(Institute of Electrical and Electronics Engineers)는 1884년에 설립된 미국 전기 학회(AIEE : American Institute of Electrical Engineers)와 1912년에 설립된 무선 학회(IRE : Institute of Radio Engineers)가 1963년에 현재의 명칭과 조직으로 합병하여 설립된 미국 최대의 학회로서 미국뿐만 아니라 전 세계 각국의 학자와 전문 기술자 등 수십만 명이 가입하고 있는 세계 최대의 전기, 전자, 전기 통신, 컴퓨터 분야의 전문가 단체이다.

IEEE는 기술 논문의 발표와 토의를 위한 회의의 개최, 기관지와 논문지 발간, 표준화 추진, 회원의 전문적인 요구에 응하기 위한 정보 서비스의 제공 등 다양한 활동을 전개한다. 또한, ANSI의 위임을 받아 미국 국가 표준을 제정하는데 적극 참여하고 있으며, 국제 표준의 제정에도 많은 공헌을 하고 있다.

6) 전자공업협회(EIA)

EIA(Electronic Industries Association)는 1924년에 RMA(Radio Manufactures Association)로 창설되었으며, 그 후 1957년에 EIA로 개편되었다.

EIA는 폭넓은 분야의 표준화와 표준의 보급 활동도 전개하고 있으며, 정보 통신 분야에서는 일반적인 전기 특성, 데이터 통신, 수치 제어 등에 관한 표준을 EIARS라는 이름으로 제정하고 있다. 단말 장치와 모뎀 간의 인터페이스를 규정한 RS-232C 등이 유명하다.

EIA 중 데이터 통신의 표준에 대한 사항은 기술 위원회 TR-30(Data Trans- mission)이 담당하고 있으며, TR-30에는 데이터 처리 장치와 데이터 통신장치 사이의 접속에 관한 산업 표준안의 유지 및 발전을 규정하고 있다.

7) 인터넷구조위원회(IAB)

IAB(Internet Architecture Board)는 인터넷의 기술적 진화에 대한 인터넷 사회의 감독 단체이다. IAB는 TCP/IP의 발전을 감독하는 IETF(Internet Engineering Task Force)를 지휘한다.

그 밖에 IAB의 활동 범위로 네트워크 관련 기술에 대해 작업을 하는 IRTF(Internet Research Task Force), IP 주소 할당을 담당하는 IANA(Internet Assigned Numbers Authority) 그리고 DNS를 관리하는 IR(Internet Registry) 등이 있다.

8) 영국의 BSI

BSI(British Standard Institute)는 왕실 칙령에 의해 공인된 독립 기관으로 영국 국가 규격을 제정하고 있으며, 회원으로는 영국 국민, 일반 회사, 기술 및 무역 협회, 지방 및 공공 단체로 구성되어 있다.

BSI는 평의회와 위원회로 구성되는데, 표준 제정에 있어 해당 전문 위원은 원안의 작성뿐만 아니라 규격서의 심의까지 담당하며 공업 규격 위원회가 표준 제정의 계획, 입안, 최종 표준안의 승인 그리고 표준 제정의 우선순위를 결정한다.

9) 독일의 DIN

DIN(Deutsche Institutfuer Normung)는 독일의 모든 표준화 작업을 조정하는데, 1919년 독일 기술자협회에 의해 설립되었다가 1975년 독일 표준협회로 개칭되었다.

현재 제정하고 있는 전체 규격 수는 18,000개이며, 정보처리 분야의 규격 수는 700여 개로 다른 나라에 비해 가장 많은 규격을 보유하고 있다.

10) 프랑스의 AFNOR

프랑스는 민간 표준화 단체가 중추적인 역할을 하고 있지만 AFNOR(Association Francaise de Norrnalialion)에 제도적으로 결집되어 조정 및 감독을 받는 정부 주도형으로, 실제 모든 업무 집행은 표준화 담당관이 맡아하고 있다.

표준화 담당관은 AFNOR에 대해 정부위원의 직무를 행하는데, 정부 승인 표준에 대한 정부 승인은 AFNOR가 작성한 추천 보고서에 입각하여 표준화 담당관이 제안하고 주무 장관이 승인함으로써 표준 규격이 제정된다. 현재 제정된 규격 수는 10,465개이며, 정보처리 분야는 2,342개이다.

11) 일본의 JIS

일본은 정부 주도로 통상 산업성의 공업 기술원 표준부에서 표준화 작업을 총괄하고 있으며, 공업 표준화 사업이 시작된 것은 1921년부터이다.

JIS(Japanese Industrial Standard)는 통상산업성의 시험 연구 기관이 행하는 공업 표준화 특별 연구와 민간 기관이 위탁하는 공업 표준화 조사 연구 위탁 및 관계인이 원안을 첨가해서 장관에게 제출하는 경우를 통해서 제출된 안에 대해 일본 공업 표준 조사회의 심의를 거쳐 제정된다.

12) 우리나라의 표준화

국내의 표준안은 정보통신부를 중심으로 추진되고 있는 한국 정보통신 표준(KICS : Korean Information and Communication Standards)과 산업자원부를 중심으로 한 한국산업 표준(KS : Korean Standards) 중 X 시리즈(정보기술) 표준을 축으로 표준 제정기관, 표준 개발기관이 상호 협력해 정보통신 분야의 표준화를 수행하고 있다. KICS는 한국정보통신기술협회(TTA : Telecommunication and Information Technology Association)에서 제정을 하고 있으며, ITU의 표준화 분야를 모태로 하는 전기통신 분야의 표준화뿐만 아니라, 소프트웨어, 정보기술, 적합성 시험 등의 국가 표준안에 대한 내용을 담고 있다.

KS 표준안은 1997년 3월에 기존의 KS 규격의 번호 체계와 분류를 개정함에 따라 KS C를 사용해오던 정보기술 분야의 표준이 KS X 시리즈(정보산업)로 개편되었다.

요 약

1. 데이터 통신이란?

- 데이터란 임의의 형태로 형식화된 사실이나 개념, 의사, 명령 등을 사람이나 혹은 기계에 의한 처리가 적합하도록 숫자, 문자, 기호 등으로 나타낸 것이다.
- 통신이란 정보 송신자와 정보 수신자간의 정보의 이동으로, 원격지 상에 있는 두 지점간의 정보 전달을 의미한다.
- 데이터 통신이란 "멀리 떨어져 있는 입출력 장치와 컴퓨터를 통신회선을 이용하여 넓은 범위의 데이터 처리와 데이터 전송을 종합적으로 가능케 하는 방식"이라고 정의할 수 있다.

2. 데이터 통신의 발전

- 1844년 모르스(Samuel F. B. Morse)는 유선으로 두 지점 사이에 전기적인 펄스 형태로 데이터를 전송하는 방법을 고안하였는데, 이것이 전기통신의 효시인 전신이 되었다.
- 1876년에는 알렉산더 그레함 벨(A. G. Bell)이 전화기를 발명해서 통신선을 통하여 데이터와 음성을 전달할 수 있게 되었다.
- 데이터 통신 시스템의 기원은 1958년 미국에서 군사 목적으로 개발한 SAGE(Semi-Automatic Ground Environment) 시스템이다.
- 1964년 미국의 항공회사인 American Airline이 세계 최초의 상업용 데이터 통신 시스템인 SABRE(Semi-Automatic Business Research Environment)를 개발하였다.
- 1968년에 미국 국방성 고등 연구 계획국(ARPA)이 컴퓨터 네트워크의 실험을 시작하였는데, 이 실험 시스템을 ARPANET이라고 명명했다.
- 1990년대 초 WWW(World Wide Web)의 등장으로 인하여 누구나 언제든지 손쉽게 인터넷을 사용할 수 있게 되었다.

3. 데이터 통신 표준

- 표준(standard)이란 "사회이익의 증진을 목적으로 해서 과학 기술 및 경험의 종합적 결론이나 이해 관계자의 협력과 모든 의견, 대다수의 승인에 의해서 작성된 기술 명세서(technical specification) 또는 그 외의 문서이고 국가, 지역 또는 국제 레벨에서 인정된 단체에 의해서 승인된 것이다."라고 국제표준기구(ISO)에서 정의하고 있다.
- 표준화의 단계는 기초 및 기반 연구, 표준의 제정, 표준의 구현, 표준의 시험 그리고 이용 및 응용의 5단계로 이루어진다.

연습문제

1. 데이터 통신과 데이터 통신 시스템에 대해 정의하시오.

2. 데이터 통신 시스템의 세 가지 목표에 대해 서술하시오.

3. 데이터 통신의 발전 과정을 연도별로 나열하시오.

4. 데이터 통신 시스템에서 수행되어야 하는 주요 작업들을 나열하시오.

5. 데이터 통신의 간단한 통신 모델을 그림으로 표현하시오.

6. 표준화(standardization)의 5단계를 나열하시오.

제 2 장

데이터 전송 기술

데이터 전송을 위한 신호와 매체에 대해 이해하고, 데이터 전송에 필요한 기법들에 대해 각각 학습한다.

2.1 전송 신호

정보를 전송이나 부호로 표현했을 때 이를 일반적으로 데이터라 부른다. 데이터는 오디오나 비디오와 같은 아날로그 데이터와 문자나 이진 데이터와 같은 디지털 데이터로 구분할 수 있다. 이와 같이 데이터를 전송하기 위해서는 이를 다시 신호로 변환하게 되고, 데이터 전송 장치에서 생성된 신호는 전송 매체를 통해 전파되어 전달되게 된다.

2.1.1 전송 신호의 종류

전송 신호(transmission signal)는 전송하고자 하는 데이터를 전자기적 신호로 변환한 것을 말하는 것으로, 기본적으로 아날로그 신호(analog signal)와 디지털 신호(digital signal)로 구분된다. [그림 2.1]은 전송 신호의 형태를 나타낸 것이다.

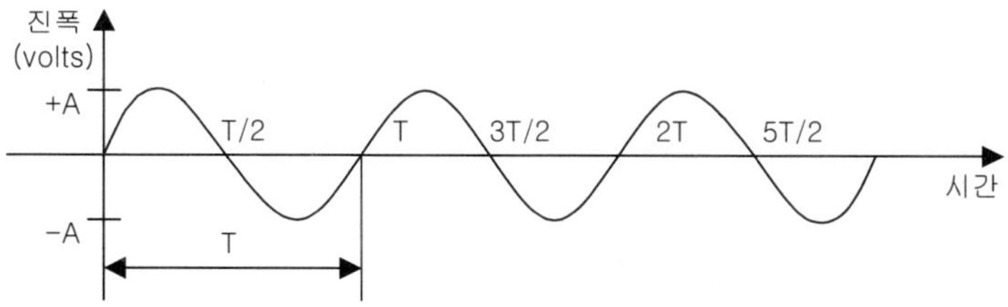

(a) 주기적 연속 신호 : 정현파

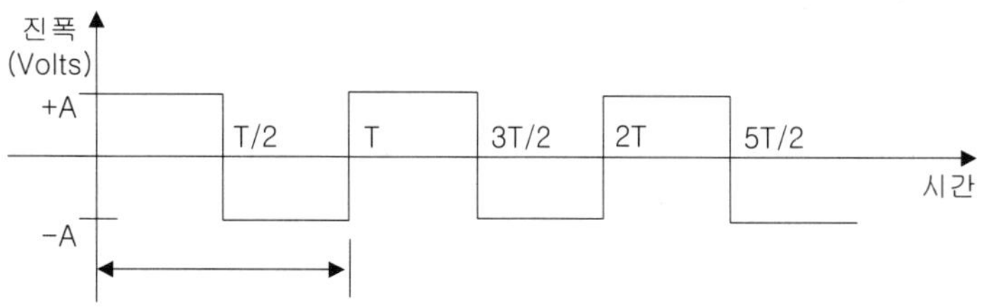

(b) 주기적 이산신호 : 구형파

[그림 2.1] 전송 신호의 예

1) 아날로그 신호

아날로그 신호는 시간이나 주파수에 따라 그 크기와 패턴이 끊임없이 변하는 전자기파이다. 전자기적 신호의 파형이 음성에서 파동(wave)으로 설명되는 신호를 전기적 신호의 파형으로 바꿔서 상대에게 전달되며, 이것은 시간의 흐름에 따라 신호 변화가 연속적(continuous)으로 이어지므로 연속형 신호 혹은 아날로그 신호라고 불린다.

[그림 2.2]는 아날로그 신호의 가장 기본적인 형태인 정현파(sinusoidal wave)를 나타낸 것이다.

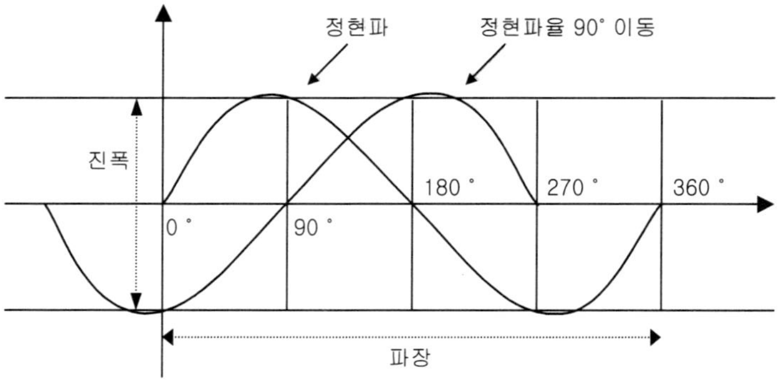

[그림 2.2] 정현파의 예

아날로그 신호는 진폭(amplitude), 주파수(frequency) 그리고 위상(phase)의 세 가지 특성 값으로 표현할 수 있다.

진폭은 신호의 크기를 의미하는데, 이것은 기준 전압에 대한 상대적인 측정치이며, 기준 전압의 값은 0이거나 플러스 혹은 마이너스 값일 수 있다.

위상은 진동이나 파동과 같이 주기적으로 반복되는 현상에 대해 어떤 시각 또는 어떤 지점에서 변화의 상태를 나타내는 것이다. 이것은 시각 0시에 대한 파형의 상대적인 위치를 나타내는 것으로서 각도나 라디안(360° 또는 2π 라디안)으로 측정된다.

주기란 신호가 한 사이클을 이루는데 걸리는 시간을 의미하며, 주파수는 초 당 생성되는 사이클의 수를 의미한다. 다시 말해서, 신호의 주파수는 시간에 대한 변화율로서 초 당 반복되는 패턴의 횟수를 일컫는다. 예를 들어, 1초에 어떤 패턴이 2번 나타나는 경우와 20번 나타나는 경우를 생각해 보자. 후자의 경우가 전자 보다 훨씬 변화율이 많다고 볼 수 있고, 높은 주파수를 가졌다고 말한다. 수학적인 접근으로 바라보면 주파수와 주기는 서로 역의 관계를 갖는다. 즉, 주파수(f) = 1/T이고 주기(T) = 1/f 로 표시되며, 주파수의 단위는 헤르츠(Hz), 주기의 단위는 초로 표현된다.

어떤 신호에 포함되어 있는 주파수의 범위를 스펙트럼(spectrum)이라 하며, 이 스펙트럼의 폭을 대역폭(bandwidth)이라 한다. 일상적인 대화의 주파수 사용범위는 CCITT에서 정의한 300Hz ~ 3,400Hz로 모든 통신 시스템에서 정의하였다.

신호의 대역폭은 통신 선로 상에서 운반되는 전송 주파수의 범위이다. 채널의 용량(비트율)은 대역폭과 밀접한 관계가 있으므로, 네트워크에서 대역폭은 매우 중요한 의미를 갖는다.

대역폭에 대한 한 예로 사람의 가청 주파수는 20Hz ~ 20KHz의 주파수를 갖는데 여기서 스펙트럼은 20Hz ~ 20KHz이며, 대역폭은 19.98KHz가 된다. 즉, 대역폭은 통신 시에 전송 효율의 중요한 의미를 갖는다. 일반적으로 음성 정보는 300Hz ~ 3,400Hz인데, 여기서 대역폭이 4,000Hz를 취하는 이유는 전송채널 상에서 대역을 나눌 때 인접 대역과의 간섭을 방지하기 위한 보호밴드(guard band)를 포함하기 때문이다.

2) 디지털 신호

디지털 신호는 신호 형태가 시간에 따라 급격하게 바뀌며 이산적(discrete)으로 변하는 정보를 말한다. 이러한 불연속적인 신호 형태의 변화를 통하여 정해진 약속에 따라 정보를 해독한다.

대표적으로, 문자나 정수형 변수 등이 해당되며 비트(bit) 단위를 사용하여 나타낸다. 비트는 이진 값 0과 1로 표현되는데 일정한 수준의 양(constant positive) 전압은 이진 값 '1'을, 반대로 일정한 수준의 음(constant negative) 전압은 이진 값 '0'을 나타낸다. 또한, 디지털 정보의 단위로 바이트(byte)의 조합에 의해 한 워드(word)로 표현할 수 있다.

이와 같이, 단지 두 개의 값만을 취하는 이진 신호(binary signal)가 디지털 신호의 가장 일반적인 형태이다. 디지털 신호에서는 각각의 펄스 신호(pulse signal) 하나가 이전의 상태와 같은가 다른가 하는 질적인 정보가 중요하다.

2.1.2 전송 신호의 손상

송신기에서 전송된 신호가 전송 매체를 통하여 전파되는 동안 신호의 세기가 점점 약해지며 각종 잡음의 영향을 받게 된다. 이와 같은, 전송 신호의 손상은 수신 신호로부터 원래의 데이터를 정확히 복원하는 것을 어렵게 하므로 전송 거리와 전송 속도를 제한하는 요인이 된다.

1) 신호 감쇠

전송 신호의 세기는 전송 매체가 가지는 저항이나 임피던스 등의 영향으로 전송 거리에 비례하며 점점 약해지는데, 보통 이러한 현상을 신호 감쇠(signal attenuation)라 한다. 전송 신호의 감쇠에 대해서는 다음과 같은 사항을 고려해야 한다.

- 수신측에 도달한 전송 신호의 세기는 수신측 전자 회로가 이를 해독하여 정확한 송신 데이터를 판독하기에 충분한 세기가 될 수 있어야 한다.
- 전송 신호는 잡음에 대해 충분히 큰 강도를 유지할 수 있어야 한다.
- 감쇠 현상은 전송 매체, 신호 주파수, 회선의 길이에 따라 그 감쇠 정도가 다를 수 있다.

이를 위해, 아날로그 전송에서는 일정한 거리마다 증폭기(amplifier)를 설치하게 되고, 디지털 전송에서는 리피터(repeater)를 설치하게 된다. 또한, 아날로그 신호는 그 특성상 주파수에 따라 감쇠 정도가 다르게 나타난다.

따라서, 전 주파수에 대해 감쇠 정도를 조절하기 위하여 높은 주파수를 낮은 주파수보다 많이 증폭해서 전송함으로써 높은 주파수의 감쇠 현상을 보상할 수 있다.

2) 지연 왜곡(Delay Distortion)

전송 매체를 통하여 전달되는 신호의 전파 속도가 주파수에 따라 차이가 나는 것이 지연 왜곡(delay distortion) 현상이다. 이는 전송 매체의 주파수 특성에 따라 발생하는 문제로써 일반적으로 전송 신호의 중심 주파수 부근에서 가장 고속의 전달 속도를 가지며, 양쪽 끝으로 갈수록 전송 속도가 감소한다.

이에 따라, 수신측에서는 주파수에 따라 도달 시간에 차이가 발생하게 된다. 디지털 전송 신호의 지연 왜곡이 심하게 발생한 경우 하나의 비트를 구성하는 신호 요소가 다른 비트 위치에까지 지연되어 데이터 비트들의 신호들이 중복되는 심벌 간 간섭(inter-symbol interference) 현상이 발생할 수 있다.

그러므로, 지연 왜곡 문제를 해결하기 위해 등화기(equalizer)를 사용할 수 있다. 이 경우 주파수 성분에 대한 전달 지연의 차이를 감소시킴으로써 수신측에서의 심벌 간 간섭 현상을 방지할 수 있으나, 최대 전송 속도를 제한하게 된다.

3) 잡음

잡음(noise)이란 전송 시스템 및 전송 매체에서 발생하여 전송 신호에 추가되는 불필요한 신호이며, 아울러 통신 시스템의 성능을 떨어뜨리는 중요한 요인이 된다. 통신 시스템에서의 잡음은 다음과 같이 4가지로 구분할 수 있다.

- **열 잡음(thermal noise)**: 백색 잡음(white noise)이라고도 하는 열 잡음은 모든 전자적 장치와 전송 매체에서 발생할 수 있는 잡음이다. 이 열 잡음은 모든 주파수 스펙트럼에 걸쳐 고르게 분포되며, 제거될 수 없기 때문에 통신 시스템의 최대 전송 속도를 결정하는데 있어 중요한 제한 요소이다.
- **상호 변조 잡음(inter-modulation noise)**: 서로 상이한 주파수들이 같은 전송 매체를 공유하며 전송될 때 이 주파수들의 합 또는 차에 해당하는 신호에 의해 발생하는 잡음이다.
- **누화 잡음(cross talk noise)**: 신호의 회선이 비정상적으로 결합될 때 발생하는 것으로 흔히 전화 통화시 다른 사람의 통화 내용이 들리는 경우가 이에 해당된다.
- **충격 잡음(impulse noise)**: 비연속적이고 불규칙한 진폭을 갖는 잡음으로 짧은 시간 동안 다소 큰 세기가 발생한다. 이 잡음은 낙뢰 등 외부의 전자기적 충격이나 통신 시스템의 결함 등의 원인으로 발생할 수 있다.

2.2 전송 매체

전송 매체는 데이터 전송 시스템에 있어서 수신기와 송신기 간의 물리적인 데이터 전송로이다. 신호가 전달되는 전송 매체는 크게 유선과 무선으로 나누어진다. 현재 가장 많이 사용되고 있는 유선 전송 매체로는 꼬임선, 동축 케이블, 광섬유 케이블 등이 있으며, 무선 전송 매체로는 지상 및 위성 마이크로파, 라디오파 등이 있다.

2.2.1 꼬임선(Twisted-Pair Line)

꼬임선은 두 가닥의 절연된 구리선이 균일하게 서로 감겨 있는 형태이며, 이 하나의 쌍이 통신 링크로서의 역할을 한다. 일반적으로, 이러한 여러 개의 쌍이 다발로 묶여져 하나의 케이블을 형성한다. 이 케이블은 보호용의 외피로 감싸져 있으며, 케이블이 수백 개의 쌍을 가질 수도 있다. 각 쌍들은 서로 감겨져 있기 때문에 다른 쌍들과의 간섭 현상을 최소로 줄일 수 있다.

(a) 비차폐 꼬임선

(b) 차폐 꼬임선

[그림 2.3] 꼬임선의 형태

꼬임선은 UTP(Unshielded Twisted-Pair)와 STP(Shielded Twisted-Pair)로 구분된다. [그림 2.3]의 (a)와 (b)는 UTP 및 STP의 형태를 보여주고 있다.

UTP는 값이 싸고 설치가 쉬운 장점이 있으나, 외부 전자기파 간섭이나 잡음의 영향을 많이 받는다. 이와 같은 외부 간섭을 줄이기 위해서는 그물 모양의 금속 도체로 차폐를 시키면 꼬임선의 특성을 개선할 수 있는데, 이런 차폐 꼬임선을 STP라고 한다.

UTP는 주로 전화 가입자 선으로 많이 사용되며, 이미 건물 내에 설치가 되어 있기 때문에 이를 이용하여 LAN 선으로도 사용된다.

꼬임선은 디지털과 아날로그 신호 모두를 전송할 수 있으며, 디지털인 경우는 2~3km 마다 리피터를, 아날로그인 경우에는 5~6km 마다 증폭기를 필요로 한다. 또한, 꼬임선은 다른 전송 매체와 비교할 때 거리, 대역폭, 데이터 전송률에 있어서 상대적으로 많은 제약점을 갖고 있으며, 전기장과는 쉽게 결합할 수 있는 특성 때문에 간섭이나 잡음에 매우 민감한 반응을 보일 수 있다.

2.2.2 동축 케이블(Coaxial Cable)

동축 케이블은 내부의 단일 전선과 그것을 감싸고 있는 원통형의 외부 도체로 구성되어 있다. 내부 도체는 단일 선이거나 여러 개의 선이 꼬인 형태일 수 있으며, 외부 도체는 매끈한 원통이나 철망형일 수도 있다. 내부 도체는 균일한 간격으로 존재하는 절연체 링이나 혹은 고체 유전체로 감싸여 고정되어 있으며, 외부 도체는 어떤 표피나 보호막으로 감싸여 있다. [그림 2.4]는 이와 같은 동축 케이블을 보여주고 있다.

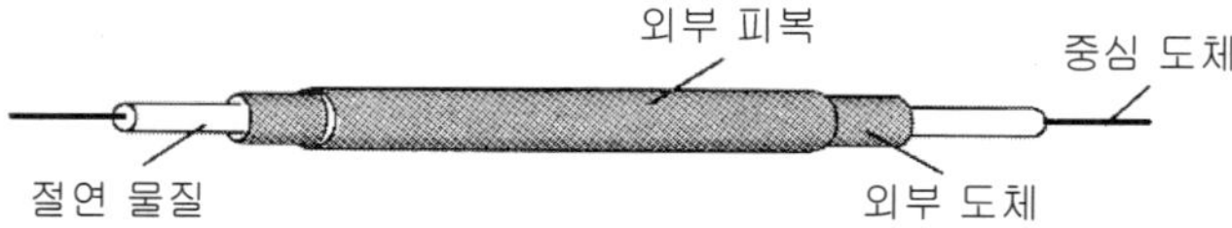

[그림 2.4] 동축 케이블의 형태

동축 케이블은 꼬임선에 비해 훨씬 높은 대역폭을 갖는데, 예를 들어, CATV에서는 500MHz의 대역폭을 사용한다. 동축 케이블은 초기에는 주로 장거리 전화 전송망을 위해 사용되어 왔는데, 지금은 CATV 분배 망이나 LAN 등에 널리 사용되고 있다.

일반적으로, 동축 케이블은 아날로그와 디지털 모두의 신호 전송에도 사용되어진다. CATV는 아날로그이고, LAN에서는 아날로그 혹은 디지털 양자에서 모두 사용되어진다. 이것은 꼬임선보다 우월한 주파수 특성을 갖고 있으며, 따라서 보다 높은 주파수와 데이터 전송률을 가질 수 있다.

2.2.3 광섬유 케이블(Optical Fiber Cable)

광섬유 케이블은 빛(1,014Hz ~ 1,015Hz)으로 정보가 전달되므로 전자기파 간섭 등에 의한 영향을 받지 않으며, 기본적으로 빛이 서로 다른 굴절률을 갖는 매질을 통과할 때 굴절하는 성질을 이용한다.

보통 광섬유 케이블은 [그림 2.5]에서 보는 것처럼 코어(core)와 클래딩(cladding)의 두 부분으로 구성되어진다.

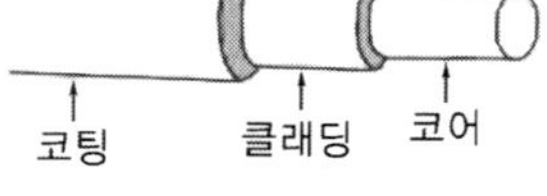

[그림 2.5] 광섬유 케이블의 구조

광섬유 케이블은 장거리 전화 전송망으로 널리 사용되며, 인터넷을 위한 백본망이나 LAN에서도 전송 매체로 사용된다.

2.2.4 지상 마이크로파(Terrestrial Microwave)

마이크로파의 일반적인 안테나는 전자파를 보다 더 집중시키기 위해서 포물선 모양의 접시형으로 구성되어 있으며, 직경은 10피트 내외이다. 안테나는 고정되어 있으며, 수신 안테나는 가느다란 빔을 발사한다. 마이크로파 안테나는 대개가 고지대에 위치하는데, 그 이유는 안테나 간의 거리를 확장시키고 그 사이에 있는 장애물을 뛰어 넘기 위함이다.

마이크로파는 동축 케이블에 비해 증폭기 또는 중계기의 수가 훨씬 적게 필요하기 때문에 대용량 및 장거리의 전송에 필요하다. 안테나는 중계탑을 여러 개 사용하며, 원하는 거리에 걸쳐 지점 간 링크를 여러 개 사용하면 된다.

다른 전송 시스템과 마찬가지로 마이크로파에서도 주된 손실 요인은 감쇠 현상이다. 이것은 거리의 제곱에 비례하고 높은 주파수를 사용하므로 안테나의 크기가 작아지고 저렴해 진다. 그러나, 우천 시에는 감쇠 현상이 커지고 특히, 10GHz 이상일 때는 더욱 더 변동이 심하다는 약점이 있다.

마이크로파가 널리 사용됨에 따라 전송 영역이 겹치게 되어 간섭이 항상 위험 요소로 등장하고 있으므로, 주파수 영역의 할당이 엄격히 조정되어야 할 것이다.

2.2.5 위성 마이크로파(Satellite Microwave)

통신 위성이란 마이크로파 중계국이다. 즉, 2개 혹은 그 이상의 지상에 위치하는 송수신국을 연결하는데 사용되어진다. 일반적으로, 위성은 임의의 주파수 대역을 수신하여, 이를 증폭하거나 재생하여서 다른 주파수로 송신한다. 특별히 궤도 위성은 많은 주파수 대역에서 동작하는데, 이 주파수 대역을 트랜스폰더(transponder)라 부른다.

[그림 2.6]은 두 가지 형태의 일반적인 통신 위성을 사용하는 방법을 나타내고 있는데, (a)의 경우는 두 개의 안테나 사이에서 두 지점 간의 링크로 사용되는 것을 나타내고 있으며, (b)의 경우는 하나의 지상 송신국과 여러 수신국 간의 수신용으로 사용됨을 나타내고 있다.

통신 위성은 궤도에 따라 35,784km 상공의 정지 궤도(GEO : Geostationary Earth Orbit) 위성과 700~800km 상공의 저궤도(LEO : Low Earth Orbit) 위성 등으로 구분된다.

최근에는 위성을 이용한 데이터 비즈니스 응용을 위한 VSAT(Very Small Aperture Terminal) 시스템도 등장하고 있다. VSAT 시스템은 큰 안테나와 높은 출력을 갖는 허브 국(hub station)과 저렴한 소형 안테나를 갖는 VSAT 단말로 구성되며, 위성을 이용하여 VSAT 단말과 허브 국 간의 직접 메시지 교환만 가능하고, VSAT 단말 간의 통신을 위해서는 반드시 허브 국의 중계를 거쳐야 한다.

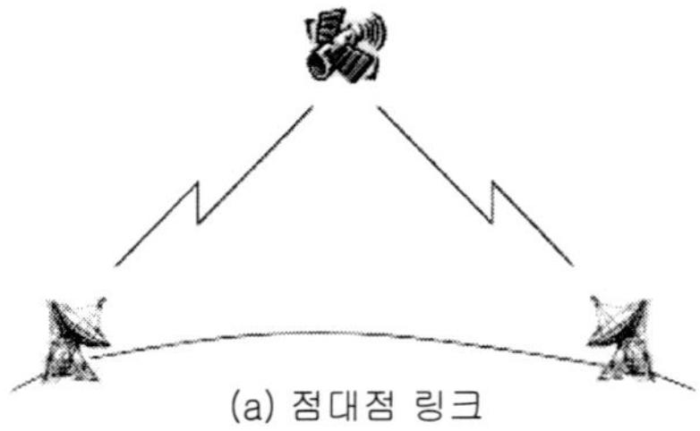

(a) 점대점 링크

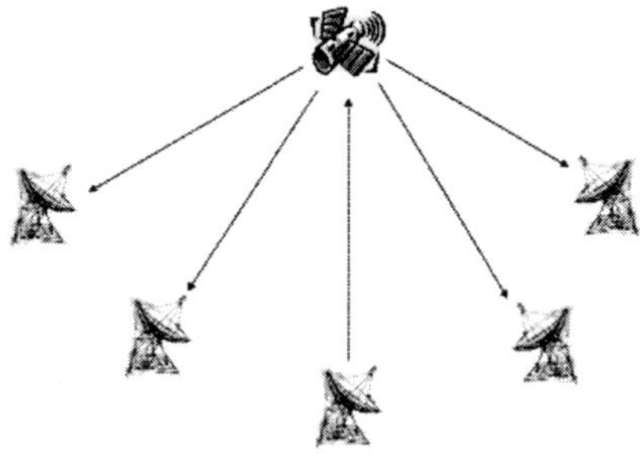

(b) 점대다중점 링크

[그림 2.6] 위성 통신의 구성 형태

2.2.6 라디오파(Radio Wave)

라디오파는 지향성의 마이크로파와는 달리 다방향성이다. 그래서 라디오파는 접시형의 안테나가 필요 없고, 정해진 지점에 정확히 설치될 필요도 없다.

디지털 데이터 통신에서 잘 알려진 있는 라디오의 이용은 패킷 라디오로서, 패킷 라디오 시스템은 데이터 전송 네트워크의 여러 지역을 연결하기 위해서 지상 안테나를 사용한다. 보다 최근의 디지털 응용 분야는 텔레텍스트 서비스이다. 음성에 관한 응용 분야로는 세포형 라디오로 알려져 있는 개념이다. 이 세포형 라디오에서는 같은 영역 내에서 여러 송신기가 동시에 어떤 주파수를 사용할 수 있다.

30MHz ~ 1GHz의 주파수 범위는 방송 통신용으로 매우 효과적이다. 30MHz 이상의 라디오파는 전리층을 통과하므로 거리가 멀리 떨어져 있는 수신기들은 대기 반사에 기인한 상호간의 간섭을 일으키지 않는다. 또한, 강우에 의한 감쇠에 덜 민감하다. 하지만, 이 주파수 영역을 사용하는 디지털 통신에 있어서는 데이터 전송률이 높지 않다는 결점을 갖고 있다.

2.3 전송 방식

데이터 통신 시스템은 많은 종류의 하드웨어와 소프트웨어에 의해 이루어진다. 따라서, 이들을 이해하기 위해서는 여러 가지 기초 개념들을 이해해야 하고, 전송에 관련된 하드웨어의 동작을 이해하기 위한 몇 가지 개념을 비롯하여 전체적인 데이터 환경을 이해해야 한다.

2.3.1 아날로그 전송과 디지털 전송

데이터 통신 매체 상에서의 전송 신호는 아날로그 형태와 디지털 형태로 구별할 수 있다. 사람의 목소리와 같이 연속적으로 변하는 신호는 아날로그 형태이며, 모든 데이터 장비의 신호는 2진 펄스의 형태이다. 이런 두 가지 형태의 전송 목적물을 전송하기 위한 전송 방법에는 두 가지가 있는데, 아날로그 신호 전송을 위해서는 아날로그 전송 방식이 사용되며, 디지털 신호 전송을 위해서는 디지털 전송 방식이 사용된다. 그러나, 특별한 경우에는 디지털 신호를 아날로그 신호로 변경하는 변조 과정과 아날로그 신호를 디지털 신호로 변경하는 복조 과정을 통하여 전송을 행할 수도 있다.

데이터 장비의 신호들은 모두 2진 신호 형태의 디지털 신호이므로 디지털 전송 방식을 이용하는 것이 바람직하나, 기존의 음성을 위해 설치된 방대한 네트워크를 이용하기 위해서 변조 과정을 거쳐 아날로그 신호로 전송하는 방법을 채택하고 있다. 그러나, 최근에는 데이터 통신의 수요가 증가함에 따라 디지털 전송 네트워크 서비스가 점차 확대되고 있다.

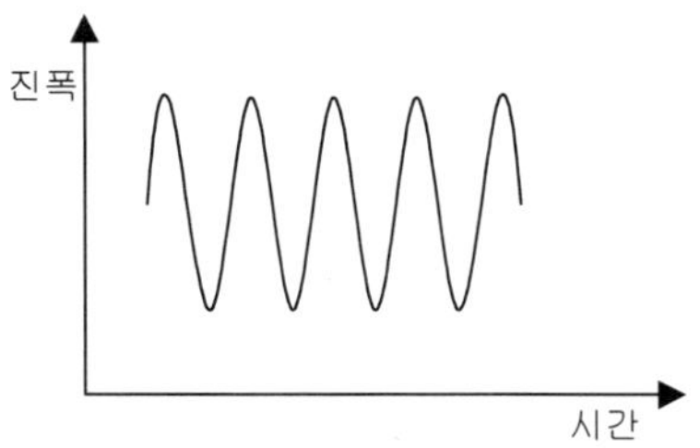

(a) 아날로그 신호

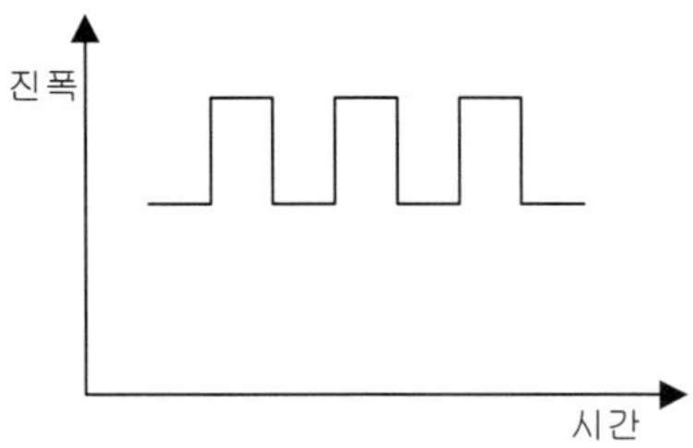

(b) 디지털 신호

[그림 2.7] 아날로그 신호와 디지털 신호

2.3.2 직렬 전송과 병렬 전송

디지털 데이터 통신은 2진 데이터를 전압이나 전류의 변화로 표현된 신호에 실어 보내는 것을 의미한다. 이때, 데이터 비트를 전송하는 방법에 따라 직렬 전송(serial transmission)과 병렬 전송(parallel transmission)으로 나누어진다.

직렬 전송은 한 문자를 이루는 데이터 비트를 직렬로 나열한 후 하나의 데이터 선을 사용하여 한 비트씩 순차적으로 전송하는 방식이다. 이것은 컴퓨터나 단말기에서 내부적으로는 모든 데이터를 문자 단위로 병렬 처리하므로 송신측에서는 병렬 데이터를 직렬로 변환하는 병렬/직렬 변환기(parallel-to-serial converter)가 필요하고, 수신측에서는 수신된 직렬 데이터를 병렬로 변환하는 직렬/병렬 변환기(serial-to-parallel converter)를 사용하여야 한다.

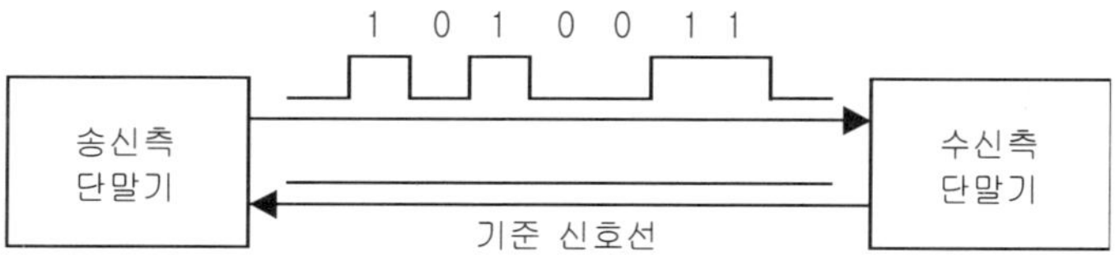

(a) 직렬 전송

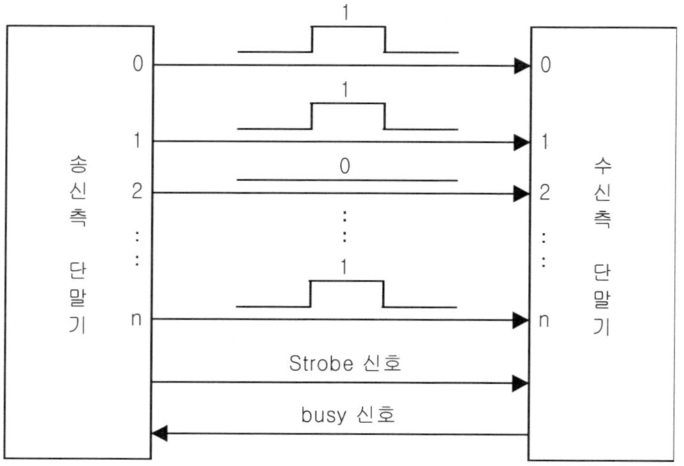

(b) 병렬 전송

[그림 2.8] 직렬 전송과 병렬 전송

직렬 전송은 문자의 최하위 비트(least significant bit) 부터 전송하게 되며, 송수신기 간에는 각 문자의 시작과 끝을 알 수 있는 동기화가 필요하게 된다. 직렬 전송은 하나의 통신 회선을 통해 데이터를 전송하므로 병렬 전송에 비하여 전송 속도가 느리지만, 원거리의 데이터 전송에서 보다 경제적이기 때문에 일반적으로 데이터 통신에 널리 사용되고 있다.

이에 비해, 병렬 전송은 한 문자를 구성하는 각 비트를 각각의 데이터 선을 통해 한꺼번에 전달하는 방식이다.

예를 들어, 한 문자가 8비트로 구성되는 경우에 병렬 전송에서는 8개의 데이터 선이 필요하며, 데이터를 병렬로 전송할 경우에 하나의 문자를 전송하기 위해서는 송수신측 간에 스트로브

(strobe)와 비지(busy) 신호를 이용하여 상호 협력을 하게 된다. 스트로브 신호는 송신측이 다음 문자의 전송을 수신측에 알리게 되고, 비지 신호는 수신측이 데이터의 수신 가능 상태를 송신측에게 전달한다.

병렬 전송은 고속의 데이터 전송이 가능하므로 컴퓨터와 주변 기기간의 통신에 널리 사용되고 있으며, 최근에는 슈퍼컴퓨터의 초고속통신망의 접속 방식으로도 사용되고 있다.

2.3.3 동기 전송과 비동기 전송

정보 전송을 하는데 있어 송신과 수신이 원활하게 수행되기 위해서는 데이터를 주고받는 시점에 대한 약속이 필요한데, 이를 동기화(synchronization)라 한다. 즉, 송신측에서 정보와 정보 사이를 식별하기 위하여 일정한 간격을 두어 시간적으로 분해하여 데이터를 전송하게 되고, 수신측은 일련의 입력 신호로부터 비트 값을 식별함과 동시에 일정한 길이의 비트 블록을 묶어 정보를 복원해야 한다.

이와 같이, 동기화란 수신측과 송신측 사이에 정보를 보내는 송신 시점과 이를 받는 수신 시점을 합의하는 절차를 말한다.

이와 같은 동기화 방법은 비동기식 전송(asynchronous transmission)과 동기식 전송(synchronous transmission)으로 구별된다.

1) 비동기 전송

비동기 전송은 긴 데이터 비트열을 연속적으로 전송하는 대신에 한 번에 한 문자씩 전송함으로써, 수신기가 각 새로운 문자의 시작점에서 재동기를 이루도록 하는 것이다. 이러한 비동기 전송의 기본 개념을 [그림 2.9]에서 쉽게 설명하였다.

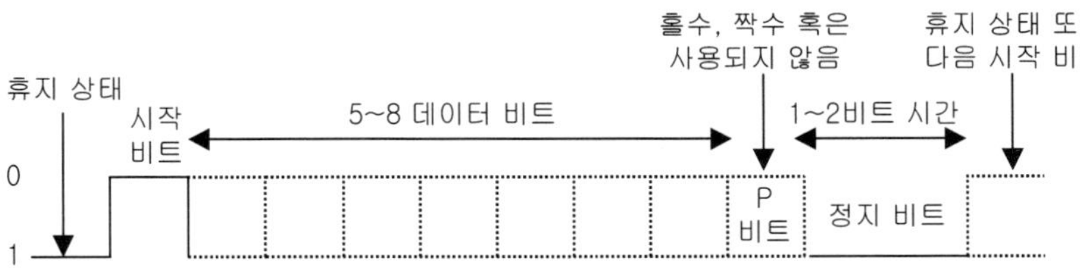

(a) 문자 전송 형식

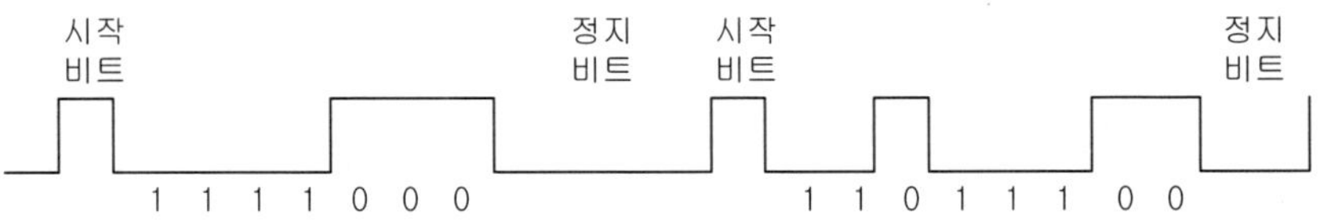

(b) 8비트의 비동기 전송 문자열

[그림 2.9] 비동기 전송 방식의 예

비동기 전송에서는 문자 단위의 재동기를 위해서 맨 앞에 한 문자의 시작을 알리기 위한 시작 비트(start bit)를 두고, 맨 뒤에 한 문자의 종료를 표시하는 정지 비트(stop bit)를 둔다. 전송되는 문자는 시작 비트 바로 뒤에 오게 되며, 문자의 종류에 따라 5~8비트의 길이를 갖는다. 보통 문자 비트열 뒤에는 패리티 비트(parity bit)가 뒤따르며, 2진수 1의 개수가 패리티 비트를 포함하여 홀수나 짝수가 되도록 하는 값을 갖는다.

어떤 문자도 전송되지 않을 때는 통신 회선이 휴지 상태(idle state)가 된다. 휴지 상태의 정의는 약속으로 정하는데 대개 2진수 1과 같은 신호 레벨로 정한다. 시작 비트는 2진수 0의 값을 가지며 한 비트의 길이를 갖는다. 정지 비트는 2진수 1의 값을 가지며, 최소 길이는 보통 정상 비트의 1, 1.5 혹은 2배로 규정된다. 이때, 정지 비트는 휴지 상태와 같으므로 송신기는 다음 문자를 보낼 준비가 될 때까지 정지 비트를 계속 전송하게 된다. 만일, 문자들이 계속하여 보내질 때 문자간의 시간 간격은 일정하며 정지 비트의 길이와 같다.

예를 들어, 패리티 비트 없이 7비트의 ASCII 문자를 전송한다고 하자. 휴지 상태에서 수신기는 통신 회선을 감시하다 1에서 0으로 전환되는 시작 비트가 인지되면, 이를 기준으로 자신의 클록을 이용하여 각 비트의 중간 부분을 추정하고 이를 7번 샘플링 하여 문자를 수신하게 된다. 그러고 나서 정지 비트가 수신되는 지를 조사하는데, 만일 정지 비트를 나타내는 1이 규정된 길이만큼 나타나지 않으면 프레이밍 오류(framing error)가 된다.

이와 같이, 비동기 전송은 문자 단위로 재동기를 취하므로 송수신기 간에 먼저 사용할 전송 속도, 문자 당 비트의 수, 패리티 방식 그리고 정지 비트의 수 등에 대하여 약속이 필요하다.

2) 동기 전송

동기 전송은 송수신기가 동일한 클록을 사용하여 데이터를 송수신하는 방법이다. 즉, 송신기에서 데이터 비트열을 전송하는데 사용한 클록 신호를 수신기가 사용하여 타이밍 오류 없이 정확한 데이터 수신이 이루어지도록 하는 방식이다. 이때, 송신기의 클록을 수신기에 제공하기 위해서는 별도의 클록 회선을 사용하거나, 데이터 신호 내에 클록 정보를 포함시켜 전송한다. 데이터 신호 내에 클록 정보를 실어 보내기 위해서는 동기 능력을 가진 디지털 신호 부호화 방법을 사용하는데, 이것의 대표적인 예로 맨체스터(Manchester) 부호가 있으며 LAN에서 표준 방식으로 널리 사용하고 있다.

동기 방식은 비동기 방식의 회선 이용 효율을 증가시키기 위해서 문자 또는 비트들을 데이터 블록 단위로 송수신하도록 하는 것이다. 그리고, 데이터 블록의 전후에는 특정한 제어 정보를 삽입한다. 이때, 사용되는 데이터의 앞부분 제어 정보를 프리앰블(pre-amble)이라고 하며, 블록 뒤의 제어 정보를 포스트앰블(post-amble)이라고 한다. 또한, 전송 데이터와 제어 정보를 합쳐서 프레임(frame)이라고 한다.

이 방식은 전송 효율과 전송 속도가 높으며, 프레임의 정확한 형식은 전송 구조가 문자 위주인지 또는 비트 위주인지에 따라 구분된다.

[그림 2.10]의 (a)는 문자 위주 프레임의 예를 보여주고 있는데, 전송 제어 문자인 STX는 프레임의 시작을 나타내고, ETX는 프레임의 끝을 나타낸다. 일반적으로 프레임의 앞에는 한 개 이상의 동기화 문자가 오게 되는데, 보통 수신기는 SYN 문자를 이용하여 문자 단위의 동기를 이루게 된다.

비트 위주의 전송에서는 데이터 블록을 일련의 비트들로 취급하며, 데이터와 제어 정보는 8비트의 문자 단위로 해석할 필요는 없다. 비트 위주의 프레임에서는 [그림 2.10]의 (b)와 같이 플래그(flag)라고 부르는 특별한 비트 패턴을 사용하여 한 프레임의 시작과 끝을 식별한다.

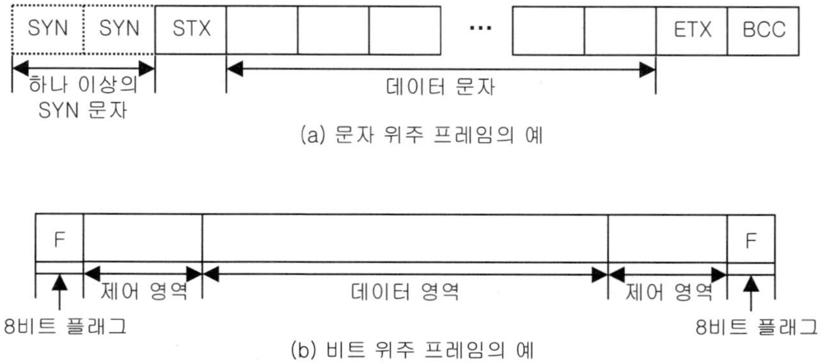

[그림 2.10] 동기 전송 방식의 프레임 구조

2.4 데이터 부호화 방식

데이터는 원래의 형태에 따라 아날로그와 디지털 데이터로 구분할 수 있다. 오디오는 아날로그 데이터의 대표적인 예가 되며, 컴퓨터의 2진 데이터는 디지털 데이터의 예이다. 오디오나 비디오 같은 아날로그 데이터는 표본화 및 부호화를 통해 디지털 데이터로 변환할 수 있다. 그리고, 아날로그나 디지털 데이터는 다시 전송 채널에 적합한 형태의 아날로그 신호나 디지털 신호로 변환하여 전송하게 된다.

이와 같이, 아날로그나 디지털 데이터를 다른 모양의 데이터나 신호 형태로 변환하는 것을 넓은 의미로 데이터 부호화(encoding)라고 부른다.

데이터 부호화는 크게 디지털 데이터-디지털 신호, 디지털 데이터-아날로그 신호, 아날로그 데이터-디지털 신호, 아날로그 데이터-아날로그 신호의 네 가지 조합으로 구분된다.

2.4.1 디지털 데이터, 디지털 신호

디지털 신호는 불연속적인 전압 펄스의 연속으로 구성된다. 이때, 각 펄스를 신호 요소(signal element)라고 한다. 2진 데이터는 각 데이터 비트가 신호 요소로 부호화되어 전송된다. 이때, 가장 간단한 경우로는 각 비트가 1:1로 각 신호 요소에 대응되게 하는 전송 방법이다. 0은 저위의 전압으로, 1은 고위의 전압으로 표현된 것이다.

우선 몇 가지 용어를 정의하기로 한다. 모든 신호 요소가 동일한 수식적 부호를 가질 때, 즉 모두가 음(-)이거나 혹은 양(+)일 경우에 신호를 단극형(unipolar)이라고 한다. 반면에, 어떤 논리 상태가 양의 전압으로, 다른 논리 상태가 음의 전압으로 표시될 때를 유극형(polar) 신호 전송이라 한다.

데이터 신호 전송률(data rate)은 초 당 전송되는 비트 수로 나타내는 데이터 전송 속도이다. 또한, 변조율(modulation rate)은 보오(baud)로 표현되는데, 초 당 신호 요소의 수를 의미한다. 수신기는 각 비트 간의 시간 간격과 어떤 전압이 각각 0과 1을 나타내는지를 알아야 한다.

일반적으로 많이 사용되는 디지털 전송 신호의 부호화 방식들은 [표 2.1]과 [그림 2.11]에서 비교 설명하였다.

[표 2.1] 디지털 전송 신호의 부호화 방식

부호 명칭		디지털 신호 형식
NRZ	NRZ-L	0 = 고준위 1 = 저준위
	NRZ-I	0 = 비트 구간 시작에서 천이가 없음 1 = 비트 구간 시작에서 천이
Bipolar	Bipolar-AMI	0 = 신호가 없음 1 = 양 혹은 음의 펄스, 연속적인 1의 비트에 대해 극성이 교대로 바뀜
	Pseudoternary	0 = 양 혹은 음의 펄스, 연속적인 0의 비트에 대해 극성이 교대로 바뀜 1 = 신호가 없음
Biphase	Manchester	0 = 비트 구간의 중간에서 고준위로부터 저준위로의 천이 1 = 비트 구간의 중간에서 저준위로부터 고준위로의 천이
	Differential Manchester	비트 구간의 중간에서 항상 천이 0 = 비트 구간의 시작에서 천이 1 = 비트 구간의 시작에서 천이 없음

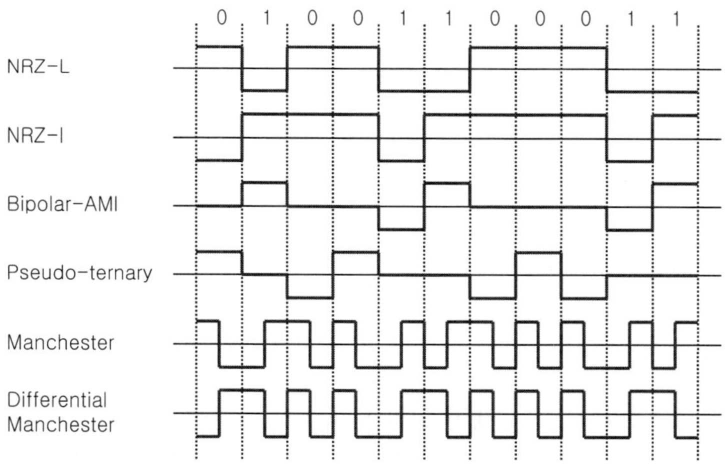

[그림 2.11] 디지털 전송 신호의 부호화 형식

1) NRZ

NRZ(Non-Return to Zero)은 신호의 레벨이 항상 양(+) 전압이거나 음(-) 전압 둘 중에 하나의 전압만이 나타난다. 0은 아무런 전송이 없는 휴지 상태를 나타낸다. 각 보오(baud)는 하나의 비트를 나타내기 때문에 대역폭을 매우 효율적으로 사용할 수 있다.

하지만, 길게 연속되는 0이나 1은 채널 상에서 상태 천이를 만들어 내지 못하기 때문에 자체 클록 능력이 부족하다.

NRZ은 부호화나 복호화를 요구하지 않고 채널의 대역폭을 매우 효율적으로 사용하기 때문에 저속 통신에 널리 사용된다. NRZ에는 다음과 같은 두 가지가 있다.

- NRZ-L(Non-Return to Zero Level) : 0을 나타내기 위해 하나의 전압 레벨로 정해지면 다른 하나의 전압 레벨이 1을 나타내기 위해 사용된다. 즉, 0을 위해 양 전압을 사용하면 1은 음 전압을 사용하여 표현하고, 0을 위해 음 전압을 사용하면 1은 양 전압을 사용하여 표현하게 된다.
- NRZ-I(Non-Return to Zero Invert) : 0일 때는 이전 신호 레벨을 유지하고 1일 경우에는 이전 신호 레벨을 반전시킨다. 즉, 여기에는 0과 1을 표현하기 위해 양, 음 전압이 할당되는 것이 아니라 양 전압과 음 전압 사이의 반전을 통해 반전이 있는 경우는 1을 나타내고 반전이 없는 경우는 0을 나타내게 된다.

2) Bipolar

Bipolar에서는 양, 0, 음 3개의 전압을 사용한다. RZ과 같이 0 전압 레벨은 0을 나타내기 위해 사용되고 1을 나타내기 위해서는 양 전압과 음 전압 두 개가 모두 사용되는데, 처음에 양 전압으로 1을 나타내면 다음에 1이 나왔을 때 음 전압을 사용하게 된다.

- Bipolar-AMI(Bipolar Alternate Mark Inversion) : 0 전압은 0을 나타내기 위해 사용되고 양, 음 전압은 1을 표현하기 위해 사용된다.
- Pseudoternary : 1 전압은 0을 나타내기 위해 사용되고 양, 음 전압은 0을 표현하기 위해 사용된다.

3) Biphase

Biphase 역시 동기화 문제를 해결하는 방법 중 하나이다. Biphase는 비트의 중간에서 다른 전압 레벨로 변화되는 것은 RZ과 비슷하지만 RZ과 같이 0 전압 레벨로 돌아오는 것이 아니라 다른 전압 레벨로 바뀌게 된다.

RZ(Return to Zero)은 양, 0, 음 3개의 전압 레벨을 사용하여 0인 경우는 음 전압으로 시작해서 비트의 중간에 다시 0 레벨로 돌아가고 1인 경우는 양 전압으로 시작해서 비트의 중간에 다시 0 레벨로 바뀐다.

이 방법 역시 매 비트마다 신호의 변화가 발생하므로 동기화 문제를 해결할 수 있다. Biphase에는 다음과 같은 두 가지가 있다.

- Manchester : 동기화를 위해 비트 중간에서 신호의 반전이 발생하게 되는데 1은 음 전압에서 시작해서 비트 중간에 양 전압으로 바꿔 표현하고, 0은 양 전압에서 시작해서 비트 중간에 음 전압으로 바꿔 표현하게 된다.
- Differential Manchester : 동기화를 위해 맨체스터와 같이 비트 중간에서 전압이 바뀌는 것은 같지만 0, 1을 표현하기 위해 정해진 패턴이 있는 것이 아니라 0인 경우는 패턴이 반대로 바뀌게 되고 1인 경우는 이전 패턴을 그대로 유지하게 된다. 즉, 이전 신호가 음 전압에서 양 전압으로

전이된 경우 다음 비트가 0일 때는 이전 신호와 같이 음 전압에서 양 전압으로 전이되어 표현하고 1일 때는 반대로 양 전압에서 음 전압으로 전이되어 표현하게 된다.

2.4.2 디지털 데이터, 아날로그 신호

디지털 데이터를 아날로그 신호로 변환하는 예는 디지털 변조를 들 수 있다. 이와 같은 디지털 변조는 반송파(carrier)의 진폭, 주파수, 위상 중에 하나 또는 이들의 조합을 이용하여 디지털 데이터 비트를 표현한다.

디지털 변조에서 디지털 데이터를 아날로그 신호로 변환시키는 것을 변조(keying)라고 하며, 진폭 편이 변조(ASK : Amplitude-Shift Keying), 주파수 편이 변조(FSK : Frequency-Shift Keying), 위상 편이 변조(PSK : Phase-Shift Keying)의 세 가지 방식이 있다.

1) 진폭 편이 변조(ASK)

ASK에서는 0과 1을 표현하기 위해 반송파의 진폭을 변화 시키게 된다. 이때, 진폭은 변하지만 주파수와 위상은 변하지 않는다. 1보오 당 1비트의 신호가 전송되므로 비트율과 보오율은 같다. 또한, ASK는 회로 구성이 간단하고 가격이 저렴하다는 장점이 있지만, 잡음이나 신호의 변화에 약하다는 단점을 갖고 있다.

잡음이라는 것은 전송 도중 선로 주위에 발생하는 열이나 전자기적 영향으로 회선에 유입되는 전압으로 신호판별에 영향을 줄 수 있다. 진폭 편이 변조가 단지 진폭으로 신호를 판별하므로 이 진폭이 외부의 잡음에 의해 변화가 발생하면 이때 원 신호를 판별할 수 없는 경우도 발생하므로 잡음에 많은 영향을 받는 부호화 방법이다.

2) 주파수 편이 변조(FSK)

FSK는 0과 1을 표현하기 위해 반송파의 주파수를 변화 시키는 방법이다. 이때, 주파수는 변하더라도 진폭과 위상은 일정하게 유지되고 1보오 당 1비트의 신호가 전송되므로 비트율과 보오율은 같다. FSK는 진폭 편이 변조 방식 보다 잡음에 강하고, 회로도 비교적 간단하기 때문에 데이터 전송에서 많이 사용된다.

3) 위상 편이 변조(PSK)

PSK는 반송파의 위상을 변화시켜 0과 1을 표현한다. 이때, 위상은 변하더라도 진폭과 주파수는 그대로 유지하게 된다. PSK 방법은 예를 들어 0을 표현하기 위해 어떠한 위상에서 시작했다면 1을 표현하기 위해서는 180도의 위상차에서 시작하는 신호를 사용하게 되는데, 보통 0을 표현할 때는 0도를 1을 표현할 때는 180도의 위상에서 시작한다.

이 PSK는 ASK에서 잡음에 영향을 많이 받는 특성이나 FSK에서 대역폭의 제한 같은 것에 영향을 받지 않는다. 또한, PSK는 위상을 2, 4, 8등분하는 것에 따라 2위상, 4위상, 8위상 변조 방식으로 구분할 수 있는데, 위상을 달리함으로써 복잡도가 높아 데이터 전송률이 높아지게 된다.

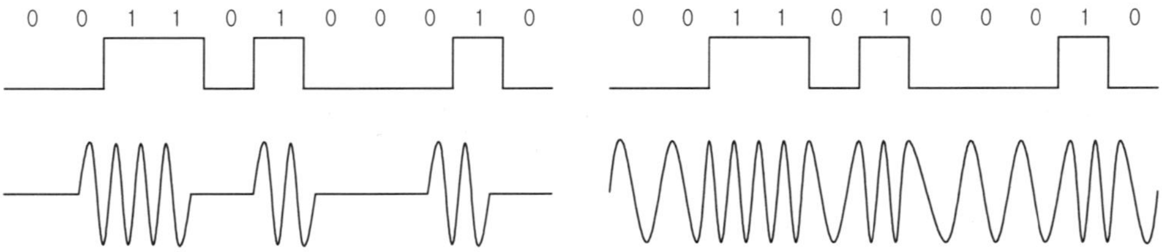

(a) 진폭 편이 변조 (b) 주파수 편이 변조

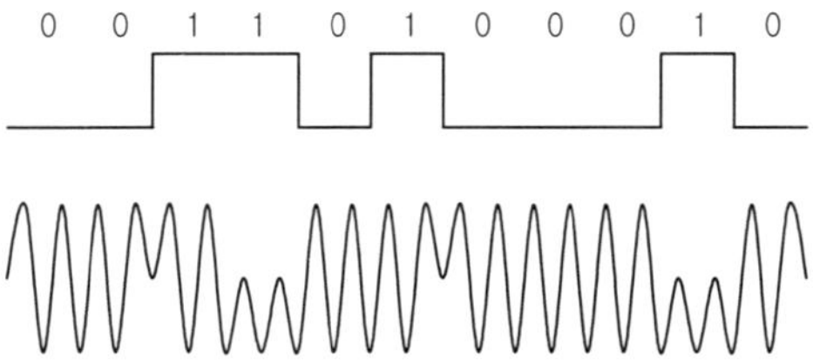

(c) 위상 편이 변조

[그림 2.12] 디지털 데이터의 아날로그 변조 방식

2.4.3 아날로그 데이터, 디지털 신호

아날로그 데이터를 디지털 데이터로 변환하는 과정을 디지털화(digitization)라고 한다. 우선적으로 아날로그 데이터가 디지털 데이터로 변환되면, 이 변환된 데이터에 여러 가지 처리가 행해질 수 있다.

아날로그 데이터를 전송을 위해 디지털 형태로 변환시키고, 또 이 디지털 형태를 원래의 아날로그 데이터로 복구시키는 장치를 CODEC(COder-DECoder)이라고 한다. 여기에는 펄스 코드 변조(PCM : Pulse Code Modulation)와 델타 변조(DM : Delta Modulation)가 있다.

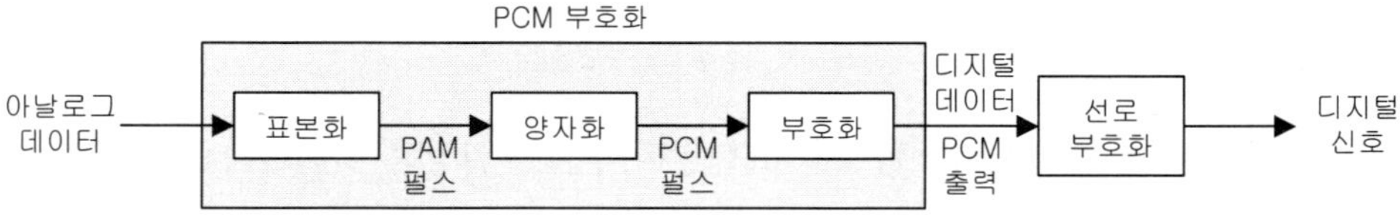

[그림 2.13] 아날로그 데이터의 디지털화

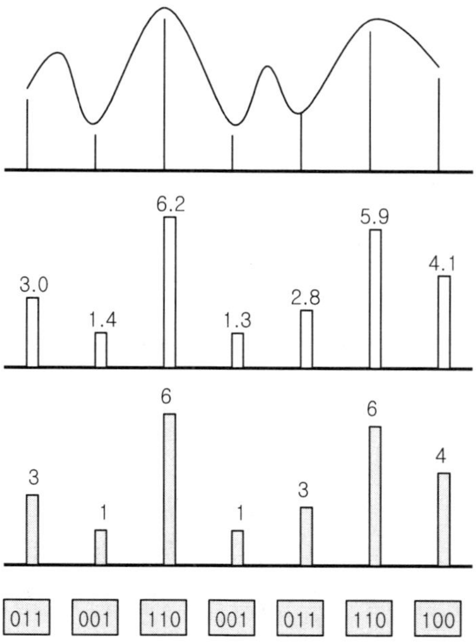

[그림 2.14] PCM 부호화 과정

1) 펄스 코드 변조(PCM)

PCM은 아날로그 입력 신호를 조작하여 얻어진 이산적인 디지털 신호인 펄스의 부호로 전송하고, 수신측에서 다시 원래의 아날로그 신호로 변환하는 방식이다.

처음 아날로그 신호를 일정 간격의 시간으로 표본화(sampling)하여 펄스 진폭 신호를 얻은 다음 표본화된 펄스 진폭 신호를 양자화기를 통하여 진폭 값을 평준화 하는 양자화(quantization) 과정을 거치고, 다음에 양자화 된 PAM(Pulse Amplitude Modulation) 펄스를 디지털 신호로 나타내기 위해 부호화(encoding)를 거치게 된다.

(1) 표본화

표본화(sampling)는 [그림 2.14]와 같이 연속적인 아날로그 데이터를 입력으로 받아 불연속적인 진폭을 갖는 펄스(PAM)를 생성하는 과정이다. 연속적으로 변화하는 영상 신호나 음성 신호를 표본화 하는 경우, 표본 값의 원 신호에 충실하게 대표하도록 하는 데는 표본화의 간격을 좁게 하여 많은 표본을 만들면 좋으나, 그것에는 낭비적인 표본이 많이 포함되게 된다.

낭비 없이 적절한 간격으로 표본화 하는 방법은 나이퀴스트(Nyquist)의 샘플링 정리를 이용한다. 나이퀴스트의 샘플링 정리는 어떤 연속하는 신호에 포함되어 있는 최고의 주파수를 fc라고 하면 적어도 1/2fc의 주기 펄스로 정보를 추출하면 그 펄스에는 원 신호 정보의 모든 것이 포함되어 있고, 이 펄스로부터 원래의 신호를 재현 하는 것이 가능하다는 것이다. 이와 같은 샘플링 정리를 통해 얻어지는 펄스 신호를 표본화 신호라고 한다.

(2) 양자화

양자화(quantization)란 표본화에서 생성된 PAM 펄스를 정량화하는 단계이다. [그림 2.14]와 같이 아날로그적인 진폭 값을 어떤 일정한 진폭의 대표 값으로 변환하는 조작이며, 아날로그의 진폭 값이 각 양자화 레벨에 있어서 양자화 레벨의 1/2 보다 높은 진폭의 경우에는 위의 레벨로 행하고 1/2 보다 낮은 경우에는 아래의 레벨로 행하는 일종의 근사화 같은 것이다.

이 때문에 원래 파형과 양자화 파형과의 사이에는 약간의 오차가 생기는데, 이 오차를 양자화 오차(quantization error) 또는 양자화 잡음(quantization noise)이라고 부른다. 이 양자화 오차를 작게 하기 위해 양자화 레벨을 세밀하게 하면 좋으나, 이 레벨을 세밀하게 하여 레벨 수를 많게 하는 것은 부호화의 자릿수를 증가시켜 부호와 장치를 복잡하게 만든다.

양자화에서는 균등 간격으로 양자화 하는 직선 양자화(균등 양자화)와 불균등하게 양자화 하는 비직선 양자화(불균형 양자화)가 있다. 입력 신호의 작은 진폭에 대해서는 작은 레벨로 근사하고, 큰 진폭에 대해서는 큰 레벨로 대응하도록 하면 입력 신호와 양자화 잡음의 비를 거의 일정하게 할 수 있다.

(3) 부호화

표본화 된 입력 신호는 양자화에 의해 그 진폭에 대응한 수치를 갖게 되고, 이 값을 부호로 변환하는 조작을 부호화(encoding)라고 한다. 부호화에 사용되는 비트는 양자화에 사용된 레벨이 몇 가지냐에 따라 결정되는데 레벨이 많을수록 원 신호의 정보 값을 유지할 수 있지만 그에 따라 오버헤드가 늘어나므로 그 레벨 수를 무한정 늘릴 수는 없다. 이와 같이, 어떤 신호를 표현하는데 2진 부호의 0이나 1이 몇 개 필요한가에 따라 그 신호의 정보량을 결정할 수 있다.

2) 델타 변조(DM)

PCM 방식의 성능을 증가시키고, 그 난이도를 줄이기 위한 다양한 기법들 중에 가장 빈번하게 사용되는 것이 DM(Delta Modulation) 이다.

DM에서 아날로그 데이터는 각각의 표본을 취하는 시간마다 단 하나의 양자화 레벨(quantization level)을 오르내리는 계단형의 함수에 의해서 근사치가 구해진다.

2.4.4 아날로그 데이터, 아날로그 신호

아날로그 데이터를 아날로그 신호로 전송하는 경우는 라디오나 TV의 방송 매체에서 주로 사용되며, 컴퓨터 통신에서는 거의 사용되지 않는다. 아날로그 전송 신호는 2.5.2절에서와 마찬가지로 전송 매체에 적합한 일정한 주파수를 가지는 반송파를 사용한다.

아날로그 데이터를 아날로그 전송 신호에 싣는 것을 변조(modulation)라고 하는데, 이 방법에는 진폭 변조(AM : Amplitude Modulation), 주파수 변조(FM : Frequency Modulation), 위상 변조(PM : Phase Modulation)의 세 가지가 있다.

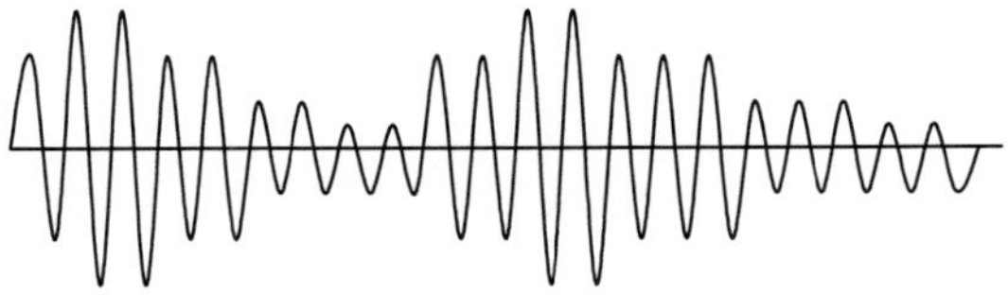

(a) 진폭 변조 신호

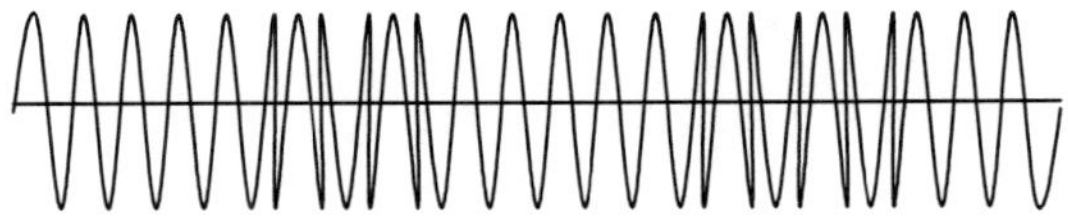

(b) 주파수 변조 신호

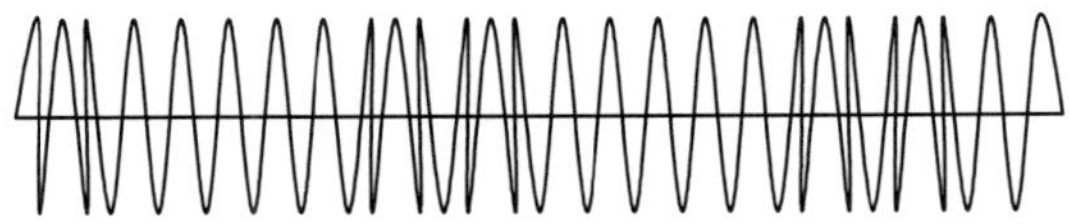

(c) 위상 변조 신호

[그림 2.15] 아날로그 변조의 예

1) 진폭 변조(AM)

AM은 입력 정보의 변화에 따라 반송파의 주파수나 위상은 그대로 두고 진폭만 변화시켜 전송하고자 하는 신호를 표현하는 방식이다. 이와 같은 과정을 통해 전송하고자 하는 정보는 반송파의 외곽선의 형태로 나타나게 된다.

AM 신호의 대역폭은 변조되는 신호의 대역폭의 2배와 같고 주파수 분포도를 보면 신호 파형이 반송 주파수를 중심으로 하여 음과 양의 주파수로 나누어져 나타나는 현상, 즉 이중 사이드 밴드(DSB : Double Side Band) 현상이 나타난다.

2) 주파수 변조(FM)

FM에서는 입력 정보의 변화에 따라 반송파의 진폭이나 위상은 그대로 유지한 채로 주파수를 변화시켜 전송하고자 하는 신호를 표현하는 방식이다. 신호 파형의 전압이 높을수록 주파수가 높아져서 파장이 조밀해지고, 그 반대로 전압이 낮을 때는 주파수가 낮아져서 파장이 넓어지게 된다.

FM 신호의 대역폭은 변조 신호의 대역폭의 10배와 같고 반송 주파수를 중심으로 양쪽에 나타난다. 우리가 라디오 방송을 들을 때 흔히 사용하는 AM/FM이 바로 이러한 신호 변조 방식을 말하는 것이다. 15KHz의 대역폭을 갖는 오디오 신호를 방송하기 위해서는 10배의 대역폭이 필요하므로 FM 라디오 방송국에서는 최소한 150KHz의 대역폭이 필요하다. 그러나, 실제로 200KHz

의 대역폭을 사용하는데 그 이유는 옆 대역 신호와의 상호 영향을 배제하기 위해 보호 대역을 두기 때문이다.

3) 위상 변조(PM)

PM은 전송 시 입력 신호의 전압의 변화에 따라 반송파의 위상을 변조하는 방식인데, 이때 반송파의 최고 진폭과 주파수는 일정하게 유지가 된다. 이 방식은 고속으로 데이터를 보내는 것이 가능하다는 이점이 있지만 잡음의 방해를 받기 쉬운 특성을 가지고 있다. 그리고, AM이나 FM 방식에 비해 변복조 회로가 다소 복잡하다.

2.5 다중화 방식

중앙 컴퓨터와 다수의 원격지 단말들을 각각 전용 회선으로 연결한다면 비용 면에서 매우 비효율적이다. 따라서, 대규모 통신 시스템에서 여러 개의 단말 장치에 전송되는 데이터들을 하나의 공통된 고속 전송로를 이용하여 정보 전송이 가능하도록 하는 방법이 사용되는데, 이를 다중화(multiplexing)라 한다.

이와 같이, 여러 경로를 통해 들어오는 정보의 흐름들을 모으는 다중화 기능과 반대편에서 다중화 된 정보를 다시 여러 경로로 분리해 주는 기능을 가진 장비를 역 다중화 장치(demultiplexer)라고 한다. 다중화 방식은 역 다중화 장치와 단일 통신 경로로 연결되며, 여기서 통신 경로는 n개 채널의 데이터를 나를 수 있다.

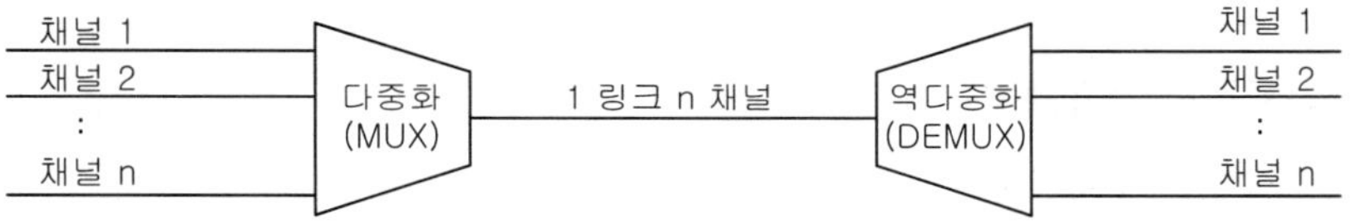

[그림 2.16] 다중화의 예

일반적으로 다중화는 여러 가지 용도에 사용할 수 있는 방식이다. 다수의 저속 회선 사용자들을 하나의 고속 전용선에 묶어서 접속하여 통신망 자원을 공동으로 이용할 수 있도록 하며, 통신망의 연결 효율을 최대화하고 통신비용을 절감하기 위한 회선 공유 개념으로 도입된 방식이다.

하나의 전송 링크를 어떻게 채널로 구분하느냐 하는 방식에 따라 다중화 기술이 달라지는데, 대표적인 다중화 기술로 주파수 분할 다중화(FDM : Frequency Division Multiplexing), 시분할 다중화(TDM : Time Division Multiplexing), 코드 분할 다중화(CDM : Code Division Multiplexing) 등이 있다.

2.5.1 주파수 분할 다중화(FDM)

주파수 분할 다중화는 전송 매체의 대역폭이 하나의 신호가 요구하는 대역폭 보다 클 때 가능하다. 주파수 분할 다중화는 여러 신호를 전송 매체의 서로 다른 주파수 대역을 이용하여 동시에 전송하는 기술이다. [그림 2.17]은 주파수 분할 다중화의 기본 개념을 보여주고 있는데, 서로 다른 주파수 대역을 이용하여 채널을 구분하게 된다.

이를 위해 각 신호는 서로 다른 반송파 주파수를 이용하여 변조되며, 반송 주파수는 각 신호의 스펙트럼이 겹치지 않도록 충분한 간격을 유지해야 한다.

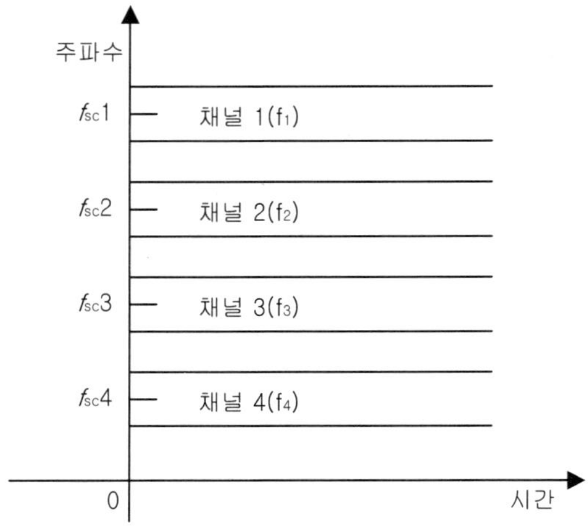

[그림 2.17] 주파수 분할 다중화

2.5.2 시분할 다중화(TDM)

시분할 다중화 방식은 네트워크에 있어 하나의 통신회선이나 채널을 이용하여 송신하기 위해 다수의 신호들이 결합되는 방식으로서, 각 신호는 매우 짧은 지속 시간을 갖는 여러 개의 세그먼트들로 나누어진다. 이때의 전송은 디지털로 이루어지며, 따라서 본래 아날로그인 음성은 디지털로 변환해야 시분할 다중화기를 이용할 수 있다.

즉, 시분할 다중화란 하나의 고속 회선을 시간 분할하여 각각의 채널들이 시분할 된 고속 회선의 타임 슬롯(time slot)을 이용하는 형태를 말한다. 이때, 각각의 채널들의 총 합계 속도는 고속 회선의 시분할 속도를 넘지 못한다. 일반적으로 대부분의 고속 데이터 다중화 장비 또는 집중화 장비들이 시분할 방식을 사용한다.

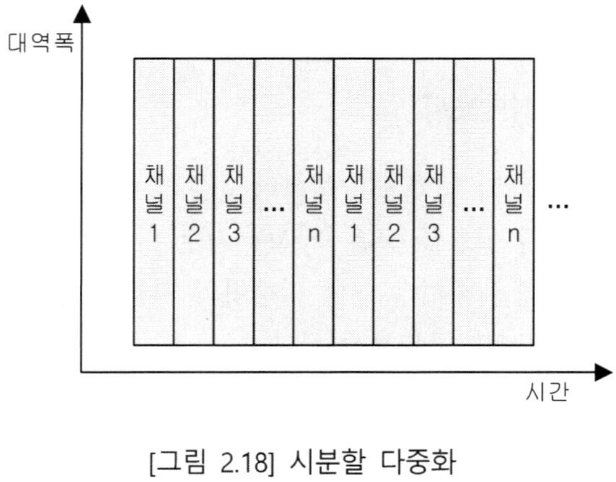

[그림 2.18] 시분할 다중화

시분할 다중화는 일반적으로 각 장치에 타임 슬롯 할당 방식에 따라 동기식 시분할 다중화 방식(Synchronous TDM)과 통계적 시분할 다중화 방식(Statistical TDM)으로 나누어진다.

2.5.3 코드 분할 다중화(CDM)

코드 분할 다중화 방식은 전송하고자 하는 정보를 필요한 대역폭으로 전송하는 것이 아니라 잡음과 다중 경로에 대한 면역성 등을 위해서 의도적으로 그것보다 훨씬 넓은 주파수 대역폭을 사용하는 확산 대역 기술을 사용하여 정보를 전송한다.

송수신측이 각 비트를 다른 코드로 확산비 k의 확산 대역 기술을 이용한다고 하면 송신측은 한 비트가 자신에게 지정된 k개의 비트로 이루어진 코드로 변조되어 k배의 속도로 전송된다. 각 송신측이 동시에 송신을 하더라도 수신측에서 서로 다른 코드를 갖고 있으므로 자신의 코드에 해당하는 코드만 읽어 들일 수 있다. 이것은 디지털 또는 아날로그 데이터를 전송하는 경우 하나의 전송 회선을 통해서 여러 개의 터미널들이 전송하는 것을 가능하도록 하는 다중화 방식으로 주파수 분할 다중화 방식과 동기식 분할 다중화 방식을 복합한 방식인데, 일종의 확산 대역(spread spectrum)을 이용한 방식이다. 코드 분할 다중화 방식은 1960년대부터 군 통신에서 사용하고 있는데, 무엇보다도 도청 방지가 중요한 군의 통신 방식을 위해 코드 분할 다중화 방식의 기술적 근간이 되는 확산 대역 기술이 군 통신의 도청 방지에 적용되었던 것이다.

확산 대역 기술은 다음과 같은 전송 절차를 통해 다중화를 수행한다.

- 송신측에서는 PSK와 FSK를 사용하여 1차 변조를 행한다.
- 1차 변조된 신호의 대역폭을 넓히기 위해 2차 변조를 행한다. 이 과정을 확산 변조라고 한다.
- 수신측에서는 확산 변조된 신호를 원래의 신호로 복구하기 위하여 2차 복조 혹은 역 확산을 수행한다.
- 역 확산된 신호는 송신측에서의 1차 확산된 신호와 거의 동등하기 때문에 마지막으로 1차 복조를 행한다.

위와 같은 방법으로 신호를 송수신하는 과정에서 확산 대역은 광대역을 사용하고 잡음과 유사한 신호를 사용하는 특성 때문에 다른 사람이 감지하기가 상당히 어려울 뿐만 아니라 가로채거나 복조하기가 어렵다.

요 약

1. 전송 신호의 종류와 손상 요인

- 전송 신호(transmission signal)는 전송하고자 하는 데이터를 전자기적 신호로 변환한 것으로서, 기본적으로 아날로그 신호와 디지털 신호로 구분된다.
- 아날로그 신호는 시간이나 주파수에 따라 그 크기와 패턴이 끊임없이 변하는 전자기파이다.
- 아날로그 신호는 진폭(amplitude), 주파수(frequency) 그리고 위상(phase)의 세 가지 특성 값으로 표현할 수 있다.
- 디지털 신호는 신호 형태가 시간에 따라 급격하게 바뀌며 이산적으로 변하는 정보를 말한다.
- 송신기에서 전송된 신호가 전송 매체를 통하여 전파되는 동안 신호의 세기가 점점 약해지며 각종 잡음의 영향을 받게 된다.
- 전송 신호의 세기는 전송 매체가 가지는 저항이나 임피던스 등의 영향으로 전송 거리에 비례하며 점점 약해지는데, 보통 이러한 현상을 신호 감쇠(signal attenuation)라 한다.
- 전송 매체를 통하여 전달되는 신호의 전파 속도가 주파수에 따라 차이가 나는 것이 지연 왜곡(delay distortion) 현상이다.
- 잡음(noise)이란 전송 시스템 및 전송 매체에서 발생하여 전송 신호에 추가되는 불필요한 신호이다.

2. 유 · 무선 전송 매체의 종류

- 전송 매체는 데이터 전송 시스템에 있어서 수신기와 송신기 간의 물리적인 데이터 전송로이다.
- 꼬임선은 두 가닥의 절연된 구리선이 균일하게 서로 감겨 있는 형태이다.
- 동축 케이블은 내부의 단일 전선과 그것을 감싸고 있는 원통형의 외부 도체로 구성되어 있다.
- 광섬유 케이블은 빛(1,014Hz ~ 1,015Hz)으로 정보가 전달되므로 전자기파 간섭 등에 의한 영향을 받지 않는다.
- 마이크로파의 일반적인 안테나는 전자파를 보다 더 집중시키기 위해서 포물선 모양의 접시형으로 구성되어 있다.
- 궤도 위성은 많은 주파수 대역에서 동작하는데, 이 주파수 대역을 트랜스폰더(transponder)라 부른다.
- 라디오파는 지향성의 마이크로파와는 달리 다방향성이다.

3. 전송 방식의 분류

- 데이터 통신 매체 상에서의 전송 신호는 아날로그 형태와 디지털 형태로 구별할 수 있다.
- 직렬 전송은 한 문자를 이루는 데이터 비트를 직렬로 나열한 후 하나의 데이터 선을 사용하여 한 비트씩 순차적으로 전송하는 방식이다.
- 병렬 전송은 한 문자를 구성하는 각 비트를 각각의 데이터 선을 통해 한꺼번에 전달하는 방식이다.
- 비동기 전송은 긴 데이터 비트열을 연속적으로 전송하는 대신에 한 번에 한 문자씩 전송함으로써, 수신기가 각 새로운 문자의 시작점에서 재동기를 이루도록 하는 것이다.
- 동기 전송은 송수신기가 동일한 클록을 사용하여 데이터를 송수신하는 방법이다.

4. 데이터 부호화의 개념과 방식

- 아날로그나 디지털 데이터를 다른 모양의 데이터나 신호 형태로 변환하는 것을 넓은 의미로 데이터 부호화(encoding)라고 부른다.
- 디지털 데이터-디지털 신호, 디지털 데이터-아날로그 신호, 아날로그 데이터-디지털 신호, 아날로그 데이터-아날로그 신호의 네 가지 조합으로 구분된다.

5. 다중화 방식의 개념과 방식

- 대규모 통신 시스템에서 여러 개의 단말 장치에 전송되는 데이터들을 하나의 공통된 고속 전송로를 이용하여 정보 전송이 가능하도록 하는 방법이 사용되는데, 이를 다중화(multiplexing)라 한다.
- 다중화 기술로는 주파수 분할 다중화(FDM), 시분할 다중화(TDM), 코드 분할 다중화(CDM) 등이 있다.

연습문제

1. 전송 신호(transmission signal)의 종류에 대해 기술하시오.

2. 전송 신호 손상의 종류에 관해 설명하시오.

3. 전송 매체는 크게 유선과 무선으로 나누어지는데, 이 중 유선 전송 매체의 특징에 대해 서술하시오.

4. 전송 방식 중 직렬 전송과 병렬 전송을 비교하여 설명하시오.

5. 디지털 전송 신호의 부호화(encoding) 방식의 종류에 대해 서술하시오.

6. 아날로그 데이터의 디지털 신호화를 위한 펄스 코드 변조(PCM)의 부호화 과정을 그림으로 표현하시오.

7. 다중화(multiplexing)란 무엇인지 정의하고, 그에 따른 다중화 방식의 특징을 각각 서술하시오.

제 3 장

네트워크 구축 기술

기본적인 네트워크의 구조와 토폴로지의 종류 및 사용 예 등에 대해 이해하고, 이를 바탕으로 네트워크 구축 기법 및 교환망 방식에 대해 각각 학습한다.

3.1 통신 방식

통신 방식은 보통 데이터의 전달 방향에 따라 단방향(simplex) 통신과 양방향(duplex) 통신으로 분류된다. 여기서, 양방향 통신은 데이터를 주고받는 시점에 따라 다시 반이중(half duplex) 통신과 전이중(full duplex) 통신 방식으로 나누어진다.

3.1.1 단방향 통신

단방향 통신은 송신측과 수신측이 미리 고정되어 있는 통신 방식이다. 즉, [그림 3.1]에서 보는 바와 같이 통신 채널을 통하여 접속된 두 대의 단말기 사이에서 데이터가 한쪽 방향으로만 전달되는 통신을 말한다. 호출기(pager)는 단방향 통신의 대표적인 예이며, 이외에도 라디오나 TV 방송들도 이 방식에 해당된다.

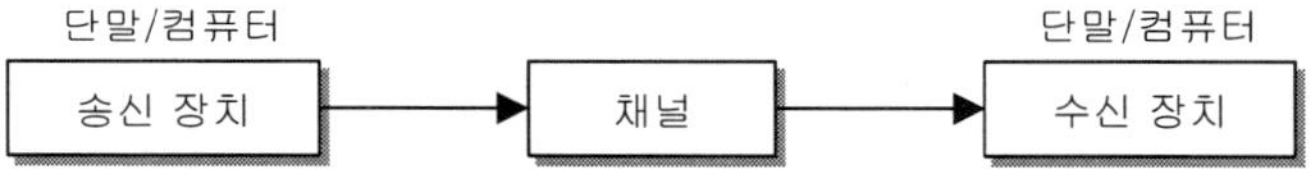

[그림 3.1] 단방향 통신 방식

3.1.2 양방향 통신

양방향 통신은 채널을 통하여 접속된 두 대의 단말기 사이에서 데이터의 송신과 수신이 모두 가능한 방식이다. 이때, 데이터의 송신과 수신을 번갈아 가며 하는 경우를 반이중 통신이라 하고, 송신과 수신이 동시에 가능한 경우를 전이중 통신이라고 한다.

1) 반이중 통신 방식

반이중 통신 방식은 통신 채널에 접속된 두 대의 단말기 중 어느 한 쪽이 데이터를 송신하는 경우에 상대편은 수신만이 가능한 통신을 말한다. 송신측과 수신측이 정해져 있지 않으며, 양 단말기 사이의 상호 협력에 의해 송수신 방향의 전환이 이루어진다. 따라서, 반이중 통신에서는 [그림 3.2]의 (a)에서와 같이 하나의 통신 채널을 이용하여 데이터의 송신과 수신이 교대로 가능하다.

반이중 통신은 모뎀(modem)을 이용한 데이터 통신에도 사용되고 있으며, 이때 모뎀에서는 송수신 방향의 전환을 위한 별도의 시간이 걸리게 된다. 이외에도 휴대용 무전기도 반이중 통신의 대표적인 예이다.

2) 전이중 통신 방식

전이중 통신 방식은 접속된 두 대의 단말기들 간에 동시에 데이터를 송수신하는 통신을 말한다. 즉, [그림 3.2]의 (b)에서와 같이 두 개의 통신 채널을 이용하여 동시에 양방향으로 교신할 수 있다. 전이중 통신을 위해서는 보통 4선식 회선이 사용되지만, 2선식 회선에서도 반송파의 주파수를 서로 달리 하는 주파수 분할 방식을 이용하여 전이중 통신이 가능하다.

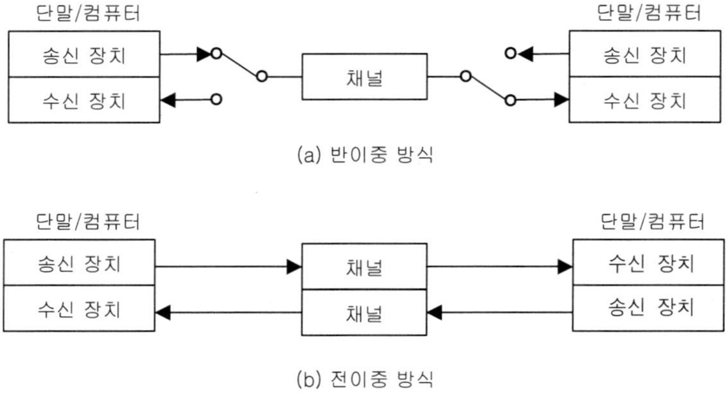

[그림 3.2] 양방향 통신 방식

3.2 네트워크의 구조

네트워크(network)란 인간의 의사 또는 기계나 장치에서 발생되는 데이터 정보 등의 정보 전달 체계라 정의할 수 있으며, 전달 수단으로서 전기적 방법을 사용하는 것을 전기 통신망(telecommunication network), 또는 통신망이라고 한다. 이와 같이 네트워크는 정보를 신속하고 대량으로 전달할 수 있어야 하고, 먼 거리로 전달할 수 있어야 한다.

3.2.1 네트워크 형태

여러 기기 간에 통신을 할 때, 두 기기를 점대점(point-to-point) 방식으로 직접 연결하는 것은 비현실적이다. 왜냐하면, 각 기기마다 연결 장비를 갖춰야 하며 기기는 다수이기 때문이다. 이런 문제를 해결하기 위해 토폴로지를 고려할 필요가 있는데, 토폴로지는 다수의 기기가 통신 링크로 상호 연결된 방식이다.

다음의 [그림 3.3]에서 각 기기는 점대점 링크로 연결되어 있는데, 이것을 완전 연결(full connected)이라 한다.

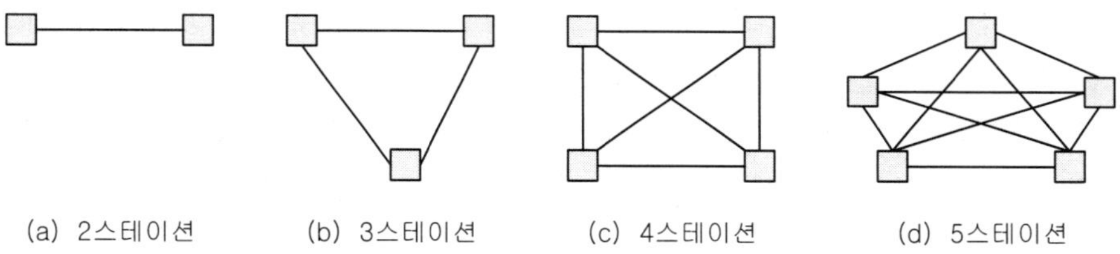

[그림 3.3] 완전 연결 토폴로지의 예

N개의 기기가 있을 때 N(N-1)/2개의 전이중 링크가 필요하고, 각 기기는 (N-1)개의 입출력 포트가 필요하게 되어, 케이블 부설과 I/O 하드웨어 면에서 시스템 비용이 증가하게 된다.

이러한 문제들의 해결을 위해 기기들을 통신망에 연결하는 개념이 [그림 3.4]에 설명되어 있다. 여기서, 스테이션은 통신에 이용되는 기기들의 모임을 의미하며, 컴퓨터, 터미널 그리고 다른 통신 장치 등으로 구성된다. 그리고, 각 스테이션은 네트워크 노드로 접속된다.

네트워크는 스테이션 사이에 교환되는 정보의 내용에는 관여하지 않고, 다만 정보 이동만을 목적으로 한다. 통신망을 사용하면 여러 스테이션 사이의 통신 설비를 공유하게 되어, 스테이션 간의 연결에 드는 비용을 감소시킨다.

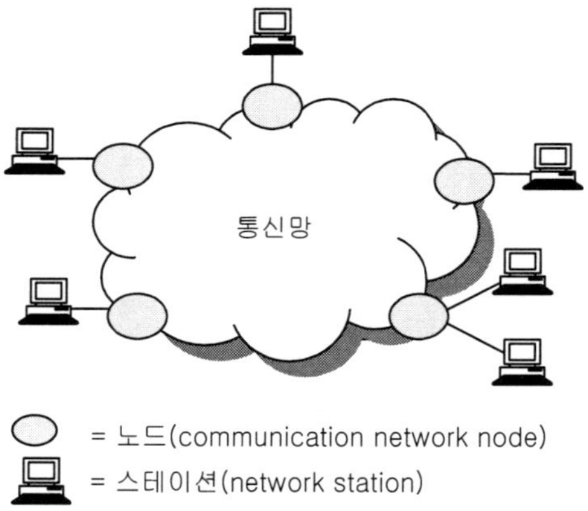

[그림 3.4] 통신망을 이용한 네트워크

3.2.2 네트워크 구성 요소

1) 리피터

전송 매체를 통하여 신호를 전송할 때, 신호 자체의 감쇠, 잡음에 의하여 신호가 약해진다. 이러한 문제를 해결하여 원본 신호가 감쇠 없이 수신측에 전달되도록 하는 장치가 리피터(repeater)이다.

리피터는 LAN의 전송 매체 상에 흐르는 신호를 정형, 증폭, 중계하는 장치이다. 세그먼트간의 접속에 사용되는 것 외에 전송거리를 연장하기 위해, 또는 배선의 자유도를 높이기 위해 사용한다. OSI 참조 모델과 연관하면 리피터는 OSI 모델 중 물리적 계층에 속한다. 즉, 네트워크 상호 연결시 그 차이점이 물리적 계층에만 종속될 경우 리피터가 사용된다.

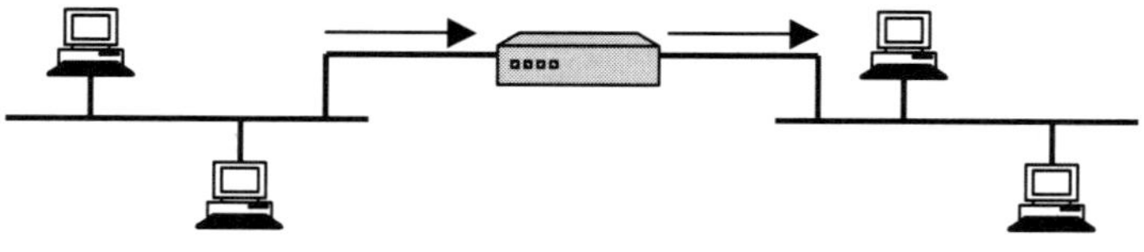

[그림 3.5] 리피터

2) 허브

허브(hub)는 차바퀴의 중심 부분과 같이 각 컴퓨터들의 중앙 연결 지점을 제공하는 네트워크 장비이다. 또한, 허브는 단순한 하나의 스테이션에서 수신한 신호를 정확히 재생하여 다른 쪽으로 내보내는 장치로 다음과 같은 것들이 있다.

(1) 덤 허브

덤 허브(dumb hub)는 단지 네트워크에 있는 컴퓨터들 간의 중계 역할 만을 담당하는 장비를 말한다. 이 장비는 일반적으로 네트워크의 전체 대역폭을 각 스테이션이 분할하여 쓰는 방식으로 허브에 연결된 스테이션이 어느 정도 이상 증가하게 되면 네트워크의 심각한 속도 저하가 발생하게 된다.

(2) 스위칭 허브

스위칭 허브(switching hub)는 스위칭 기능을 가지고 있는 허브로 스테이션들을 각각 점대점으로 접속시키는 장비이다. 전이중 방식으로의 통신이 가능하며, CSMA/CD 방식의 네트워크에서도 충돌이 발생하지 않기 때문에 덤 허브 보다 훨씬 우수한 전송 속도를 보장한다.

(3) 스태커블 허브

스태커블 허브(stackable hub)는 네트워크가 계속 확장될 때 허브와 허브 사이를 연결하는 장비이다. 스태커블 허브끼리는 캐스케이드(cascade) 케이블이라고 하는 전용 케이블을 사용하게 된다. 허브와 허브를 일반 허브로 연결하면 전송 속도의 저하가 일어날 수 있지만 스태커블 허브를 사용하면 그런 현상이 일어나지 않는다.

3) 브리지

브리지(bridge)는 LAN을 결합하기 위한 장비로 데이터 링크 계층에서 동작하는 네트워킹 장비이다. 이것은 두 개 이상의 LAN을 하나의 네트워크로 만드는 장비로 IEEE 802.1에 의해 표준화되었다. 브리지는 리피터와는 달리 전체 프레임을 수신할 때까지 전송하지 않지만, 프레임의 내용을 변경하지 않는다는 점은 리피터와 유사하다. 다음의 [그림 3.6]은 브리지로 연결된 네트워크를 나타내고 있다.

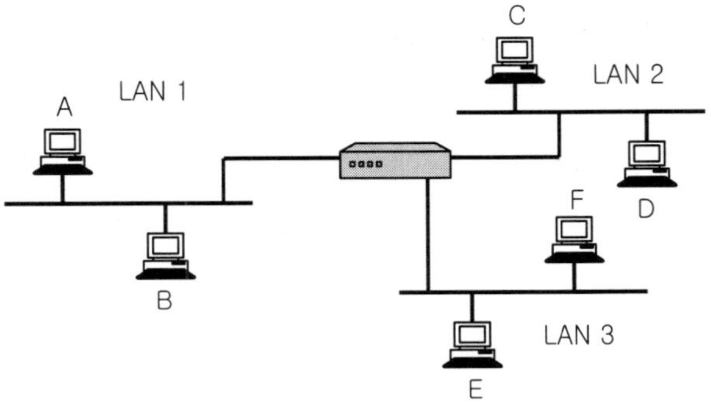

[그림 3.6] 브리지

[그림 3.6]에서, A에서 B로 프레임을 전송할 때, 브리지는 LAN 2와 LAN 3로 프레임을 전달하

지 않으며, 같은 LAN인 LAN 1의 모든 스테이션은 A가 보낸 프레임을 수신한다. 만일, A에서 D로 프레임을 전송할 때에는 브리지가 LAN 1의 프레임을 LAN 2로만 중계하게 된다.

4) 라우터

라우터(router)는 인터넷에서 IP 네트워크들 간을 연결하거나 IP 네트워크와 인터넷을 연결하기 위해 사용하는 장비로 네트워크 계층에서 동작한다. 라우터를 사용하여 LAN을 구성할 때, 라우터는 이기종 LAN 간의 연결, LAN을 WAN에 연결, 효율적인 경로를 선택하는 라우팅 기능, 오류 패킷에 대한 폐기 등의 기능을 수행하게 된다. 다음의 [그림 3.7]은 라우터로 연결된 네트워크를 보여주고 있다.

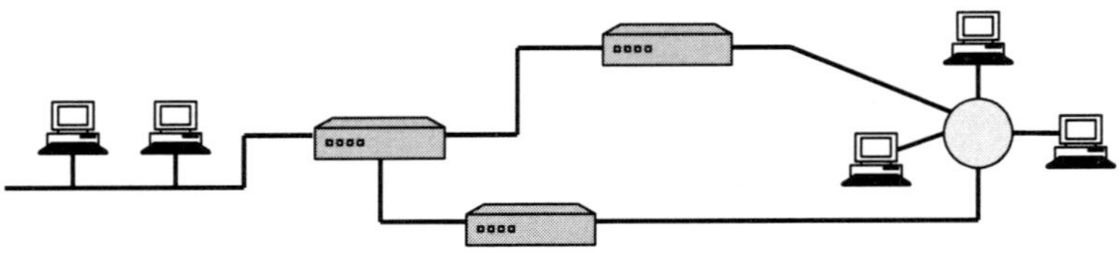

[그림 3.7] 라우터

라우터는 라우팅을 하기 위한 라우팅 테이블의 관리 기법에 따라 라우터 상에서 관리자가 수동적인 방법으로 라우팅 테이블을 관리하는 정적 라우팅(static routing)과 라우팅 정보의 교환을 통하여 라우팅 테이블을 자동적으로 관리하는 동적 라우팅(dynamic routing)으로 구분된다.

5) 게이트웨이

게이트웨이(gateway)란 통신 네트워크에서 서로 다른 네트워크들을 연결시켜 주는 것을 말한다. 어떤 목적을 달성하기 위해 여러 유형의 네트워크들을 이용할 경우 일반적으로 패킷 교환 네트워크를 경유하여 호출이 행해지는데, 한 네트워크에서 다른 네트워크로 보내지는 메시지나 형식들은 모든 패킷 교환 네트워크에서 항상 동일한 것은 아니므로, 서로 다른 네트워크들을 연결시켜 주는 게이트웨이가 필요한 것이다.

OSI 참조 모델과 연관 지어 설명하면 응용 계층까지를 인식하여 동작하는 기기를 총칭하여 게이트웨이라 한다. 네트워크 상호 연결 시 구현상 차이점이 트랜스포트 계층 이상에서 발생하게 되면 사용되는 장치이다.

3.3 네트워크 토폴로지

3.3.1 네트워크 토폴로지

네트워크 토폴로지(network topology)란 네트워크상의 컴퓨터의 위치나 컴퓨터 간의 케이블 연결 등의 물리적인 배치를 의미한다. 네트워크 토폴로지는 기본적으로 다음과 같이 분류된다.

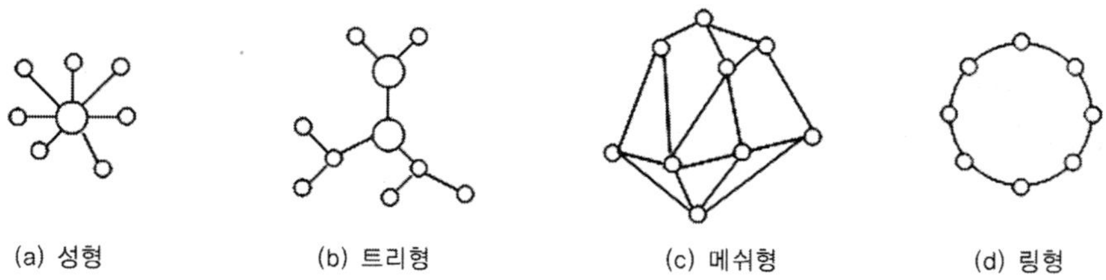

[그림 3.8] 네트워크 토폴로지의 기본 유형

1) 성형

성형(star)은 중앙에 컴퓨터나 교환기가 있고, 그 주위에 터미널을 분산시켜 연결시킨 형태이다. 중심이 되는 곳에 중계 교환 기능을 부가하고, 여기에 중계 회선을 연결하여 집중화 효과에 의한 트래픽 처리 능력을 높이는 회선 망이다.

컴퓨터와 터미널의 연결은 별개로 모든 통신 회선을 필요로 하므로 통신 회선을 대단히 많이 필요로 하며 모든 통신 제어는 컴퓨터에 의해 행해지고 있다. 이 모형은 네트워크의 가장 기본적인 형태이며, 일반적인 온라인 시스템의 전형적인 방법이다.

성형은 네트워크 고장의 발견과 수리가 쉽고, 노드의 증설 및 이전이 용이하다는 장점이 있다. 반면에, 잠재적 병목 현상을 가지며 중앙 지역의 고장에 취약하다. 또한, 중앙 제어 노드에 문제가 발생하면 네트워크 전체가 통신 불능 상태에 빠지게 된다는 단점이 있다.

2) 트리형

트리형(tree)은 중앙에 컴퓨터가 있고 일정 지역 터미널까지는 하나의 통신 회선으로 연결시키며, 그 이웃하는 터미널은 일정 지역에 설치된 터미널로부터 다시 연결되는 구성 형태이다. 이 모형은 성형 보다 통신 회선을 많이 필요로 하지 않으며, 일정 지역에 설치된 터미널을 컴퓨터로 대치시켜 분산 처리 시스템으로 변경할 수 있다.

트리형은 네트워크의 제어가 간단하여 관리 및 확장이 용이하다는 장점이 있다. 그러나, 중앙 지점에서 병목 현상이 발생하고, 중앙 지점의 고장으로 인한 대체 방법이 없을 경우 네트워크 전체가 마비될 수 있다는 단점이 있다.

3) 메쉬형

메쉬형(mesh)은 중앙의 제어 노드에 대한 중계 없이 각 노드 간에 점대점 방식으로 직접 연결하는 그물 모양의 네트워크이다. 이 모형은 각 노드의 연결 상태에 따라 완전 메쉬형(full mesh)과 부분 메쉬형(partial mesh)으로 나눈다. 이 방식은 통신 회선에 장애가 발생 하더라도 다른 경로를 통하여 데이터 전송을 가능하게 하는데, 이러한 신뢰성 때문에 일반적으로 네트워크의 백본용으로 사용된다.

메쉬형은 네트워크의 고장 발견이 쉬우며, 한 노드의 고장 시에도 네트워크 전체의 트래픽은 영향을 거의 받지 않는다는 장점이 있다. 반면에, 네트워크의 선로 구축비용이 많이 들고, 선로 설치 및 설정 과정이 어렵다는 단점이 있다.

4) 링형

링형(ring)은 컴퓨터와 터미널의 연결은 서로 이웃하는 것끼리만 연결시킨 형태로서 양쪽 방향으로 데이터 전송이 가능하므로 통신 회선 장애시의 융통성을 가질 수 있으며, 전송 매체나 단말장치의 고장 발견이 용이하다. 이 모형은 근거리 통신망(LAN)에 이용되고 각 단말장치는 평등한 통신망 서비스가 가능하며, 분산이나 집중 제어 등의 방식이 가능하다.

링형은 네트워크상의 병목 현상이 드물고, 분산 제어와 검사, 회복 등이 용이하다는 장점이 있다. 그러나, 새로운 네트워크에 대한 확장이나 구조의 변경이 비교적 어렵고, 네트워크상에 어떤 노드라도 문제가 발생하면 네트워크 전체가 통신 불능상태에 빠지게 된다는 단점이 있다.

[표 3.1]은 네트워크 토폴로지의 기본 유형들을 비교한 것이다.

[표 3.1] 네트워크 토폴로지의 구성 형태별 비교

구성 형태	성형	메쉬형	링형
중계회선 수	n-1	n(n-1)/2	n
링크 수	2	1	n/4
경제성	양호	없음	양호
신뢰성	없음	양호	양호
네트워크 제어	양호	없음	보통

3.3.2 회선 구성

데이터 링크에 접속되는 컴퓨터나 단말기를 총칭하여 일반적으로 스테이션(station)이라 부른다. 이때, 상호간 통신을 하고자 하는 스테이션들을 어떻게 연결하느냐 하는 것은 회선 구성의 문제인데, 회선 구성은 [그림 3.9]에서 나타낸 것과 같이 크게 점대점 방식과 다중점 방식으로 나눌 수 있다.

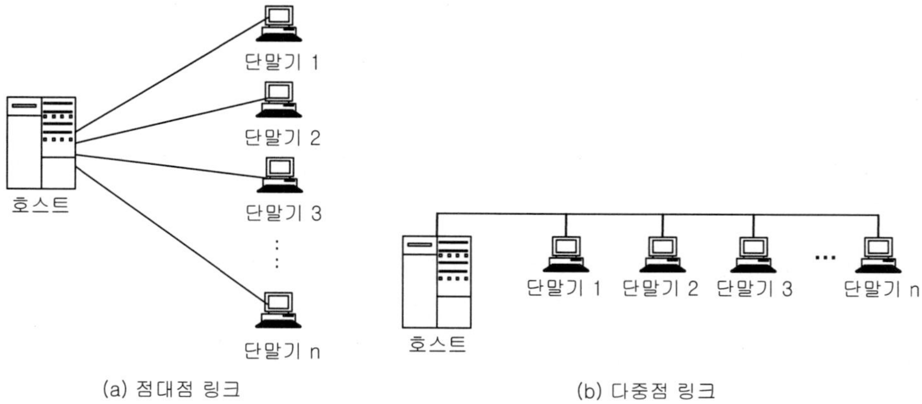

[그림 3.9] 회선 구성 방식의 예

1) 점대점 방식

점대점(point-to-point) 방식은 중앙의 컴퓨터와 터미널이 일대일로 독립적으로 연결되는 가장 단순한 회선 구성 방식으로서, 터미널이 여러 대인 경우에도 각각을 일대일로 연결하므로 컴퓨터나 터미널에 언제든지 전송을 할 수 있다. 또한, 점대점 방식은 데이터 통신뿐만 아니라 일반 전화 회선 및 텔레타이프나 전신에 의한 정보 전송에도 많이 이용되는 방식이다.

2) 다중점 방식

다중점(multi-point) 방식은 2개 이상의 터미널이 하나의 통신 회선에 연결되어 정보의 송수신을 수행하는 방식으로 멀티드롭(multidrop) 방식이라고도 한다. 이때, 사용되는 통신 회선은 대부분 전용 회선을 사용하게 되며, 제어 컴퓨터를 주 스테이션(master station), 터미널을 종 스테이션(slave station)이라고 한다. 다중점 방식에 있어서 터미널의 선택은 제어 컴퓨터에 의한 폴링(polling) 방법을 이용하며, 터미널은 폴링 신호를 수신하여 자기 번호와 비교 후에 선택되어져 데이터 전송이 행해지는 셀렉션(selection)을 이용한다.

다중점 방식은 비교적 소량의 데이터가 분산되어 있을 때에는 매우 효과적이지만, 한 곳에 데이터가 집중되어 있을 경우에는 별로 효과적이지 못하다. 또한, 통신 회선의 사용료 절감은 좋으나 고장 시에는 유지보수가 어렵다.

3.4 네트워크의 구축

데이터 통신의 가장 간단한 형태는 각 기기들을 점대점(point-to-point) 형태로 직접 연결해 주는 방법이다. 만일, N개의 기기들이 있다면 이들을 서로 완전히 연결하기 위해서는 N(N-1)/2개의 전송 링크가 요구되고, 각 기기들은 N-1개의 통신 포트가 필요하게 된다. 따라서, 기기의 수가 많아지고 거리가 멀어지는 경우에 점대점 링크를 이용하는 것은 다음과 같은 점에서 경제적이지 못한 방법이다.

- 기기들이 거리상으로 매우 멀리 떨어져 있는 경우는 두 개의 기기들 간에 전용 회선을 설치하려면 비용이 많이 든다.
- 여러 대의 기기들이 있고, 그들 각각이 여러 시간대에 다른 기기들과의 통신을 요구할 경우, 예를 들어 넓은 지역의 모든 전화와 터미널과 컴퓨터가 하나의 관리 기구에 의하여 운영된다면, 각 기기들의 쌍에 대해 전용 회선을 설치하는 것은 실용적이지 못할 것이다.

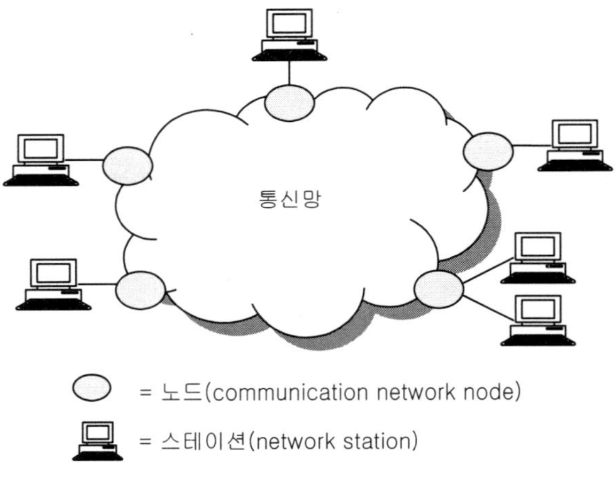

[그림 3.10] 통신망을 통한 상호 연결

이런 문제의 해결 방안은 [그림 3.10]과 같이 정보기기를 통신망(communication network)에 접속시키는 것이다. 이때, 통신을 원하는 정보 기기들의 결합을 통칭하여 스테이션(station)이라고 부르는데, 이 스테이션은 컴퓨터, 터미널, 전화 그리고 다른 통신 기구 등과 같은 것을 일컫는다. 각 스테이션은 통신망의 노드(node)에 부착되며, 스테이션을 부착하는 노드의 집합은 스테이션 쌍에 데이터 전송이 가능한 통신망의 경계이다.

그러므로, 각 스테이션은 한 개의 통신 포트만으로 통신망의 노드에 접속되며, 여러 스테이션들 간에 노드와 전송 링크 등의 통신망 설비를 공유함으로써 스테이션들 간의 연결에 드는 비용을 크게 줄일 수 있다.

데이터 통신망은 데이터를 전송하는데 사용되는 구조화 기법에 따라 교환망과 방송망으로 분류될 수 있다.

3.4.1 교환망(switched network)

교환망(switched network)에서 데이터는 여러 개의 중간 노드를 거쳐 송신측에서 수신측으로 전달된다. 이런 노드들은 데이터의 내용에 관계하지 않으며, 이 노드의 목적은 데이터가 최종 목적지로 전달될 때까지 노드에서 노드로 전달하는 교환 기능을 제공하는 것이다.

이를 위해 교환망에서는 지역적으로 분산되어 있는 여러 대의 단말기들을 다수의 교환기를 사용하여 접속시킨다.

다음의 [그림 3.11]은 네트워크에서의 일반적인 교환망의 예를 나타낸 것이다.

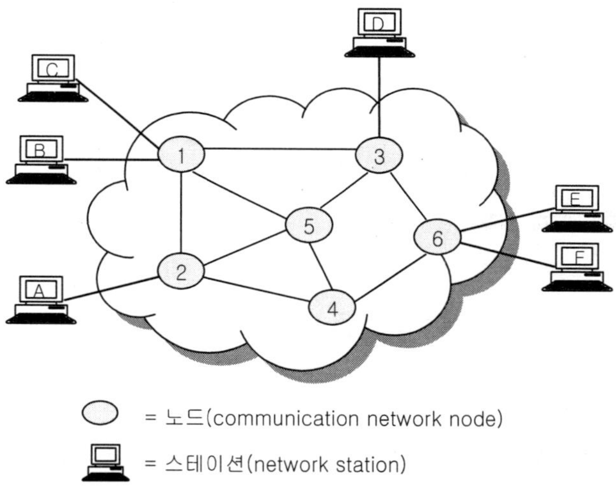

[그림 3.11] 일반적인 교환망의 예

[그림 3.11]에서, 단말기와 교환기 사이는 점대점 접속 방식이며, 주로 하나의 전송 선로를 이용하여 접속시킨다. 지역적으로 분산되어 있는 교환기들을 상호 연결시키기 위하여 중계 교환기를 사용하여 접속시킨다.

회선 교환망(circuit switched network)에서는 전용의 통신로가 통신망의 노드들을 통해서 두 개의 스테이션 사이에 설정되며, 이 통신로는 노드들 간의 물리적 접속의 연속으로 구성된다. 각 링크 상에서 하나의 논리적 채널이 이 접속을 위해 할당되고 각 노드는 지연 시간 없이 들어오는 데이터를 적절한 출력 채널로 경로를 배정하거나 교환한다.

이와 달리 패킷 교환망(packet switched network)에서는 통신망을 통하는 어떤 전송로를 위하여 전송 용량의 일부를 전용으로 할당할 필요가 없게 된다. 또한, 정보는 패킷으로 불리는 조그만 조각으로 나뉘어져 전송된다. 각 패킷은 송신측에서 수신측을 연결하는 전송로를 따라서 노드에서 노드로 전송된다. 각 노드에서는 각 패킷의 수신이 완료되면 잠시 저장되었다가 그 후에 다시 다음 노드로 전송되어진다.

3.4.2 방송망(broadcast network)

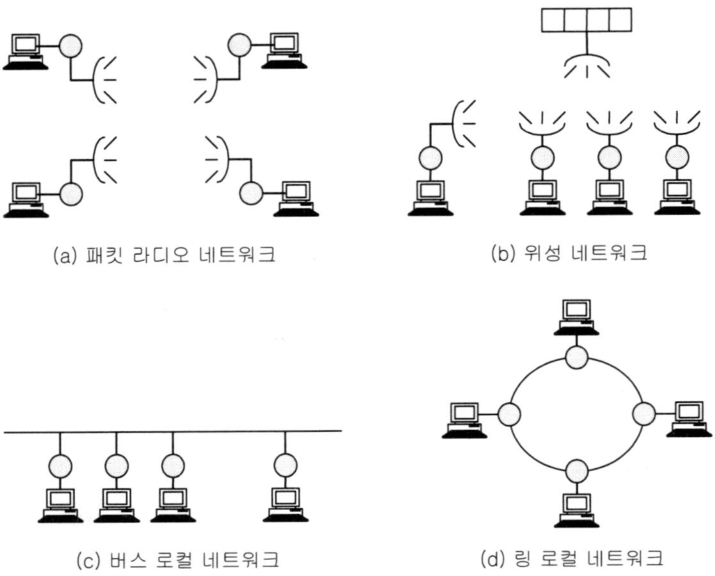

[그림 3.12] 방송망의 형태

방송망(broadcast network)에는 중간 교환 노드가 존재하지 않는다. 각 스테이션에는 다른 스테이션과 공유의 전송 매체를 통해 통신하는 송수신기가 존재한다. 임의의 스테이션에서의 전송도 서로 다른 모든 스테이션에서 수신 가능하다.

유사한 형태의 방송망을 패킷 라디오 네트워크(packet radio network) 및 위성 네트워크(satellite network)라 할 수 있는데, 둘 다 모두 스테이션은 안테나를 통해서 송수신이 가능하고, 모든 스테이션은 같은 채널이나 라디오 주파수를 공유한다. 패킷 라디오 네트워크에서는 각 스테이션이 상대의 전송 범위 내에 위치하여 직접 교신할 수 있는 반면, 위성 네트워크에서는 데이터가 송신기에서 수신기로 직접 전달되지 않고 위성 중계를 거쳐야 한다. 각 스테이션들은 위성으로 전송하고, 위성으로부터 수신하는 형태를 취한다.

이와 같은 일반적인 방송망의 경우는 로컬 네트워크(local network)에서 찾아볼 수 있다. 로컬 네트워크는 좁은 지역에 국한된 통신망이며 전형적으로 링 로컬 네트워크와 버스 로컬 네트워크의 형태가 있다.

링 로컬 네트워크(ring local network)는 닫힌 루프의 형태로 각 스테이션은 연속해서 서로 다른 스테이션에 접속되어 있고, 각 스테이션에서 전송되는 데이터는 링을 따라서 회전하며, 각 스테이션은 데이터가 지나갈 때 수신할 수 있다. 버스 로컬 네트워크(bus local network)에서는 모든 스테이션이 공용의 통신회선 혹은 케이블에 접속되며, 어떤 스테이션에서의 전송도 전송매체의 길이만큼 양쪽 방향으로 전파되어 다른 모든 스테이션이 수신할 수가 있다.

3.5 교환망 방식

교환망(switching network)은 교환기의 중계와 전송 기능을 이용하여 데이터를 목적지까지 전달하는 통신망이다. 또한, 교환망은 여러 대의 교환기와 이들을 연결해 주는 전송 링크들로 구성된다.

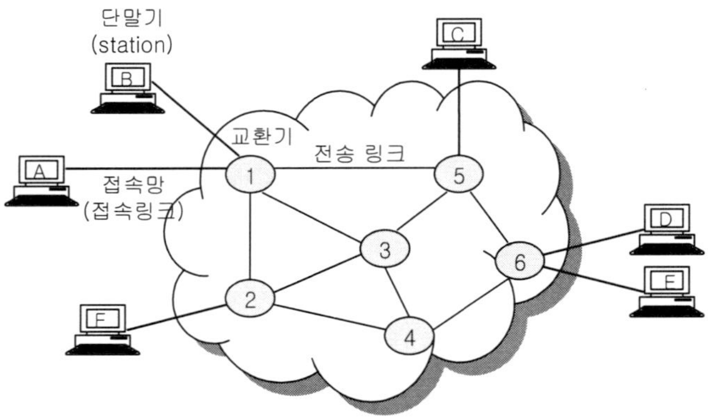

[그림 3.13] 교환망의 예

교환망은 데이터를 전달하는 방식에 따라 회선 교환(circuit switching) 방식, 메시지 교환(message switching) 방식 그리고 패킷 교환(packet switching) 방식으로 분류된다.

3.5.1 회선 교환 방식

회선 교환(circuit switching) 방식에서는 송신 스테이션과 수신 스테이션 간에 데이터를 전송하기 전에 먼저 교환기를 통해 물리적으로 연결이 이루어져야 한다. 회선 교환 방식은 원래 음성 통신을 위해 개발되었는데, 현재 널리 사용되고 있는 전화 시스템이 대표적인 예가 된다. 다음의 [그림 3.14]는 회선 교환 방식의 기본 개념을 보여주고 있다.

[그림 3.14]에서, 송신 스테이션이 호 설정을 요구하게 되면 교환기는 전송 링크 상에 사용되지 않는 회선이 있으면 이를 이용하여 다음 교환기로 연결을 해주게 된다. 여기서, 회선이란 전송 링크를 시분할이나 주파수 분할로 다중화 하였을 경우 하나의 채널에 해당한다. 이런 식으로 하여 여러 개의 교환기를 거쳐 수신 스테이션까지 각 링크마다 비어 있는 회선이 있으면 이를 고정적으로 할당해 주게 된다. 이렇게 설정된 회선은 사용 여부에 관계없이 점유되어 있으므로 다른 정보 전송을 위해 사용할 수 없다.

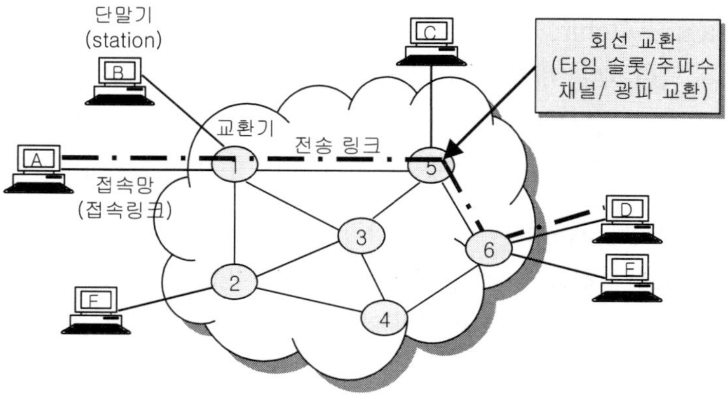

[그림 3.14] 회선 교환 방식의 예

회선 교환 방식에서는 호 설정 시에 다음 교환기로 비어 있는 회선을 찾아 연결하는데 다소 지연이 있지만, 일단 송수신 스테이션 간에 호 설정이 이루어지고 나면 항상 정보를 연속적으로 전송할 수 있는 전용 통신로가 제공되는 셈이다. 따라서, 호 설정이 이루어진 다음은 교환기 내에서 처리를 위한 지연이 거의 없으며, 데이터는 확보된 전송 채널을 통하여 일정한 전송률로 전송된다. 그러므로, 사용자에게는 시간적으로 투명한 데이터 전송을 제공해 주게 된다.

회선 교환 방식에서는 정보 전송이 완료되면 호 해제를 통하여 점유되었던 회선을 내어 놓음으로써 다른 통신을 위해 사용할 수 있도록 한다. 이러한 특징을 갖는 회선 교환 방식은 음성이나 동영상과 같이 연속적이면서 실시간 전송이 요구되는 미디어의 전송에 적합하다. 그러나, 실시간적인 전송 보다는 오류 없이 정보 전달이 요구되는 데이터 서비스를 위해서는 부적합한 면을 가지고 있다.

회선 교환 방식의 특징은 다음과 같다.

- 데이터는 일반적으로 ON/OFF 형태로 발생하므로 회선 교환을 사용하는 경우, 회선 이용률 면에서 비효율적이다. 예를 들어, 터미널을 원격 컴퓨터에 접속하여 대화형으로 작업을 한다고 가정할 때, 실제 데이터가 전송되면서 회선을 점유하는 사용률은 5~10% 정도에 불과하고, 대부분의 접속 시간 동안은 회선이 사용되지 않고 낭비된다.
- 회선 교환 방식에서는 일단 연결이 설정되면 마치 물리적으로 직접 이어준 것과 같으므로, 연결된 두 스테이션은 반드시 같은 전송 속도로 네트워크에 접속되어야 한다. 그러므로, 다양한 전송 속도를 갖는 컴퓨터와 터미널로 이루어진 네트워크에서는 통신에 많은 제약이 따른다.
- 회선 교환 방식은 호 설정이 이루어지고 나면 데이터를 그대로 투과시키므로 네트워크 내에서 오류 제어 기능이 제공될 수 없다. 따라서, 이와 같은 문제점들 때문에 데이터 통신을 위해서는 보다 효율적인 새로운 교환 기술이 요구되었다.

3.5.2 메시지 교환 방식

메시지 교환(message switching) 방식은 회선 교환 방식이 갖는 비효율적인 회선 이용을 개선시킨 데이터 통신을 위한 교환 방식이다. 메시지 교환이란 가변 길이의 메시지 단위로 축적 후 전달(store and forward) 방식에 의해 데이터를 교환하는 방식이다. 축적 후 전달은 도착하는 메시지를 일단 저장한 후, 다음 노드로 가는 링크가 비어 있으면 전송해 나가는 방식을 말한다.

따라서, 메시지 교환 방식에서는 회선 교환 방식과는 달리 두 스테이션 간에 데이터 전송을 전용 통신로를 확보해 둘 필요가 없으며, 메시지들이 축적 후 전달 방식으로 링크를 동적으로 공유하여 전송된다. 여기서, 메시지라 함은 논리적인 데이터 단위를 의미하는데, 하나의 전자 우편이나 컴퓨터 파일, 트랜잭션 등이 될 수 있으며 다양한 길이를 가질 수 있다. 다음의 [그림 3.15]는 메시지 교환 방식의 기본 개념을 보여주고 있다.

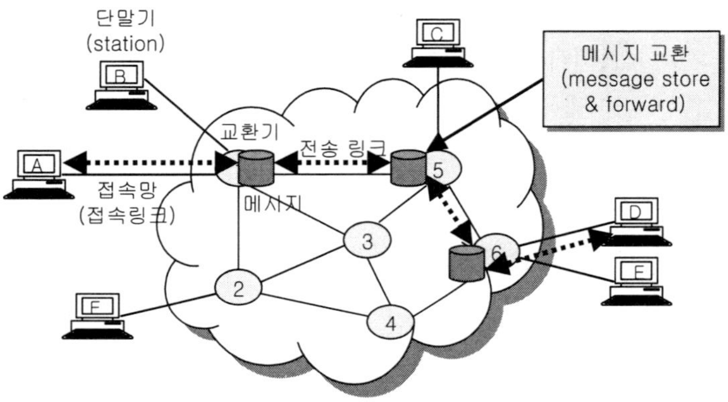

[그림 3.15] 메시지 교환 방식의 예

[그림 3.15]에서, 어떤 스테이션이 전달할 메시지가 발생하면 호 설정 과정 없이 메시지의 헤더에 목적지 주소를 부착하여 바로 네트워크로 전송하게 된다. 여기서, 메시지 교환기는 일반적으로 하드 디스크를 가진 범용 컴퓨터를 이용하여 구현되는데, 도착하는 메시지는 일단 교환기의 하드 디스크에 저장된다.

교환기는 메시지가 완전히 수신되면 오류를 검사하고 오류가 없으면 경로를 결정하여 다음 교환기로 메시지를 보내게 된다. 이때, 먼저 도착하여 전송을 기다리는 메시지들이 있으면 이들 메시지가 모두 전송될 때까지 기다린 다음 전송이 이루어진다. 따라서, 각 노드에서는 메시지의 모든 비트를 수신하는데 걸리는 시간 외에도 다음 노드로 메시지가 전송되기 위한 차례를 기다리는 동안 지연이 생긴다. 그러므로, 메시지 교환 방식은 메시지의 전달 지연이 비교적 길고 가변적이기 때문에 실시간 통신이나 대화형 데이터 통신 보다는 전송 지연이 별 문제가 되지 않는 전자 우편이나 파일 전송 등에 적합하다.

메시지 교환 방식의 단점은 각 노드마다 모든 메시지를 받는 시간만큼 지연되고, 다음 노드로 전송되기 위해 기다리는 대기 지연(queueing delay) 때문에 실시간 처리에 적합하지 않다는 것이다. 또한, 네트워크를 통한 지연이 상대적으로 길기 때문에 대화식 터미널-호스트 간의 연결, 즉 메시지 교환 방식은 전신 시스템에서처럼 일방적인 메시지의 전달이 주목적이기 때문에 빠른 응답 시간(response time)이 요구되는 응용에는 적합하지 못하다.

메시지 교환 방식은 단순한 회선 교환 방식에 비해 다음과 같은 몇 가지 장점을 지니고 있다.

- 메시지를 축적한 후 전송이 가능하기 때문에 전송로를 효과적으로 이용할 수 있어, 같은 양의 정보를 전송하는 경우 회선 교환 방식 보다 적은 비용으로 네트워크를 구축할 수 있다.
- 한 개의 메시지를 동시에 운영 상태에 보관할 필요가 없다. 메시지를 수신할 수 없는 상태, 즉 피호출자가 다른 단말 장치와 교신중이거나 고장인 경우 교환기가 수신하여 보관하다가 수신자가 수신 가능한 상태일 때 메시지를 전송하면 된다.
- 정보 전송량이 갑자기 많아지는 경우, 축적 기능을 이용해 혼란을 피할 수 있다.
- 작동되지 않는 단말기로 가는 메시지는 교환기가 보관하거나 다른 단말기로 전송될 수 있다.
- 메시지 교환망은 속도와 코드 변환을 수행할 수 있기 때문에 코드와 속도가 다른 단말 장치 사이의 메시지 교환이 가능하다.
- 메시지에 우선순위를 줄 수 있어서 노드에 대기 상태의 메시지가 많다면, 우선순위가 높은 메시지를 먼저 전송할 수 있다.
- 메시지 분실을 막기 위해서 메시지 번호, 전송 날짜, 시간 등을 메시지에 추가해서 전송할 수 있다.

3.5.3 패킷 교환 방식

패킷 교환(packet switching) 방식은 회선 교환 방식과 메시지 교환 방식의 단점을 최소화시키고 장점을 살린 방식이다. 패킷 교환 방식은 메시지 교환 방식과 비슷하지만 네트워크를 지나는 데이터 단위의 길이가 패킷 교환 방식에서는 제한되는 점이 다르다. 메시지 교환 방식은 전문 길이에 제한이 없고, 교환기는 긴 메시지를 저장하기 위해서 보조 기억장치를 구비해야 한다. 메시지의 길이가 길기 때문에 오랜 시간 동안 회선을 점유할 수 없고, 따라서 짧은 시간을 요하는 대화형 시스템에서는 메시지 교환 방식을 사용할 수 없다.

반면에, 패킷 교환 방식에서는 메시지 길이가 제한되어 있기 때문에 일정 길이를 초과하는 메시지는 몇 개의 형태로 분할된 후에 전송된다. 분할된 일정 길이의 형태를 프레임(frame), 블록(block) 또는 패킷(packet)이라 한다. 패킷의 길이는 경우마다 다르고, 일정하게 정해진 길이 보다 짧은 패킷으로 전송되는 경우도 있다.

패킷은 보조 기억장치가 아닌 주기억 장치에 저장이 가능하다. 여러 개의 패킷이 필요한 메시지의 경우, 두 번째 패킷이 완전히 도착하기 전에 첫 번째 패킷을 네트워크로 출력할 수 있기 때문에 지연 시간을 감소시키고 처리율은 높일 수 있다.

메시지의 길이와 네트워크의 여러 가지 환경 때문에 과거의 메시지 교환 시스템은 사전에 결정된 고정 경로를 사용하고, 메시지를 보조 기억장치에 저장해야 하고 메시지에 관한 정보를 유지해야 한다. 따라서, 컴퓨터를 사용하는 네트워크에서는 주로 패킷 교환 방식이 사용되고, 빠른 응답 시간을 요하는 연속적이며 대량의 전송을 갖는 환경에서는 회선 교환 방식이 사용되지 메시지 교환 방식은 거의 사용되지 않는다.

패킷 교환 방식은 데이터를 전달하기 전에 연결 설정의 필요성에 따라 데이터그램(datagram) 방식과 가상 회선(virtual circuit) 방식으로 구분된다.

1) 데이터그램 방식

데이터그램(datagram) 방식은 비연결형 서비스 방식으로 메시지 교환 방식과 마찬가지로 패킷을 전송하기 전에 미리 경로를 설정할 필요가 없다. 그리고, 각 패킷마다 목적지로 가기 위한 경로 배정이 독립적으로 이루어지는데, 독립적으로 취급되는 각 패킷을 데이터그램이라 한다. 데이터그램 방식에서는 각 패킷마다 독립적으로 경로 배정을 통해 전달되기 때문에 모든 패킷의 헤더에는 목적지의 완전한 주소를 가지고 있어야 한다.

데이터그램 방식의 장점은 다음과 같다.

- 호 설정 과정이 필요 없기 때문에 몇 개의 패킷으로 된 짧은 메시지를 전송할 경우 데이터그램 방식이 훨씬 빠르다.
- 가상 회선을 사용하면 패킷들은 미리 정해진 경로로 전달되므로 네트워크의 상황 변화에 적응할 수 없는데 비해, 데이터그램 방식은 네트워크의 혼잡 상황에 따라 적절한 경로로 패킷을 전달할 수 있으므로 융통성이 크다.
- 가상 회선 방식에서는 한 노드가 고장이 나면 이 노드를 경유하는 모든 가상 회선이 두절되는데 비해, 데이터그램 방식을 사용하면 우회 경로로 패킷을 전달할 수 있으므로 신뢰성이 높다.

2) 가상 회선 방식

가상 회선(virtual circuit) 방식은 연결형 서비스 방식으로 패킷이 전송되기 전에 논리적인 연결 설정이 이루어져야 한다. 이 논리적인 연결은 회선 교환 방식과 유사하게 경로가 고정되기 때문에 가상 회선이라고 부른다. 그러나, 이것이 회선 교환 방식과 같이 전용 통신로가 존재한다는 것을 의미하지 않음을 주의해야 한다.

가상 회선 방식은 종점간 하나의 논리적인 연결이지만, 이를 위해 패킷 교환 네트워크 전체에서 식별되는 고유한 번호를 부여할 필요는 없다. 각 링크는 새로운 가상 회선의 설정이 요구되면 이를 위해 사용하고 있지 않는 하나의 식별 번호를 부여하면 된다.

이와 같이 각 링크에서 식별을 위해 주어지는 번호를 가상 회선 번호(VCI : Virtual Circuit

Identifier)라고 하는데, 하나의 가상 회선 상의 각 링크에서 부여되는 VCI는 서로 다를 수 있다. 따라서, 각 노드는 입력 링크와 출력 링크 사이에 사용되는 서로 다른 VCI를 변환시켜 주는 표를 만들면 되는데, 이러한 VCI 변환표는 연결 설정시에 생성되게 된다. 그러므로, 가상 회선이 설정된 후에 전송되는 각 패킷은 가상 회선을 식별하기 위한 VCI만을 헤더에 가지면 된다.

가상 회선 방식의 장점은 다음과 같다.

- 가상 회선 방식은 모든 패킷이 동일한 경로로 전달되므로 항상 보내어진 순서대로 도착이 보장된다. 또한, 링크 상에 설정된 하나의 가상 회선 단위로 패킷의 손상시 복구가 가능하며, 오류 제어는 패킷이 적절한 순서로 도착할 뿐만 아니라 모든 패킷이 손실 없이 도착함을 보장한다.
- 가상 회선 방식에서는 연결 설정시에 경로가 미리 결정되기 때문에 각 노드에서의 데이터 패킷의 처리 속도가 그 만큼 빠르게 된다.

3.5.4 교환망 방식의 비교

앞에서 데이터 통신망을 교환 기술 관점에서 회선 교환 방식, 메시지 교환 방식 그리고 패킷 교환 방식으로 나누고, 다시 패킷 교환 방식은 데이터그램과 가상 회선 방식으로 나누어 이들 교환 방식의 개념 위주로 설명하였다.

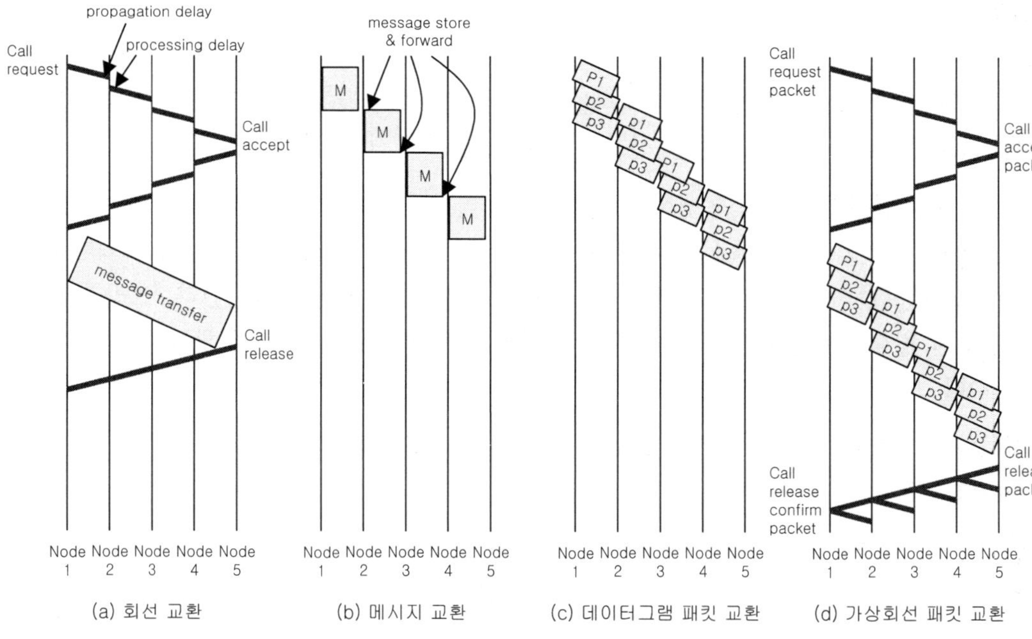

[그림 3.16] 교환망 방식의 비교

[그림 3.16]의 (a)는 회선 교환 방식을 보여주고 있는데, 이 방식은 메시지가 전송되기 전에 호 설정을 위한 시간이 걸리게 된다. 송신 스테이션은 호 설정을 위해 접속된 교환기를 통해 호 요

청 신호를 보낸다. 각 교환기는 다음 교환기로 연결해 주기 위해서 비어 있는 채널을 찾는데 시간이 걸리게 되며, 만일 목적지 스테이션이 통화중이 아니면 호 수락 신호를 돌려보내게 된다. 각 노드에서는 호 요청 신호를 받아 접속 경로를 구성하는데 처리 시간이 걸리게 되나, 호 수락 신호가 돌아올 때는 이미 전용 통신로가 설정되어 있으므로 이러한 처리 시간은 없다. 회선 교환 방식에서는 일단 호 설정이 이루어지고 나면 메시지는 연속적으로 전송된다.

메시지 교환 방식은 [그림 3.16]의 (b)에서 보듯이 미리 경로 구성을 위한 호 설정 과정이 필요가 없다. 그러나, 각 노드에서는 메시지를 완전히 수신한 후 이를 다음 노드로 전송하기 때문에 처리 지연이 발생하게 된다. 따라서, 메시지 교환 방식을 이용할 때 전체적인 지연은 메시지가 길수록 회선 교환 방식 보다 훨씬 길어진다.

데이터그램 패킷 교환 방식도 [그림 3.16]의 (c)에서 보듯이 메시지 교환 방식과 마찬가지로 전송하기 전에 미리 경로를 설정할 필요가 없다. 그러나, 이 방식에서 메시지 교환 방식과 다른 점은 각 노드에서 완전한 메시지를 수신할 때까지 기다리지 않고 수신되는 패킷을 즉시 다음 노드로 전송하므로 하나의 메시지를 목적지까지 전달하는데 걸리는 시간이 훨씬 짧아진다. 데이터그램은 각 패킷마다 독립적으로 경로 배정이 이루어지기 때문에 각 노드에서의 처리 시간은 가상 회선 교환 방식 보다 다소 더 걸리게 된다.

가상 회선 패킷 교환 방식도 [그림 3.16]의 (d)와 같이 회선 교환 방식과 유사하게 호 요청 패킷을 사용하여 가상 회선의 설정을 요구하며, 각 노드에서는 호 설정을 처리하는데 지연이 발생한다. 그리고, 회선 교환 방식의 경우와는 달리 가상 회선의 경로가 이미 설정되었더라도 전용 통신로가 주어지는 것이 아니기 때문에 호 수락 패킷이 되돌아올 때 각 노드에서 큐잉 현상이 발생한다. 일단 가상 회선이 설정되면 메시지는 정해진 경로를 따라 패킷 단위로 축적 후 전달되므로 회선 교환 방식 보다는 메시지를 전달하는데 더 많은 시간이 걸리게 된다.

이상은 각 교환 방식의 상대적인 성능만을 나타낸 것이지만 실제로는 거쳐 가는 노드의 수, 노드의 처리 속도, 패킷의 길이, 통신망의 부하 등의 상태에 따라 영향을 받는다. 성능 외에도 교환 방식을 비교하는데 여러 가지가 고려될 수 있는데 이를 [표 3.2]에 요약하였다. 그리고, 이상의 네 가지 교환 방식들은 응용 분야나 상황에 따라서 적합한 교환 방식이 정해질 수 있는데 대략 다음과 같다.

- 음성이나 동영상과 같이 연속적인 전송이 요구되는 실시간 통신에서는 회선 교환 방식이 가장 적합하다.
- 일반적으로 데이터 통신에서는 전송 링크를 효율적으로 활용할 수 있는 메시지 교환 방식이나 패킷 교환 방식과 같은 축적 후 전달 방식이 적합하다.
- 대화형의 데이터 통신에서는 메시지 교환 방식 보다는 응답 시간이 빠른 패킷 교환 방식이 적합하다.
- 메시지 교환 방식은 응답 시간이 별 문제가 되지 않는 가변 길이의 전자 우편이나 파일 전송

등에 적합하다.

- 간헐적으로 발생하는 짧은 메시지 전송의 경우는 연결 설정이 필요 없는 데이터그램 패킷 교환 방식이 유리하다.
- 가상 회선 패킷 교환 방식은 데이터그램 패킷 교환 방식에 비해 긴 메시지의 전송에 유리하다.

[표 3.2] 교환 방식의 특징 비교

교환 방식 / 비교 내용	회선 교환 방식	메시지 교환 방식	패킷 교환 방식	
			데이터그램 방식	가상 회선 방식
연결 설정	요구됨	요구되지 않음	요구되지 않음	요구됨
전용 통신 채널	있음	없음	없음	없음
데이터 전송	메시지 단위의 연속적인 전송	메시지 단위의 축적 & 전달	패킷 단위의 축적 & 전달	패킷 단위의 연속적인 전송
전송 대역폭	고정 대역폭	가변 대역폭	가변 대역폭	가변 대역폭
경로 배정	호 단위	메시지 단위	패킷 단위	호 단위
메시지 저장	저장 안 됨	파일로 저장됨	패킷은 배달될 때까지 저장될 수 있음	패킷은 배달될 때까지 저장될 수 있음
지연 발생	호 설정 지연, 무시될 정도의 전송 지연	메시지 전송 지연	패킷 전송 지연	호 설정 지연, 패킷 전송 지연
과부하의 경우	새로운 호 설정은 중단될 수 있으나 전달 지연 증가는 없음	메시지 전달 지연이 증가	패킷 전달 지연이 증가	패킷 전달 지연이 증가
오류 제어	제공되지 않음	메시지 단위의 오류 복구	패킷 단위의 오류 복구	패킷 단위의 오류 복구와 순서 보장
속도 변환	제공되지 않음	제공됨	제공됨	제공됨
오버헤드	호 설정 후 오버헤드	메시지마다 오버헤드 비트	패킷마다 오버헤드 비트	패킷마다 오버헤드 비트

요 약

1. 통신 방식의 종류

- 데이터의 전달 방향에 따라 단방향(simplex) 통신과 양방향(duplex) 통신으로 분류된다.
- 양방향 통신은 데이터를 주고받는 시점에 따라 반이중(half duplex) 통신과 전이중(full duplex) 통신 방식으로 나누어진다.

2. 네트워크 구성 요소

- 리피터(repeater) - 원 신호가 감쇠 없이 수신측에 전달되도록 하는 장치
- 허브(hub) - 차바퀴의 중심 부분과 같이 각 컴퓨터들의 중앙 연결 지점을 제공하는 네트워크 장비
- 브리지(bridge) - LAN을 결합하기 위한 장비로서, OSI의 데이터 링크 계층에서 동작하는 네트워킹 장비
- 라우터(router) - 인터넷에서 IP 네트워크들 간을 연결하거나 IP 네트워크와 인터넷을 연결하기 위해 사용하는 장비
- 게이트웨이(gateway) - 통신 네트워크에서 서로 다른 네트워크들을 연결시켜 주는 것

3. 네트워크 토폴로지

- 성형(star) - 중앙에 컴퓨터나 교환기가 있고, 그 주위에 터미널을 분산시켜 연결시킨 형태
- 트리형(tree) - 중앙에 컴퓨터가 있고 일정 지역 터미널까지는 하나의 통신 회선으로 연결시키며, 그 이웃하는 터미널은 일정 지역에 설치된 터미널로부터 다시 연결되는 구성 형태
- 메쉬형(mesh) - 중앙의 제어 노드에 대한 중계 없이 각 노드 간에 점대점 방식으로 직접 연결하는 그물 모양의 네트워크
- 링형(ring) - 컴퓨터와 터미널의 연결은 서로 이웃하는 것끼리만 연결시킨 형태

4. 네트워크의 구축

- 교환망(switched network) - 데이터는 여러 개의 중간 노드를 거쳐 송신측에서 수신측으로 전달된다. 이런 노드들은 데이터의 내용에 관계하지 않으며, 이 노드의 목적은 데이터가 최종 목적지로 전달될 때까지 노드에서 노드로 전달하는 교환 기능을 제공하는 것
- 방송망(broadcast network) - 중간 교환 노드가 존재하지 않음

5. 교환망 방식의 종류

- 회선 교환(circuit switching) 방식에서는 송신 스테이션과 수신 스테이션 간에 데이터를 전송하기 전에 먼저 교환기를 통해 물리적으로 연결이 이루어져야 한다.
- 메시지 교환(message switching)이란 가변 길이의 메시지 단위로 축적 후 전달(store and forward) 방식에 의해 데이터를 교환하는 방식이다.
- 패킷 교환(packet switching) 방식은 회선 교환 방식과 메시지 교환 방식의 단점을 최소화시키고 장점을 살린 방식이다.

연습문제

1. 통신 방식을 분류하고, 그것들의 특징을 서술하시오.

2. 통신망(communication network)을 구축하는데 필요한 구성 요소들을 나열하시오.

3. 교환망(switching network)에 대해 서술하시오.

4. 회선 교환(circuit switching) 방식에 대해 설명하시오.

5. 메시지 교환(message switching) 방식에 대해 설명하시오.

6. 패킷 교환(packet switching) 방식에 대해 설명하시오.

7. 패킷 교환 방식에서 데이터그램(datagram) 방식과 가상 회선(virtual circuit) 방식을 비교하여 설명하시오.

제 4 장

데이터 제어 기술

전송 오류의 개념과 제어 기법의 종류에 대해 이해하고, 이를 바탕으로 데이터 흐름 제어 기법의 종류 및 개념과 제어 프로토콜에 대해 각각 학습한다.

4.1 전송 오류

데이터 전송 중에 신호의 감쇠나 잡음 등의 원인으로 인하여 송신측에서 전송된 원래 데이터와 수신측에서 수신한 데이터가 달라지는 오류가 발생할 수 있다. 데이터 통신에서 오류를 복구하는 방법은 크게 두 가지로 나눌 수 있다.

- **순방향 오류 수정**(forward error correction)

  전송되는 문자나 프레임에 부가적인 정보를 추가해서 오류가 존재하는 경우에 수신측이 오류를 검출할 뿐만 아니라 정확한 정보가 어떤 것인가를 수신한 비트열로부터 유추할 수 있는 방식이다.

- **역방향 오류 수정**(backward error correction)

  송신측이 오류를 검출할 수 있을 정도의 부가적인 정보를 문자나 프레임에 첨가시켜서 전송하고 이를 수신측이 오류 검출 시에 재전송을 요구하는 방식이다.

오류 검출이나 정정을 위해서는 데이터 외에 부가적으로 특별한 코드를 계산하여 부착하게 된다. 역방향 오류 수정을 위해서는 단지 오류 발생 유무를 검출만 할 수 있는 오류 검출 코드(error detection code)를 사용하게 되고, 순방향 오류 수정을 위해서는 오류 검출 및 수정을 할 수 있는 오류 수정 코드(error correction code)를 사용하여야 한다.

데이터 통신에서 널리 사용되는 대표적인 오류 검출 기법으로는 패리티 검사(parity check), 블록 합 검사(block sum check) 그리고 순환 중복 검사(CRC : Cyclic Redundancy Check) 방식이 있다.

4.2 전송 오류 제어 기법

전송 오류 제어는 데이터 링크 제어의 가장 중요한 기능 중의 하나이며, 전송 중 발생하는 데이터 프레임의 오류를 검출하고 이를 복구하는 것을 말한다.

데이터 프레임의 오류는 크게 두 가지로 나누어 생각할 수 있다.

- 전송 중 발생하는 비트 오류이다. 비트 오류는 순환 중복 검사 등의 오류 검출 코드에 의해 검출될 수 있다.
- 수신측의 버퍼가 넘침으로써 발생하는 데이터 프레임의 손실이다.

데이터 프레임의 손실은 오류 검출 코드에 의해 검출될 수가 없으며, 데이터 프레임에 별도의 순서 번호(sequence number)를 부여하여 이를 검사함으로써 판별할 수 있다. 따라서, 데이터 링크에서의 전송 오류 제어 기능은 비트 오류가 발생한 데이터 프레임뿐만 아니라 손실된 데이터 프레임의 복구도 담당하여 링크를 통한 신뢰성 있는 데이터 전송을 보장하게 된다.

데이터 통신에서는 일반적으로 오류가 발생한 데이터 프레임을 재전송을 통하여 복구하는 역방향 오류 제어가 널리 사용되고 있다. 수신 스테이션은 비트 오류나 프레임의 손실을 검사하게 되고, 오류가 검출되면 자동적으로 송신 스테이션에게 재전송을 요청하게 되는데 이것을 자동 재전송 요청(ARQ : Automatic Repeat reQuest) 기법이라 부른다.

ARQ에서는 오류 제어를 위해 수신한 데이터 프레임에 오류가 없음을 알리는 긍정 응답 메시지인 ACK(positive ACKnowledgement)와 오류가 발생하였음을 알리는 부정 응답 메시지인 NAK(Negative AcKnowledgement)가 사용된다. 이외에도 타이머가 사용되어 사전에 정해진 시간 내에 기다리는 응답이 오지 않으면 데이터 프레임을 재전송하게 된다.

ARQ 방식은 데이터 프레임이 오류 없이 제대로 수신되었는지를 매번 확인한 후에 다음 프레임을 전송하는 정지-대기(stop-and-wait) ARQ와 연속적으로 데이터 프레임을 전송해 나가면서 NAK가 수신되면 재전송을 통하여 오류를 복구하는 Go-back-N ARQ, 선택적 재전송(selective repeat) ARQ 방식의 세 가지 형태로 나누어진다.

4.2.1 정지-대기 ARQ

정지-대기(stop-and-wait) ARQ는 데이터 프레임의 정확한 수신 여부를 매번 확인하면서 다음 프레임을 전송해 나가는 가장 간단한 오류 제어 방식이다. [그림 4.1]에서는 이러한 정지-대기 ARQ에서의 오류 제어의 예를 보여주고 있다.

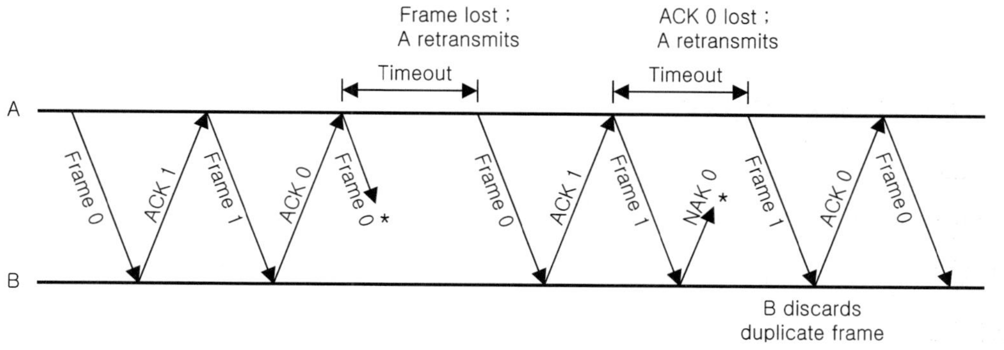

[그림 4.1] 정지-대기 ARQ의 예

송신기는 하나의 데이터 프레임을 전송한 다음 반드시 확인 신호인 ACK를 기다려야 하며, 수신기의 응답이 도착할 때까지 다른 데이터 프레임을 전송할 수 없다. 이때, 두 종류의 오류가 발생할 수 있다.

- 수신기에 손상된 프레임이 도착하는 것이다. 수신기는 앞에서 설명한 오류 검출 기법을 사용하여 오류를 발견하면 해당 프레임을 폐기한다. 이런 가능성에 대비하여 송신기는 타이머를 동작시키고, 만일에 타이머에 지정된 시간 이내에 ACK를 수신하지 못하면 같은 프레임을 다시 한 번 전송한다. 따라서, 송신기는 전송된 프레임에 대한 ACK를 받을 때까지 그 프레임에 대한 복사본을 저장하고 있어야 한다.
- ACK의 손상이다. [그림 4.1]에서 보는 바와 같이 다음과 같은 상황을 고려해 보자. 스테이션 A가 프레임을 전송하고 이 프레임은 오류 없이 스테이션 B에 수신되고 스테이션 B는 ACK를 보낸다. ACK가 전송 도중에 손상되어 스테이션 A는 이를 받지 못하였다. 그래서, 스테이션 A는 일정 시간이 경과된 후에 같은 프레임을 재전송 한다. 똑같은 프레임이 다시 도착하고 B에 의해 수신된다. 그러므로, B는 같은 프레임을 마치 다음 순서의 프레임으로 생각한다.

이를 해결하기 위해서는 데이터 프레임을 서로 식별할 수 있는 번호를 부여하면 된다. 정지-대기 ARQ에서는 단지 연속되는 두 개의 프레임을 식별하면 되므로 데이터 프레임에 0과 1의 번호를 번갈아 가며 부여하며, 긍정 확인 신호도 ACK 0과 ACK 1을 사용한다. ACK 1(ACK 0)은 0(1)의 번호를 가진 데이터 프레임을 오류 없이 수신하였음을 확인함과 동시에 다음 수신하여야 할 데이터 프레임의 번호가 1(0)번임을 의미한다. 따라서, 데이터 프레임의 순서 번호를 이용하면 프레임의 중복 수신 여부를 알 수 있으며, 수신측은 중복 수신된 프레임을 버리면 된다.

정지-대기 ARQ 방식은 구현이 간단한 장점이 있으나, 데이터 프레임을 전송한 후 응답 메시지를 수신하는데 걸리는 시간이 길어질수록 링크 사용 면에서 비효율적이다. 예를 들어, 위성 링크를 이용하여 데이터를 전송하는 경우 정지-대기 ARQ를 사용하게 되면 ACK를 받는 데까지 많은 시간이 걸리게 되므로 회선 이용률이 크게 낮아지게 된다.

따라서, 보다 효율적으로 링크를 사용하는 방법으로는 데이터 프레임을 연속적으로 전송해 나가는 Go-back-N ARQ와 선택적 재전송(selective repeat) ARQ가 있다.

4.2.2 Go-back-N ARQ

Go-back-N ARQ는 데이터 프레임을 연속적으로 전송해 나가다가 NAK를 수신하게 되면, 오류가 발생한 프레임 이후에 전송된 모든 데이터 프레임을 재전송하는 방식이다. 송신기는 연속적으로 번호가 부여된 일련의 프레임들을 전송하는데, 순서 번호는 모듈로 방식에 의해 부여된다.

[그림 4.2]는 Go-back-N ARQ 방식에서의 오류 복구 과정을 보여주고 있는데, 프레임의 순서 번호를 모듈로 8로 부여하는 예를 고려하였다.

여기서, 송신기는 보내야 할 프레임이 있으면 연속적으로 이를 전송해 나가고, 수신기는 오류 없이 수신된 프레임들에 대한 ACK를 전송한다. 이때, ACK에 실려 가는 응답 번호는 오류 없이 수신하여 처리한 프레임의 그 다음 번호를 나타내며, 수신기 입장에서 수신을 기다리는 프레임의 번호가 된다. 만일, 손상된 프레임이 도착하여 수신기가 오류를 검출하게 되면 해당 프레임을 폐기하고 아무런 응답을 하지 않는다. 이때, NAK 응답을 바로 전송하지 않는 이유는 오류로 인하여 수신한 프레임의 번호에 대해 확신할 수 없기 때문이다.

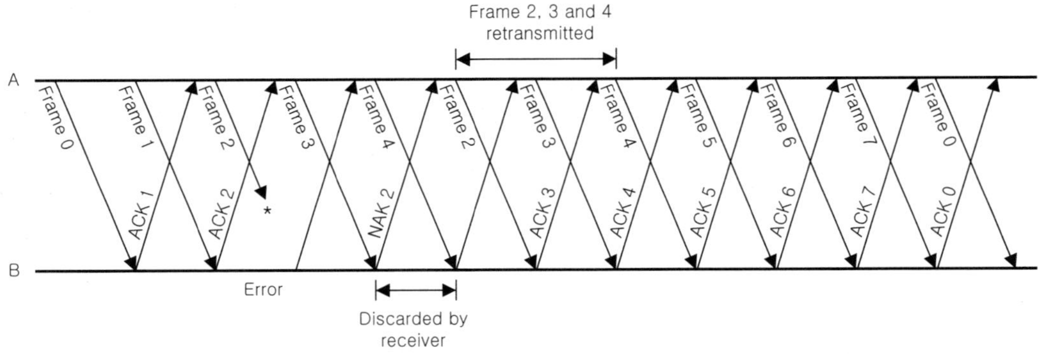

[그림 4.2] Go-back-N ARQ의 예

[그림 4.2]의 예에서는 프레임 2가 전송 중에 오류가 발생하였고 수신 스테이션은 이를 폐기하는 경우를 나타내고 있다. 스테이션 B는 프레임 2의 수신을 기다리고 있는데 프레임 3이 도착하면 프레임 2가 손실되었음을 확인하게 되고, NAK 2를 전송하여 프레임 2로부터 다시 전송되어야 함을 스테이션 A에게 알린다. 그리고, 스테이션 B는 프레임 2가 오류 없이 다시 전송되어 올 때까지 도착하는 다른 프레임 3, 4는 폐기하게 된다. 스테이션 A는 프레임 5를 전송하기 전에 NAK 2를 수신하게 되면 오류가 발생한 프레임 2를 포함하여 이후에 전송된 프레임 2, 3, 4를 다시 보내게 된다.

4.2.3 선택적 재전송 ARQ

Go-back-N ARQ 방식은 오류가 발생한 프레임뿐만 아니라 이후에 전송된 모든 프레임을 다시 전송함으로써 전송 대역폭을 필요 없이 낭비하는 문제가 있다.

선택적 재전송(selective repeat) ARQ 방식은 이러한 점을 개선하여 송신 스테이션은 NAK를 수신하게 되면 오류가 발생한 데이터 프레임만을 선택적으로 재전송한다. 다음의 [그림 4.3]은 앞의 [그림 4.2]와 동일한 예를 보이고 있는데, 프레임 2에 오류가 발생하여 스테이션 B가 NAK 2를 전송함을 나타내고 있다. 스테이션 A는 NAK 2를 수신하게 되면 오류가 발생한 프레임 2만을 다시 전송한다.

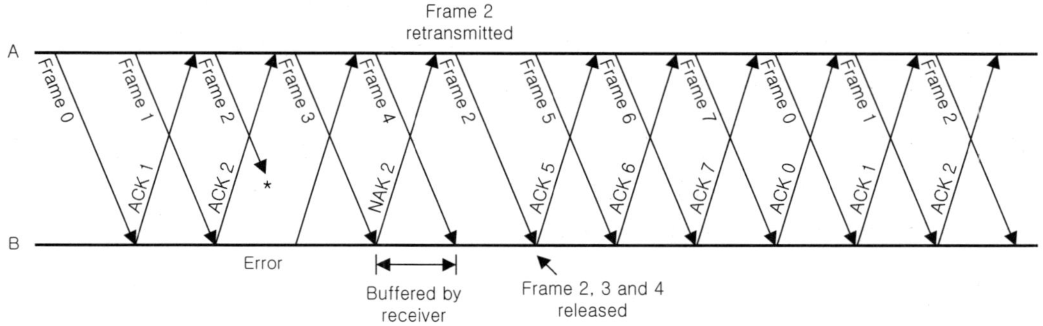

[그림 4.3] 선택적 재전송 ARQ의 예

또한, 스테이션 B는 오류가 발생한 프레임 2가 재전송되어 올 때까지 이미 수신한 프레임 3, 4는 버퍼에 보관을 하고 있어야 한다. 그리고, 스테이션 B는 프레임 2가 오류 없이 수신되면 이를 적절한 위치에 삽입하는 재순서화 기능을 가져야 한다.

선택적 재전송 ARQ 방식은 Go-back-N ARQ 방식에 비해 링크를 효율적으로 사용할 수 있으나 수신기에 큰 버퍼와 프레임 재순서화 기능이 요구되는 등의 구현이 복잡한 단점 때문에 일반적으로 데이터 통신에서는 Go-back-N ARQ 방식이 널리 사용되고 있다.

4.3 데이터 흐름 제어 기법

수신되는 데이터 프레임은 처리를 위해 일단 버퍼에 쌓이게 되는데, 일반적으로 버퍼는 수신될 수 있는 최대의 프레임 길이를 할당해 둔다. 수신 스테이션은 데이터 프레임을 수신하고 나서 필요한 처리 작업을 마친 후 버퍼를 비움으로써 또 다른 데이터 프레임을 수신할 수 있도록 한다. 수신 스테이션에서 데이터를 처리하는 비율 보다 데이터의 도착률이 빠르게 되면 데이터 프레임은 점차 버퍼에 쌓여 나가게 될 것이다.

그러나, 버퍼는 저장할 수 있는 용량이 제한되어 있기 때문에 용량 이상으로 데이터가 도착하게 되면 버퍼가 넘치게 되어 결국 데이터 프레임이 상실되게 된다. 이렇게 상실된 데이터 프레임은 앞에서 설명한 ARQ 기법에 의해 복구되어야 한다.

데이터 흐름 제어(data flow control)란 수신 스테이션의 버퍼가 넘치지 않도록 송신 스테이션의 데이터 전송을 제어하는 기술이다. 이것은 데이터 링크 프로토콜의 가장 중요한 기능 중의 하나이며 오류 제어와 밀접한 관계를 가지고 동작한다.

일반적으로 사용되는 두 가지의 데이터 흐름 제어 기법에는 X-ON/X-OFF 방식과 슬라이딩 윈도우 방식이 있다.

4.3.1 X-ON/X-OFF 방식

가장 간단히 데이터의 흐름을 제어할 수 있는 방법은 수신측의 버퍼가 차게 되면 전송 중지를 요구하고, 버퍼가 어느 수준 이하로 비게 되면 전송 재개를 요청하는 방식이다. 이를 위해, X-ON(^Q)과 X-OFF(^S) 전송 제어 문자를 사용한다. 즉, 수신측의 버퍼가 차게 되면 X-OFF를 전송하여 전송 중지를 요구하고, 버퍼가 비게 되면 X-ON을 전송하여 계속적인 데이터 전송을 요구한다.

다음의 [그림 4.4]는 간단한 X-ON/X-OFF의 동작 과정을 나타낸 것이다.

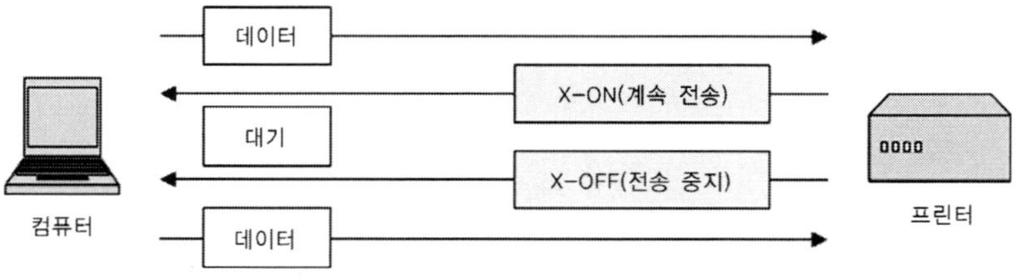

[그림 4.4] X-ON/X-OFF의 동작 예

X-ON/X-OFF 방식은 컴퓨터와 프린터 등의 주변 기기 사이의 데이터 흐름 제어 기법으로 널리 사용되고 있다. 그리고, 이와 유사한 데이터 흐름 제어 기법은 가장 대표적인 데이터 링크 프로토콜인 HDLC에서도 적용되는데, X-ON과 X-OFF의 기능을 수행하는 제어 프레임으로 RR (Receive Ready)과 RNR(Receive Not Ready) 프레임이 사용된다.

4.3.2 슬라이딩 윈도우 방식

오류 제어에 사용되는 정지-대기 ARQ 방식은 데이터 흐름 제어에도 그대로 적용할 수 있다. 정지-대기 ARQ 방식에서 송신 스테이션은 수신측으로부터 다음 프레임을 전송해도 좋다는 응답이 올 때까지 전송을 중지하고 기다린다. 이때, 수신 스테이션은 수신한 데이터 프레임을 처리하는 동안 응답 메시지를 보내지 않음으로써 송신측 데이터 전송을 제어할 수 있다.

그러나, 정지-대기 ARQ 방식은 전송 회선의 속도가 높아지거나 전파 지연이 길어질수록 링크의 이용 효율이 떨어지게 된다. 이를 극복하기 위하여 일반적으로 한 번에 여러 개의 프레임을 전송할 수 있는 윈도우 방식의 데이터 흐름 제어가 많이 사용된다.

윈도우 흐름 제어는 수신 스테이션으로부터 응답 메시지가 없더라도 미리 약속한 윈도우 크기만큼의 데이터 프레임을 연속적으로 전송할 수 있는 방식이다. 송신측 윈도우는 응답 프레임을 수신하지 않고도 전송할 수 있는 데이터 프레임의 범위를 나타내며, 수신측 윈도우는 응답 프레임을 전송하지 않고도 정상적으로 수신이 가능한 데이터 프레임의 범위를 나타낸다.

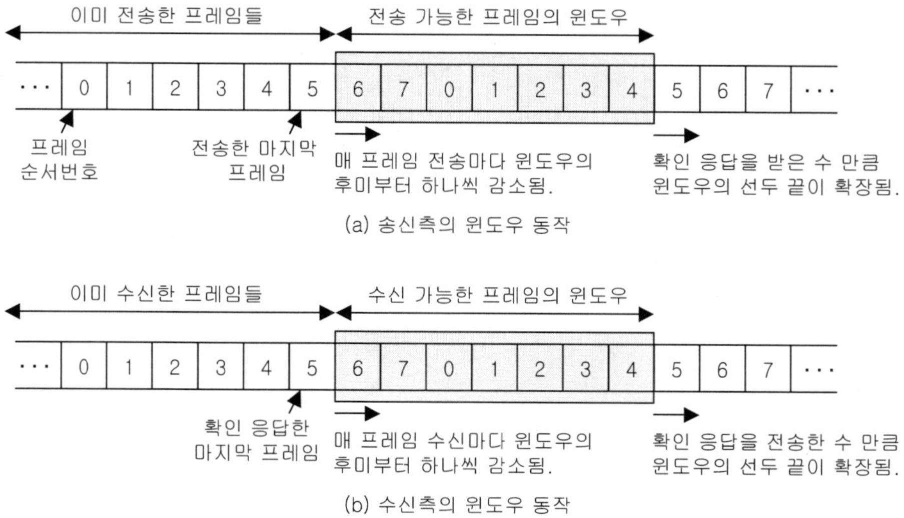

[그림 4.5] 슬라이딩 윈도우 방식의 동작 예

[그림 4.5]에서, 송신측 윈도우는 데이터 프레임을 전송할 때마다 하나씩 닫히게 되고, 윈도우 크기만큼 데이터 프레임을 전송하게 되면 윈도우가 완전히 닫혀 수신측으로부터 응답 프레임이

올 때까지 더 이상의 데이터 프레임의 전송은 중단된다. 그리고, 수신측으로부터 응답 프레임을 수신할 때마다 응답을 받은 만큼의 윈도우가 다시 열리게 되어 송신측에서는 새로운 데이터 프레임의 전송이 가능하게 된다.

이와 같이, 윈도우가 데이터 프레임을 전송할 때마다 하나씩 줄어들고 응답을 받을 때마다 하나씩 열리게 되는데, 이를 슬라이딩 윈도우(sliding window) 방식이라고 부른다.

[그림 4.6]은 송신측과 수신측을 전이중 방식으로 연결한 슬라이딩 윈도우 흐름 제어의 예를 보여주고 있다.

아래의 [그림 4.6]에서, 슬라이딩 윈도우는 3비트 순서 번호 영역을 사용하고, 윈도우의 크기는 7이다. 이때, 윈도우의 어두운 부분이 전송 가능한 프레임의 영역을 나타낸다. 초기에 송신 스테이션은 0번 프레임부터 7개까지의 데이터 프레임을 전송할 수 있는 윈도우를 가진다.

[그림 4.6]에서 처음에 송신 스테이션이 3개의 프레임을 전송하여 윈도우 크기가 3만큼 줄어들게 된다. 이 상태에서 송신 스테이션은 전송할 프레임이 있다면 ACK 없이 F3부터 4개의 프레임을 더 전송할 수 있다. 그리고, 수신 스테이션은 ACK3을 보내는데, 이것은 F0, F1, F2 프레임을 오류 없이 잘 받았으며 F3 프레임의 수신을 기다리고 있다는 것을 나타낸다.

이때, ACK3을 받은 송신 스테이션은 응답을 받은 프레임의 수만큼 윈도우를 늘리게 되어, 다시 F3부터 7개의 프레임을 전송할 수 있는 상태가 된다.

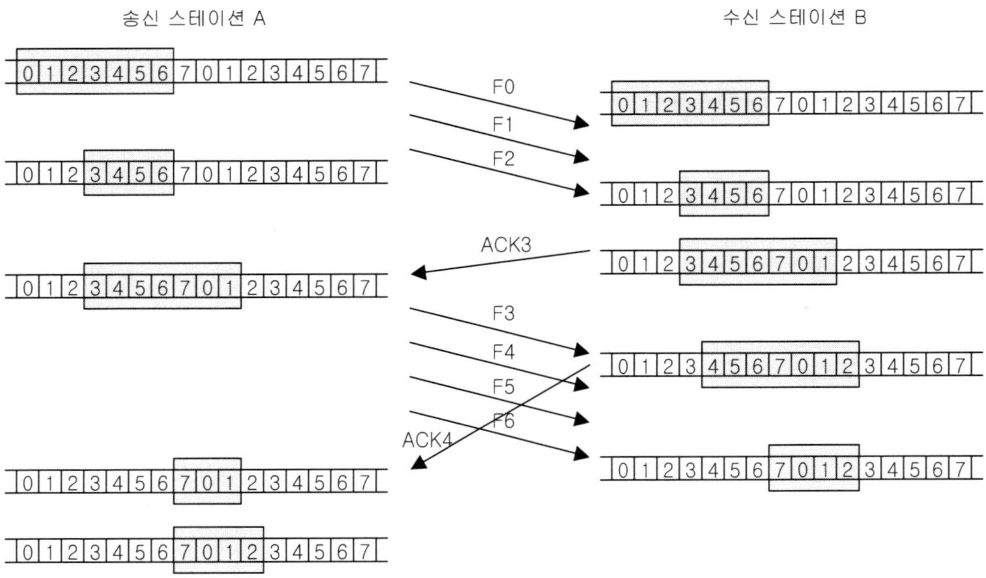

[그림 4.6] 슬라이딩 윈도우 방식에서의 흐름 제어 예

다음에 송신 스테이션은 F3부터 F6까지의 프레임을 전송하고, 수신 스테이션에서는 F3에 대한 응답으로 ACK4를 송신측에 전송한다. 그러면, 송신 스테이션은 ACK4를 수신하면 윈도우 크기

가 하나만큼 열리게 되고, F7부터 4개의 프레임을 더 전송할 수 있다. 이와 같이, 수신 스테이션은 ACK의 전송을 조절함으로써 데이터 흐름을 제어할 수 있다.

4.4 데이터 링크 제어 프로토콜

데이터 링크 제어는 전송 회선을 통하여 신뢰성 있는 데이터의 교환을 제공하는 기능을 담당한다. 이를 위해, 송수신 스테이션 간에 링크를 설정하고 유지하며, 오류 제어와 흐름 제어를 통하여 신뢰성 있는 데이터 전달을 보장한다. 이와 같이, 전송 링크에서 데이터의 신뢰성을 보장하기 위한 제어 절차들을 데이터 링크 제어 프로토콜이라고 한다.

데이터 링크를 통한 전송 제어 절차는 일반적으로 링크 설정, 데이터 전송, 링크 해제의 3단계로 이루어진다. 데이터 링크 제어 프로토콜은 프레임의 형식에 따라 문자 위주(character oriented) 방식과 비트 위주(bit oriented) 방식으로 나눌 수 있다.

문자 위주 프로토콜에서는 문자 코드 상에 정의된 전송 제어 문자를 이용하여 링크를 제어하기 때문에 사용하는 문자 코드에 의존적이다. 예를 들어, ASCII 코드와 EBCDIC 코드는 동일한 전송 제어 문자를 표현하기 위해 서로 다른 비트 패턴이 사용되므로, 송수신 스테이션에서 사용하는 코드가 서로 다른 경우 문자 위주 프로토콜은 호환성이 없는 문제점이 있다.

이에 비해, 비트 위주 프로토콜은 임의의 비트 패턴을 정의하여 제어 메시지로 사용하기 때문에 사용되는 코드에 독립적이며 문자 위주 프로토콜에 비해 훨씬 효율적인 장점을 가진다. 대표적인 문자 위주 프로토콜로는 1968년에 IBM사에서 개발하여 사용된 BSC(Binary Synchronous Control)가 있으며, 비트 위주 프로토콜로는 ISO의 표준인 HDLC가 있다. 이외에 점대점 링크를 통한 인터넷 접속을 위해 사용되고 있는 데이터 링크 프로토콜인 PPP가 있다.

4.4.1 HDLC(High-level Data Link Control)

HDLC는 점대점 링크뿐만 아니라 다중점 링크를 위하여 ISO에서 개발한 국제 표준 프로토콜이다. HDLC 프로토콜은 반이중 통신과 전이중 통신을 모두 지원하며 동기식 전송 방식을 사용한다. 그리고, 오류 제어를 위해서는 Go-back-N ARQ 방식과 선택적 재전송 ARQ 방식을 지원하며, 슬라이딩 윈도우 방식에 의해 흐름 제어를 제공한다. 비트 위주의 데이터 링크 제어 프로토콜인 HDLC는 사용하는 문자 코드와 상관이 없으며 비트 삽입에 의해 투명한 데이터의 전송을 보장한다.

1) 링크 구성과 동작 모드

HDLC는 [그림 4.7]에서와 같이 세 가지 링크의 구성 형태에서 사용할 수 있다. 여기서, 불균형 링크는 점대점이나 다중점 방식에서 사용하며, 하나의 주 스테이션과 하나 이상의 부 스테이션으로 이루어진다. 반면에, 균형 링크는 점대점 방식에서만 사용되며, 두 개의 복합 스테이션으로 구성된다.

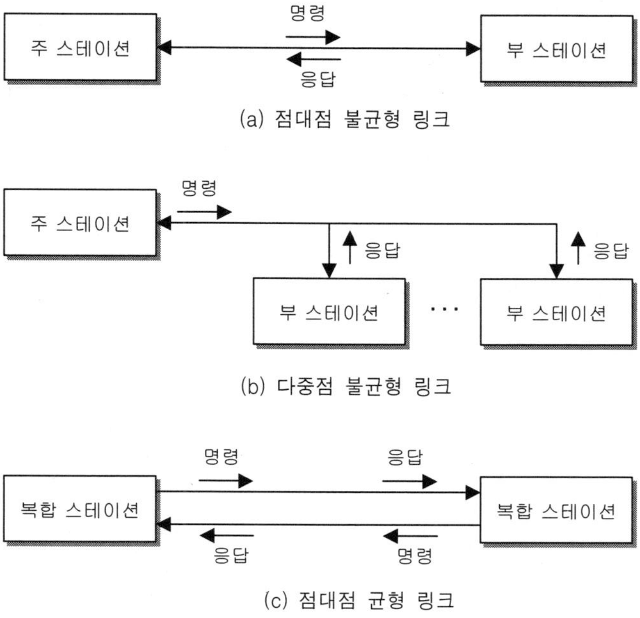

[그림 4.7] HDLC에서의 링크 구성 형태

일반적으로 HDLC는 링크 구성 방식에 따라 다음과 같은 세 가지의 동작 모드를 가지고 있다.

- **정규 응답 모드(NRM : Normal Response Mode)**

  이 모드는 점대점이나 다중점 불균형 링크 구성에서 사용된다. 주 스테이션이 링크 제어를 담당하며, 부 스테이션은 주 스테이션으로부터 폴(poll) 메시지를 수신한 경우에만 데이터를 전송할 수 있다.

- **비동기 응답 모드(ARM : Asynchronous Response Mode)**

  이 모드는 보통 전이중 전송을 하는 점대점 불균형 링크에 사용된다. 부 스테이션은 주 스테이션의 허락 없이 데이터를 전송할 수 있지만, 주 스테이션은 링크의 설정이나 해제, 오류 복구 등의 제어 기능을 담당한다.

- **비동기 균형 모드(ABM : Asynchronous Balanced Mode)**

  이 모드는 전이중 방식의 점대점 균형 링크 구성에서 사용된다. 두 개의 스테이션은 동등한 기능을 가진 복합 스테이션으로 구성되며, 어느 쪽에서나 링크의 설정과 해제를 요구할 수 있으며, 링크가 설정되면 상대편의 허락 없이도 데이터 전송이 가능하다.

2) 프레임의 구조

HDLC의 프레임 구조는 헤더, 정보 영역과 트레일러로 나누어진다. [그림 4.8]의 (a)에서 보듯이 헤더는 플래그, 주소 영역, 제어 영역으로 구성되고, 그 다음에 위치한 정보 영역은 사용자 데이터를 실어 보내게 되며 가변적인 길이를 갖는다. 트레일러는 프레임 검사 순서(FCS)와 플래그로 구성된다. 이때, 플래그는 8비트, 주소 영역과 제어 영역은 일반적으로 8비트이나 확장되면 16비트로 사용할 수 있으며, FCS는 16비트 혹은 32비트가 사용된다.

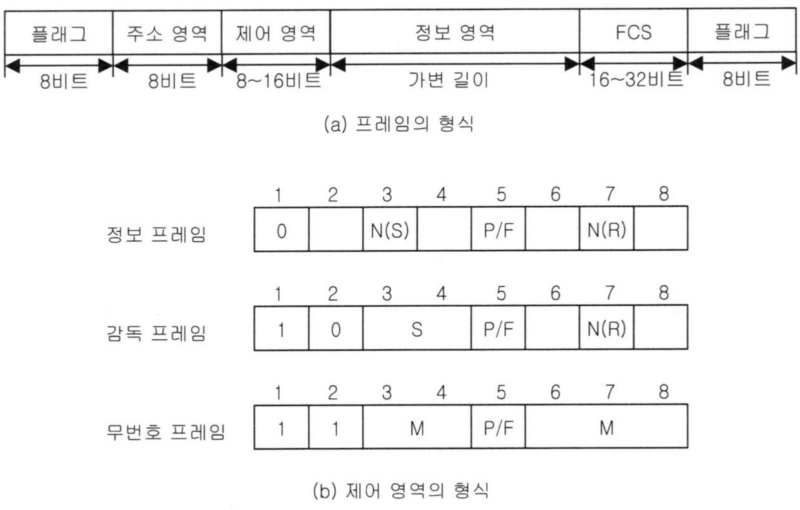

[그림 4.8] HDLC의 프레임 구조

HDLC의 프레임 구조에서 각 항목에 대한 세부적인 설명은 다음과 같다.

- 플래그(flag)

  플래그는 전송 프레임의 시작과 끝을 나타내며, 고유한 비트 패턴 '01111110'으로 표시된다. 링크에 접속된 모든 스테이션은 프레임의 시작을 인지하기 위해 계속적으로 플래그를 조사하며, 한 프레임을 수신하는 동안 프레임의 끝을 결정하기 위해 플래그를 계속 확인한다.

- 주소 영역(address field)

  다중점 링크에서는 프레임을 수신하거나 송신하는 부 스테이션을 식별하기 위해 주소 영역이 사용된다. 그러나, 점대점 링크에서는 주소 영역이 필요하지 않지만, 프레임 형식의 통일을 위해 일률적으로 적용하고 있다. 주소 영역의 길이는 보통 8비트이나 접속되는 스테이션의 수가 많은 경우 확장하여 사용할 수 있다. 그리고, 주소 영역이 '11111111'인 경우는 모든 스테이션에게 프레임을 전달하기 위한 방송용으로 사용된다.

- 제어 영역(control field)

  제어 영역은 프레임의 종류를 식별하기 위해 사용된다. HDLC에서는 제어 영역의 형식이 정보 프레임(information frame), 감독 프레임(supervisory frame), 무번호 프레임(unnumbered frame)의 세 가지 유형별 프레임을 정의한다. [그림 4.10]의 (b)와 같이 제어 영역의 첫 번째나 두 번째 비트가 각 프레임의 유형을 결정한다. 즉, 제어 영역의 첫 번째 비트가 '0'이면 사용자 데이터를 전달하는 정보 프레임이다.

- 정보 영역(information field)

  정보 영역은 정보 프레임과 무번호 프레임에만 사용된다. 이 영역은 사용자 사이에 교환되는 데이터를 실어 보내게 되며, 길이는 표준으로 정해져 있지 않으나 구현 방법에 따라 특정한 최대값을 갖는다.

- 프레임 검사 순서(frame check sequence)

  FCS는 플래그를 제외한 전달되는 프레임 내용에 대한 오류 검출을 위하여 사용된다. 보통 CRC-CCITT를 사용하는 16비트의 FCS가 일반적으로 사용되나, 링크의 신뢰성을 높이기 위해 32비트의 FCS를 사용할 수도 있다.

3) 프레임의 종류

HDLC에서 사용되는 프레임은 크게 정보 프레임, 감독 프레임 그리고 무번호 프레임의 세 가지 유형으로 나누어진다. 이와 같은 세 가지 프레임의 용도와 기능은 다음과 같다.

- 정보 프레임(I-Frame : Information Frame)

  정보 프레임은 사용자 데이터를 실어 보내는데 사용되며, 전달되는 정보 프레임에 순서 번호를 부여하기 위해 N(S) 영역을 갖는다. 그리고, HDLC는 전이중 통신을 지원하기 때문에 정보 프레임은 피드백 응답을 위한 순서 번호 N(R) 영역을 갖는다. 이때, N(R)은 다음에 수신해야 할 정보 프레임의 순서 번호를 나타낸다. 8비트의 제어 영역을 사용할 경우에 N(S)와 N(R)은 3비트씩 사용하기 때문에 최대 윈도우 크기는 7로 제한되나, 확장 제어 영역 형식을 사용할 경우 윈도우 크기는 최대 127까지 될 수 있다.

  정보 프레임은 poll/final(P/F) 비트를 갖고 있는데, 명령으로 사용되는 경우는 P 비트라 하고 응답으로 사용되는 경우는 F 비트라 한다. 정규 응답 모드(NRM)에서는 주 스테이션은 부 스테이션을 폴링하기 위해 P 비트를 1로 놓고, 부 스테이션은 폴에 대한 응답으로 마지막 정보 프레임에 F 비트를 1로 하여 메시지의 전송 완료를 알리는데 사용된다. 그리고, 비동기 응답 모드(ARM)와 비동기 균형 모드(ABM)에서는 P/F 비트가 상대편 스테이션의 수신 상태를 파악하기 위해 응답을 요구하는 데 사용된다.

- 감독 프레임(S-Frame : Supervisory Frame)

  감독 프레임은 전송되는 정보 프레임에 대한 흐름 제어와 오류 제어를 위해 사용된다. HDLC에서는 오류 제어를 위해서 Go-back-N ARQ나 선택적 재전송 ARQ를 사용할 수 있는데, 이에 대한 부정 응답 메시지로 REJ(REJect)와 SREJ(Selective REJect)가 각각 사용된다. 그러나, 선택적 재전송 ARQ 방식은 큰 버퍼와 프레임의 재순서화 기능을 요구하므로 잘 사용되지 않는다. RR(Receive Ready)은 피드백 할 정보 프레임이 없을 경우에 긍정 응답 메시지로 사용되며, RNR(Receive Not Ready)은 흐름 제어를 위해 사용된다. RNR은 RR이 전송되어 올 때까지 더 이상의 정보 프레임을 보내지 말 것을 요청한다.

감독 프레임은 수신한 정보 프레임에 대한 응답을 위한 수신 순서 번호를 나타내는 N(R) 영역을 갖는다. RR, RNR, REJ 프레임에서 N(R)은 다음 기대되는 정보 프레임의 순서 번호를 표시하며, SREJ에서 N(R)은 거절된 프레임의 순서 번호를 나타낸다. 감독 프레임 내의 P/F 비트는 다음과 같이 사용된다. 주 스테이션은 폴을 싣고 갈 정보 프레임이 없을 경우에 부 스테이션을 폴 하기 위해서는 RR 프레임내의 P 비트를 세트한다. 그리고, 부 스테이션은 전송할 정보 프레임이 있으면 이를 전송하고, 그렇지 않을 경우에는 보낼 데이터가 없다는 표시로 F 비트를 세트하여 RR을 보낸다. 복합 스테이션일 경우에는 상대편 스테이션의 수신 상태를 알기위해서 RR 명령 프레임의 P 비트를 세트하여 전송한다. 그러면, 상대 스테이션은 정보 프레임을 수신할 수 있으면 F 비트를 세트하여 RR로 응답하고, 그렇지 않을 경우에는 F 비트를 세트하여 RNR로 응답한다.

- 무번호 프레임(U-Frame : Unnumbered Frame)

무번호 프레임은 링크의 설정과 해제, 오류 회복을 위해 주로 사용된다. 이러한 용도의 프레임들은 정보 프레임이나 감독 프레임과는 달리 순서 번호 영역을 갖지 않기 때문에 무번호 프레임이라고 부른다. 이것은 먼저 링크의 모든 설정을 위한 명령들이 있는데, HDLC에서 제공하는 세 가지 동작 모드의 설정을 위한 명령으로 SNRM, SARM, SABM이 있다. 또한, 확장 제어 영역 형식을 사용하는 경우에는 SNRME, SARME, SABME가 사용된다. 그리고, SIM (Set Initialization Mode) 명령은 해당 주소의 스테이션이 자신의 데이터 링크를 초기화하도록 지시하기 위해 사용되며, DISC(DISConnect)는 논리적인 링크의 설정을 해제하기 위해 사용한다.

이와 같이, 이러한 모드 설정에 대한 응답 메시지로는 UA(Unnumbered Acknowledgement), DM(Disconnected Mode), RIM(Request Initialization Mode) 그리고 RD(Request Disconnect)가 있다. UA는 위와 같은 모드 설정 명령에 대하여 정상적으로 기능을 수행하였음을 알리는 응답 메시지이고, DM은 모드 설정 명령을 수신한 스테이션이 논리적으로 링크에서 분리되었음을 알리기 위해 사용된다. RIM은 스테이션이 초기화를 원할 경우에 모드 설정 명령에 응답하는데 사용되며, RD는 링크의 논리적 분리를 요청할 경우에 사용한다.

[표 4.1] HDLC 프레임의 종류와 기능

유형	명 칭	기능	설 명
정보 프레임	Information(I)	C/R	사용자 데이터 교환
감독 프레임	Receive Ready(RR)	C/R	긍정 응답 : I-Frame 수신 준비
	Receive Not Ready(RNR)	C/R	긍정 응답 : I-Frame 수신 준비가 되어 있지 않음
	Reject(REJ)	C/R	부정 응답 : Go-back-N ARQ
	Selective Reject(SREJ)	C/R	부정 응답 : 선택적 재전송 ARQ
무번호 프레임	Set Normal Response/ Extended Mode (SNRM/SNRME)	C	NRM 설정 명령 (확장 : 2 옥텟 제어 영역)
	Set Asynchronous Response/ Extended Mode (SARM/SARME)	C	ARM 설정 명령 (확장 : 2 옥텟 제어 영역)
	Set Asynchronous Balanced/ Extended Mode (SABM/SABME)	C	ABM 설정 명령 (확장 : 2 옥텟 제어 영역)
	Set Initialization Mode(SIM)	C	해당 스테이션의 링크 제어 기능의 초기화 요구
	Disconnect(DISC)	C	논리적 링크 접속 해제 요구
	Unnumbered Acknowledgement(UA)	R	상기의 설정 명령들에 대한 응답
	Disconnected Mode(DM)	R	스테이션이 해제되었음을 알림
	Request Disconnect(RD)	R	DISC 명령을 요청
	Request Initialization Mode(RIM)	R	초기화 요구(SIM 명령 요청)
	Unnumbered Information(UI)	C/R	제어 정보 교환에 사용
	Unnumbered Poll(UP)	C	제어 정보를 요구하는데 사용
	Frame Reject(FRMR)	R	인정되지 않은 프레임의 수신을 알림
	Reset(RSET)	C	링크 오류의 회복에 사용
	Exchange Identification(XID)	C/R	식별과 상태의 요청/보고에 사용

4.4.2 PPP(Point-to-Point Protocol)

PPP는 점대점 링크를 통하여 인터넷 접속에 사용되는 IETF의 표준 프로토콜이다. 이 프로토콜은 오류 검출만 제공되며, 재전송을 통한 오류 복구와 흐름 제어 기능 등은 제공되지 않는다.

또한, PPP는 점대점 링크를 통하여 IP 패킷의 캡슐화를 제공한다. 그리고, 두 개의 라우터를 접속하거나 가정에서 PC를 전화선과 모뎀을 이용하여 ISP에 접속할 때 주로 사용한다.

PPP는 전화모뎀선 뿐만 아니라 SONET/SDH(Synchronous Optical Network/Synchronous Digital Hierarchy) 및 ADSL 등 다양한 비동기식 및 동기식 점대점 링크에서 사용할 수 있다.

PPP는 점대점 링크 상에서 패킷의 캡슐화를 위해 다음의 [그림 4.9]와 같이 HDLC와 유사한 프레임 구조를 사용한다.

플래그	주소	제어	프로토콜	페이로드	검사합	플래그
01111110	11111111	00000011				01111110
1바이트	1바이트	1바이트	1~2바이트	가변길이	2~4바이트	1바이트

[그림 4.9] PPP 프레임의 구조

[그림 4.9]에서 보는 바와 같이 프레임의 시작과 끝을 나타내기 위해 HDLC와 동일한 플래그를 앞과 뒤에 부착한다. 그러나, HDLC와 달리 PPP는 전화 모뎀선과 같은 비동기식 링크도 지원해야 하기 때문에 프레임은 반드시 바이트의 정수 배가 되어야 한다. 왜냐하면, 비동기식 링크에서는 시작 비트와 정지 비트를 부착하여 문자 단위로 전송을 하기 때문이다. 이러한 이유 때문에 투명한 데이터의 전송을 위해서는 HDLC와 같은 비트 채움 방식을 사용하는 게 아니라 문자 채움 방식을 사용한다.

PPP 프레임의 주소 영역은 항상 모든 비트가 '1'로 고정되어 있고, 제어 영역은 '00000011'로 되어 있어 HDLC의 무번호 프레임에 해당한다. 이 경우 PPP 프레임에 대해서 일련 번호 등이 부착되지 않기 때문에 정보 프레임이라 할지라도 재전송을 통한 오류 복구 기능이나 흐름 제어가 적용되지 않는다. IETF에서는 PPP의 확장을 위해서 이들 영역을 두고 있지만 현재는 사실상 전달이 필요 없는 헤더이다.

PPP 프레임 내에 플래그와 동일한 비트 패턴인 '01111110'이 나타나면 플래그와 혼동이 되는 문제가 발생한다. PPP 프레임은 반드시 바이트의 정수 배가 되어야 하기 때문에 HDLC와 같은 비트 채움 방식으로 데이터의 투명성을 보장할 수 없다. 따라서, PPP 프레임에서는 바이트 채움(혹은 문자 채움) 방식을 사용하고 있다. 이를 위해, 플래그를 제외한 프레임 내용물에 '01111110'이 나타나면 '01111101'이라는 특수한 제어 바이트를 앞에 삽입하여 플래그와 혼동을 방지함으로써 투명한 데이터 전송을 보장한다. 마찬가지로 프레임 내용물에 특수 제어 문자인 '01111101'과 동일한 바이트가 나와도 한 바이트를 앞에 삽입하여 전송하게 된다.

요 약

1. 전송 오류의 종류

- 순방향 오류 수정(forward error correction)
- 역방향 오류 수정(backward error correction)

2. 전송 오류 제어 기법의 종류

- 자동 재전송 요청(ARQ : Automatic Repeat reQuest) 기법 - 수신 스테이션은 비트 오류나 프레임의 손실을 검사하게 되고, 오류가 검출되면 자동적으로 송신 스테이션에게 재전송을 요청
- ACK(positive ACKnowledgement) - ARQ에서는 오류 제어를 위해 수신한 데이터 프레임에 오류가 없음을 알리는 긍정 응답 메시지
- NAK(Negative AcKnowledgement) - 오류가 발생하였음을 알리는 부정 응답 메시지
- 정지-대기(stop-and-wait) ARQ - 데이터 프레임의 정확한 수신 여부를 매번 확인하면서 다음 프레임을 전송해 나가는 가장 간단한 오류 제어 방식
- Go-back-N ARQ - 데이터 프레임을 연속적으로 전송해 나가다가 NAK를 수신하게 되면, 오류가 발생한 프레임 이후에 전송된 모든 데이터 프레임을 재전송하는 방식
- 선택적 재전송(selective repeat) ARQ - 송신 스테이션은 NAK를 수신하게 되면 오류가 발생한 데이터 프레임만을 선택적으로 재전송하는 방식

3. 데이터 흐름 제어 기법의 종류

- 데이터 흐름 제어(data flow control) - 수신 스테이션의 버퍼가 넘치지 않도록 송신 스테이션의 데이터 전송을 제어하는 기술
- X-ON/X-OFF 방식 - 수신측의 버퍼가 차게 되면 X-OFF를 전송하여 전송 중지를 요구하고, 버퍼가 비게 되면 X-ON을 전송하여 계속적인 데이터 전송을 요구하는 기법
- 슬라이딩 윈도우 방식 - 윈도우가 데이터 프레임을 전송할 때마다 하나씩 줄어들고 응답을 받을 때마다 하나씩 열리게 하는 기법

4. 데이터 링크 제어 프로토콜의 종류

- HDLC - 점대점 링크뿐만 아니라 다중점 링크를 위하여 ISO에서 개발한 국제 표준 프로토콜
- HDLC 동작 모드 - NRM, ARM, ABM
- HDLC 프레임의 구조 - 헤더, 정보 영역, 트레일러

- HDLC 프레임의 종류 - 정보 프레임, 감독 프레임, 무번호 프레임
- PPP - 점대점 링크를 통하여 인터넷 접속에 사용되는 IETF의 표준 프로토콜

연습문제

1. 데이터 통신에서 오류를 복구하는 두 가지 방법에 대해 서술하시오.

2. 자동 재전송 요청(ARQ) 기법에 대해 서술하시오.

3. 정지-대기 ARQ에서의 오류 제어의 예를 설명하시오.

4. Go-back-N ARQ에서의 오류 제어의 예를 설명하시오.

5. 선택적 재전송 ARQ에서의 오류 제어의 예를 설명하시오.

6. 슬라이딩 윈도우(sliding window) 방식의 개념에 대해 서술하고, 그것의 예를 설명하시오.

7. HDLC(High-level Data Link Control) 프로토콜에서 사용되는 프레임의 종류들을 나열하시오.

8. PPP(Point-to-Point Protocol)의 특징에 대해 서술하시오.

제 5 장

네트워크 프로토콜과 계층 모델

네트워크 프로토콜의 개념과 종류에 대해 이해하고, 프로토콜을 바탕으로 한 OSI 7계층 모델의 개념과 각 계층별 기능에 대해 학습한다.

5.1 네트워크 프로토콜

5.1.1 프로토콜의 개념

프로토콜(protocol)이란 데이터 통신에 있어서 신뢰성 있고 효율적이고 안전하게 정보를 주고받기 위해서 정보의 송수신측 또는 네트워크 내에서 사전에 약속된 규약 또는 규범을 말한다. 주로 송신측에서 수신측을 호출하여 연결하는 과정, 통신 회선에서의 접속 방식, 통신 회선을 통해 전달되는 정보의 형태, 오류 발생에 대한 제어 그리고 송수신측간의 동기화 방식 등에 대한 약속을 말한다.

프로토콜의 주요 구성 요소는 구문(syntax), 의미(semantic) 그리고 시기(timing) 이다. 구문은 데이터의 형식(format), 부호화(coding) 그리고 신호 레벨(signal level) 등을 가리키는 것으로 데이터가 어떠한 구조와 순서로 표현되는지를 나타낸다. 예를 들어, 어떤 프로토콜에서 데이터의 처음 8비트는 송신지의 주소를 나타내고, 다음 8비트는 수신지의 주소를 나타낸다.

의미는 각 비트가 갖는 의미를 나타내는 것으로 해당 패턴에 대한 해석과 그 해석에 따른 전송 제어, 오류 수정 등에 관한 제어 정보를 규정하는 영역이다. 예를 들어, 프로토콜의 주소 부분 데이터는 메시지가 전달될 경로 또는 최종 목적지를 나타낸다.

시기는 두 객체간의 통신 속도를 조정하거나 메시지의 전송 시간 및 순서 등에 대한 특성을 가리킨다. 예를 들어, 송신자가 데이터를 10Mbps의 속도로 전송하고 수신자가 1Mbps의 속도로 처리를 한다면 시기가 맞지 않아 데이터 유실이 발생할 수 있다.

5.1.2 프로토콜의 종류

1) 직접/간접(direct/indirect) 프로토콜

두 개체간의 통신은 직접적이거나 간접적일 수 있다. [그림 5.1]의 (a)는 두 시스템이 점대점 방식으로 연결되어 정보를 전달함을 보여준다. 이 경우에 두 지점간의 데이터와 제어 정보는 외부의 도움 없이 교환될 수 있다. 다중점 방식의 연결을 나타내고 있는 (b)는 (a)와 비슷한 방식으로 전달되지만, 접근 제어(access control)가 추가로 필요하기 때문에 프로토콜이 복잡해진다.

[그림 5.1]의 (a)와 (b)처럼 개체간의 통신에 있어 외부의 도움 없이 직접 통신이 가능하게 만들어진 프로토콜을 직접 프로토콜(direct protocol)이라 한다. 그러나, (c)의 경우와 같이 두 시스템 간에 교환(switching)이 이루어지는 네트워크에 연결되어 있다면 직접 프로토콜의 사용은 불가능하게 된다.

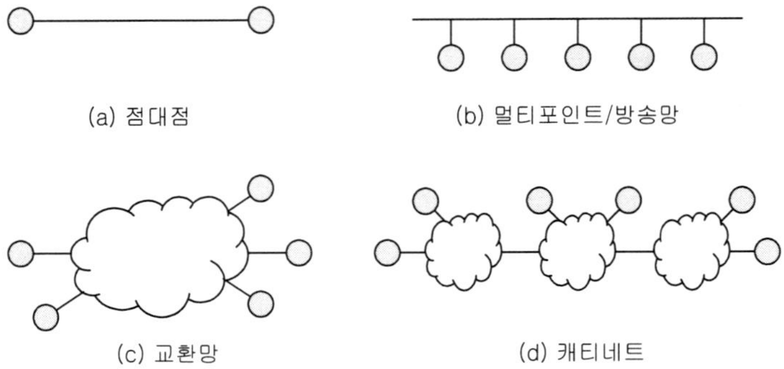

(a) 점대점 (b) 멀티포인트/방송망

(c) 교환망 (d) 캐티네트

[그림 5.1] 통신 시스템의 연결 형태

그러므로, 이런 경우는 정보 교환을 위해 다른 개체들에게 의존하게 되는데, (d)의 경우는 좀 더 극단적인 예가 된다. [그림 5.1]의 (d)와 같이 정보를 교환하고자 하는 두 개체가 동일한 네트워크에 연결되지 않고, 각각 독립적으로 두 개 이상의 네트워크에 연결된 상태이다. 이런 방식으로 연결된 네트워크를 캐티네트(catenet)라 하며, 여러 네트워크를 통해 간접적으로 통신한다.

2) 단일체/구조적(monolithic/structured) 프로토콜

[그림 5.1]의 (c)와 (d)처럼 다른 시스템 내에 존재하는 개체간의 정보 교환 프로토콜은 복잡하기 때문에 프로토콜을 하나의 단위로 다루기는 어렵다. 예를 들어, 동기식 HDLC를 사용하는 전자 우편 패키지에서 두 전자 우편 시스템간의 연결이 패킷 교환 방식을 사용한다면 패키지도 HDLC 논리가 필요하다. 또한, 가상회선 요구에 적합하도록 패키지를 일정 크기의 패킷으로 나누는 논리도 필요하게 된다. 이러한 모든 기능들이 하나의 프로토콜로 연관되어 있다면, 이런 프로토콜을 단일체(monolithic) 프로토콜이라 할 수 있다.

단일체 프로토콜이 수행해야 할 기능은 다양한데, 전자 우편의 경우 우편 메시지가 너무 크면 몇 번에 나누어 전송할 수 있게 일정 크기로 분할한다든지 하는 두 시스템간의 논리적 연결을 수행하는 기능들이 필요하다. 이러한 단일체 프로토콜이 내포하는 문제점을 해결하는 방안으로는 프로토콜을 구조적으로 설계하고 구현하는 기술이다.

단일체 프로토콜을 대신하여 등장한 구조적(structured) 프로토콜은 단일체 프로토콜이 모든 기능들을 하나의 프로토콜로 연관시키는 것과 달리 전체적인 기능을 몇 개의 작은 기능들로 구분하고, 구분된 기능들이 수행하는 계층들로 전체를 이루는 프로토콜을 말한다.

3) 연결 대상에 따른 프로토콜

두 개체간의 논리적 연결을 수행하는데 있어, 개체의 위치나 기능에 따라 프로토콜을 몇 가지 종류로 분류할 수 있다. [그림 5.2]의 시스템 1과 시스템 2는 두 개의 네트워크 A와 네트워크 B를 통하여 연결되어 있다. 또한, 시스템 1과 시스템 2는 복수 개의 정보 전송 응용 시스템이 존재하게 된다.

이러한 응용 시스템의 쌍 사이에는 응용 시스템 간에 공통으로 사용될 수 있는 정보 전송의 구문이나 의미가 필요하며, 응용 모듈의 활동에 대한 업무를 행할 수 있는 프로토콜이 필요하게 된다. 이러한 프로토콜이 응용 중심 프로토콜이다.

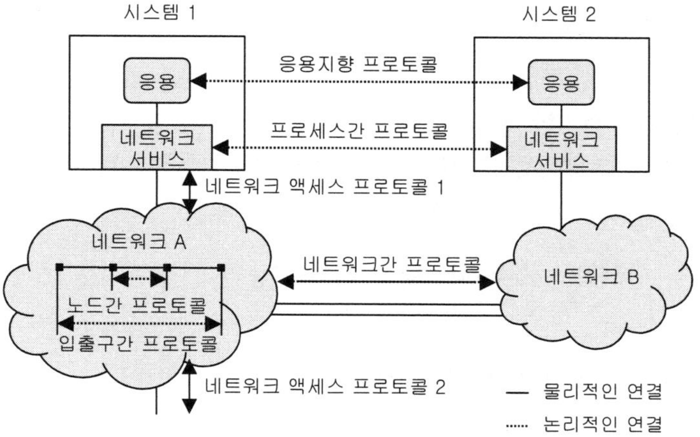

[그림 5.2] 연결 대상에 따른 프로토콜의 예

응용 중심(application-oriented) 프로토콜이란 정보 전송을 담당하는 개체의 성격이 어떤 응용성을 가질 때 이런 응용을 원활하게 해주기 위한 프로토콜이라 할 수 있다. 이 프로토콜은 통신을 중재하는 여러 시설물에 대하여 알 필요가 없고, 단지 네트워크 내의 개체들이 제공하는 네트워크 서비스를 이용한다.

[그림 5.2]의 시스템 1과 시스템 2는 각각 네트워크 A와 네트워크 B에 연결되어 있다. 따라서, 시스템 1과 네트워크 A간에 시스템 2와 네트워크 B간에도 프로토콜이 존재하는데, 이렇게 시스템을 어떤 네트워크에 연결시키기 위한 프로토콜을 네트워크 액세스(network access) 프로토콜이라 한다.

네트워크 A나 네트워크 B와 같은 네트워크 내부에서는 네트워크 내부 프로토콜이 필요한데, 네트워크 내부에 연결 대상이 존재할 때 인접하는 두 노드 사이에 필요한 프로토콜을 노드간 프로토콜이라 하고 연결 대상이 네트워크의 입출력 노드일 때, 이 노드들 사이에 필요한 프로토콜을 입출력간 프로토콜이라고 한다. 또한, [그림 5.2]의 네트워크 A와 네트워크 B처럼 환경이 다른 네트워크 사이의 연결을 위한 프로토콜을 네트워크간 프로토콜(internetwork protocol)이라 한다.

5.1.3 프로토콜의 기능

1) 단편화와 재결합(fragmentation and reassembly)

프로토콜은 두 개체 간에 데이터 스트림(data stream)을 교환하는 역할을 한다. 이때 보통 똑같은 크기의 데이터 블록들로 전송을 하는데, 응용 레벨에서는 데이터의 논리적 전송 단위를 메시지라 한다.

이렇게 주어진 데이터를 전송의 편의를 위해 더 작은 데이터 블록으로 나누는 과정을 단편화(fragmentation)라고 한다. 또한, 두 개의 개체 간에 교환되는 데이터 블록을 프로토콜 데이터 단위(PDU : Protocol Data Unit)라고 부른다.

프로토콜에서 이러한 단편화는 자주 나타나는 기본 기능인데, 단편화를 해야 하는 이유는 다음과 같다.

- 통신 네트워크에서 수신될 수 있는 데이터의 크기는 제한되어 있다.
- 오류 제어를 효율적으로 하기 위해서는 PDU 크기가 작은 것이 좋다.
- 전송 장비를 여러 사용자가 공통적으로 액세스할 때, PDU가 작을수록 모든 사용자의 이용에 대한 균등한 기회를 쉽게 이룰 수 있다.
- PDU 크기가 작을 때 수신 개체는 요구되는 버퍼의 크기를 줄일 수 있다.
- 각 PDU에는 일정량의 제어 정보가 존재하게 되는데, 블록 크기가 작을수록 오버헤드가 증가할 수 있다.
- 매 PDU가 도착될 때마다 시스템 인터럽트가 발생되는데, 블록의 크기가 작으면 인터럽트 발생 횟수가 많아지게 된다.
- PDU의 크기가 작아 개수가 많아지면 처리 시간이 길어지게 된다.

재결합(reassembly)은 단편화의 반대 과정이라 할 수 있다. 다시 말해서, 단편화된 데이터는 응용 레벨에서 도착되는 블록의 순서가 틀리지 않게 적합한 메시지로 재결합되어야 한다.

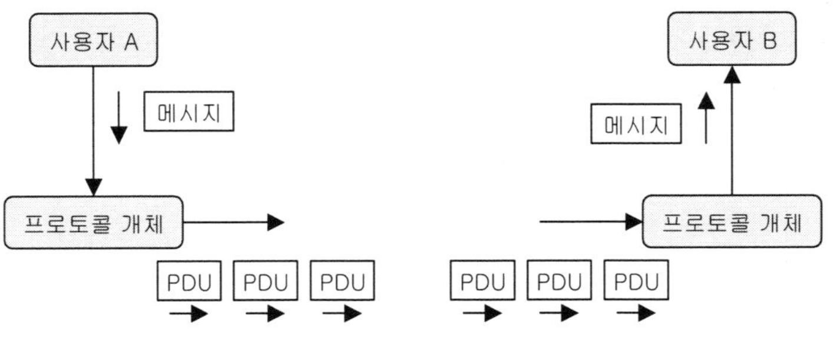

[그림 5.3] 단편화와 재결합의 예

[그림 5.3]은 단편화와 재결합에 대해 설명한 것이다. 이때, 사용자 A가 사용자 B에게 메시지를 보내고자 할 때, 메시지를 전송하기에 앞서 메시지가 세 개의 PDU로 분할되며, 이것은 다시 사용자 B에게 전송되기 전에 재결합되는 것을 보여준다.

2) 캡슐화(encapsulation)

각 PDU는 데이터와 제어 정보를 가지고 있으며, 때로는 제어 정보만으로 구성되는 PDU도 있다. 제어 정보는 다음과 같이 세 가지 범주로 요약될 수 있다.

- 주소(addressing) : 발송자와 수신자의 주소가 명시된다.
- 오류 검출 코드(error detecting code) : 전송 중에 오류를 검출하기 위한 프레임을 검사하는 정보가 있다.
- 프로토콜 제어(protocol control) : 여러 가지 프로토콜 기능을 구현하기 위한 별도의 프로토콜 제어 정보가 있다.

[그림 5.4]처럼, 데이터에 제어 정보를 추가하는 것을 캡슐화라고 한다. 여기서, 데이터는 프로토콜 개체에 의해 받아들여지고 만들어지며, 제어 정보를 추가하여 PDU를 형성한다.

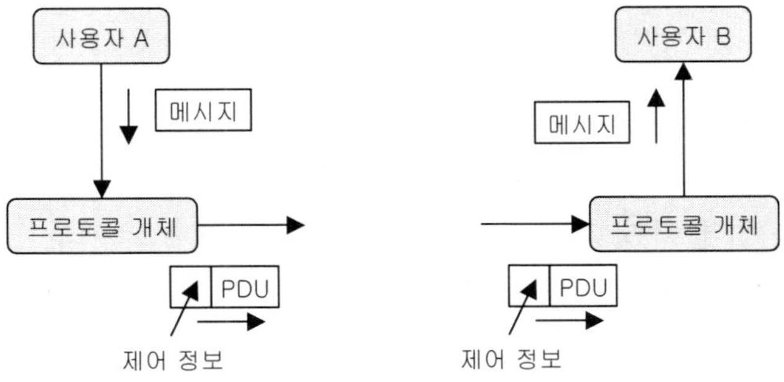

[그림 5.4] 캡슐화의 예

3) 연결 제어(connection control)

일반적으로 한 개체에서 다른 개체로 데이터를 전송하는 방법에는 두 가지가 있는데, 하나는 두 개체가 데이터를 교환하기 전에 우선 논리적으로 연결하는 방식이고, 또 다른 하나는 데이터를 사전의 논리적 연결 없이 바로 전송하는 방식이다.

전자의 경우와 같이 데이터를 송수신하는 개체 간을 논리적으로 연결한 후 데이터를 전송하는 방식을 연결 데이터 전송이라고 하며, 후자의 경우와 같이 논리적 연결 없이 데이터를 보내는 방식을 비연결 데이터 전송이라고 한다.

연결 데이터 전송은 두 스테이션이 많은 양의 데이터를 교환하고자 할 때 유리하며, 이 연결은 논리적인 결합으로 두 개 개체 사이에서 결성된다. 이런 두 개체 간의 연결은 연결 확립(connection establishment), 데이터 전송(data transfer) 그리고 연결 해제(connection termination)와 같은 3단계 과정을 거친다.

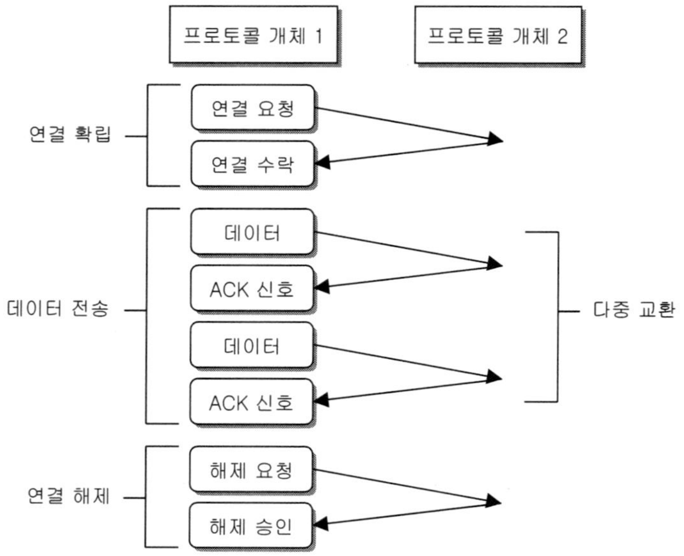

[그림 5.5] 연결 중심의 데이터 전송 과정

좀 더 복잡한 프로토콜에서는 연결 인터럽트와 회복 단계 등이 필요하다. 연결 확립 과정 동안 프로토콜에서는 두 개체 사이에 데이터 교환을 합의하여야 한다. 보통 간단한 프로토콜에서는 한 스테이션이 요청을 하게 되면 다른 스테이션은 요청을 수락 또는 거부하게 되고, 복잡한 프로토콜에서는 연결 확립 단계에서 프로토콜의 구문, 의미, 시기 등에 관한 협상을 사용한다. 두 개체는 물론 같은 프로토콜을 사용하여야 하지만 프로토콜에 선택적인 특징이 있으므로 그 중의 어떤 하나를 선택하여 사용할 수 있다.

연결 확립 단계의 다음 단계로 데이터 전송 단계가 있는데, 이 단계 동안 데이터뿐만 아니라 여러 가지 제어 정보도 같이 교환된다. 마지막 과정은 연결 해제 과정으로서 어떤 한 쪽이 연결의 종료를 원한다면 종료 요구(해제 요청 신호)를 보내고 받아들여지면 연결은 종료된다. 중재자가 있는 경우 중재자의 허락에 의해 종료가 이루어진다.

4) 흐름 제어(flow control)

흐름 제어는 수신 개체가 송신 개체의 데이터 전송량이나 전송 속도 등을 조절하는 기능이다. 가장 간단한 흐름 제어는 정지-대기(stop-and-wait) 절차로 매 PDU를 전송한 후 수신측의 확인 신호(acknowledgement)를 받기 전에는 전송할 수 없게 한 것이다. 보다 효과적인 프로토콜 방식은 확인 신호를 수신하기 전에 보낼 수 있는 데이터의 양을 정해준다.

흐름 제어는 여러 가지 프로토콜에서 구현되어야 하는 기능의 좋은 예이다. 앞에서의 [그림 5.2]를 보면, 네트워크 A가 시스템과의 사이에서 네트워크 서비스 모듈이 보내오는 데이터를 제어하기 위하여 네트워크 A가 갖는 전송 한계를 초과하지 않도록 네트워크 서비스 모듈을 조절하는 흐름 제어가 필요하며, 이 제어는 네트워크 액세스 프로토콜을 통해서 행해진다. 동시에 스테이션 2의 네트워크 서비스 모듈의 버퍼가 제한되고 프로세스 간 프로토콜을 통해 스테이션 2도 스테이션 1의 네트워크 서비스 모듈에 흐름 제어를 해 줄 필요가 있다. 마지막으로, 스테이션 2의 네트워크 서비스 모듈이 자신의 데이터 흐름을 제어할 수 있더라도 스테이션 2의 응용이 오버플로우의 가능성을 갖는다.

5) 순서 결정(sequencing)

순서 결정은 PDU의 보내지는 데이터들이 보내진 순서대로 되어 있는지를 명시하는 기능으로서, 연결 중심의 데이터 전송에만 사용되며 흐름 제어 및 오류 제어와도 밀접한 관련을 갖는다. 순서 결정의 목적은 순서에 맞는 전달, 흐름 제어 그리고 오류 제어이다.

순서에 맞는 전달(ordered delivery)은 2개의 개체가 직접적으로 연결되지 않을 경우 각 PDU의 전달 경로가 다르므로, 순서에 맞지 않게 전달될 경우가 있다. 연결 중심의 데이터 전송을 사용할 때 PDU는 보내지는 순서로 전달되어야 하는데, 예를 들면, 하나의 파일을 전송할 때 레코드의 도착되는 순서는 처음에 보내는 순서와 같아야 한다.

5.2 OSI 참조 모델

시스템 간에 통신을 할 때, 기종이 다른 경우 통신을 하려면 소프트웨어가 복잡해진다. 따라서, 공인 기관에서 국제적인 표준을 제정할 필요가 있는데, 표준을 만들기 전에 문제를 관리 가능한 부분으로 나누는 구조(architecture)에 대한 정의가 필요하다.

ISO에서는 이러한 구조를 만족시키기 위해서 1977년에 부위원회를 구성해서 서로 다른 기종의 컴퓨터를 연결하는 표준을 골격으로 한 OSI(Open System Interconnection) 참조 모델을 작성하였다.

ISO에서 선택하여 가장 많이 사용되는 구조 기법은 계층(layering) 구조 기법이다. 이 기법은 통신 기능을 수직적 계층으로 분할하여 각 계층별로 다른 시스템과 통신하는데 사용되는 기능들을 수행하며, 각 계층은 바로 밑의 계층의 기능을 그대로 받아 사용하게 된다.

[그림 5.6]은 OSI 참조 모델을 나타낸 것이다. 각 시스템은 7개 계층으로 구성되고, 응용 프로그램(응용 A와 응용 B) 사이에 통신이 이루어진다.

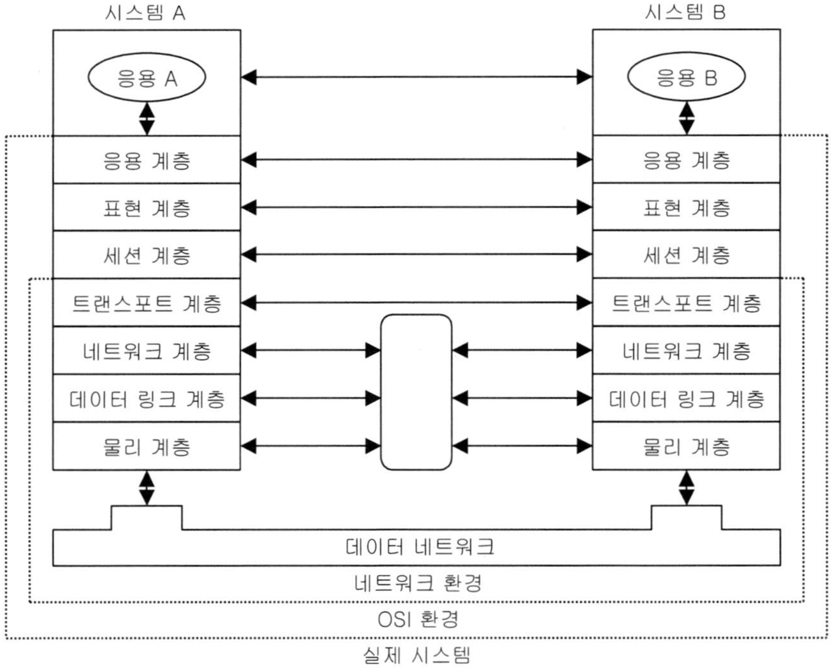

[그림 5.6] OSI 참조 모델의 계층 구조

이때, 응용 A에서 응용 B로 메시지를 보내고자 한다면, 응용 A는 응용 계층(계층 7)에 주문하고 응용 계층은 응용 계층 프로토콜을 사용하여 전송하고자 하는 시스템의 응용 계층과 동등한 관계를 맺게 된다.

이 프로토콜은 계층 6의 서비스를 필요로 하게 되고 계층 6은 계층 6의 프로토콜을 사용하여 계속적으로 하위 계층으로 전달되어 계층 1로 전달하고, 전송 매체를 통하여 실제적으로 비트를 보낸다. 계층 1을 제외한 다른 계층에는 실제적인 통신이 없다. 즉, 각 프로토콜 개체는 데이터를 하위 계층으로 보내면서 상대의 동등한 개체에 전달될 수 있게 한다. 어떤 경우에는 계층 1에서도 두 시스템이 직접 연결되지 않는 경우도 있다. 예를 들면, 패킷 교환망 또는 회선 교환망을 사용하여 통신 링크를 이루는 경우이다.

OSI 참조 모델은 컴퓨터의 기종에 관계없이 통신을 할 수 있다.

[표 5.1] OSI 7 계층의 기본 역할

계 층	기 본 역 할
물리 계층	구조화되지 않은 데이터(비트 스트림)들을 기계적, 기능적, 절차적 특성을 갖는 물리적 매체를 통해 전송한다.
데이터 링크 계층	동기화, 오류 제어, 흐름 제어 등의 물리적인 링크를 통해 신뢰성 있는 정보를 전송하는 기능을 제공한다.
네트워크 계층	상위의 계층과의 연결을 설정하고 관리하여 시스템을 연결하는데 필요한 데이터 전송과 교환 기능을 제공한다.
트랜스포트 계층	종점 간에 오류 수정과 흐름 제어를 수행하여 신뢰성 있고 투명한 데이터 전송을 제공한다.
세션 계층	응용간의 연결을 설정, 관리, 해제하는 통신에 대한 제어 구조를 제공한다.
표현 계층	데이터 표현에 차이가 있는 응용 프로세스들이 그 차이에 관계하지 않도록 한다.
응용 계층	사용자가 OSI 환경에 접근 가능하도록 하며 분산 정보 서비스를 제공한다.

따라서, 각 계층이 제공하는 기능들과 서비스들을 정의하는 표준이 필요하다. 또한, 표준은 동등한 계층 간의 프로토콜을 정의한다. [그림 5.7]의 각 계층은 N 계층이고 계층과 관련된 것들의 이름은 모두 N이 붙는다. 시스템 안에는 하나 이상의 능동적인 개체가 존재하며, N 개체는 N 계층의 기능을 구현한다.

또한, 다른 시스템의 N 개체와 통신하기 위한 프로토콜을 구현한다. 각 개체는 상하의 계층에 있는 개체들과 인터페이스를 통해서 통신하는데, 이 인터페이스는 SAP(Service Access Point)로 구현되는데 이것의 기능은 포트의 기능과 같다.

N-1 개체는 N 개체에 서비스를 제공하기 위해 프리미티브(primitive)를 요구한다. OSI 참조 모델은 연결을 기본으로 하게 되는데, 2개의 N 개체는 N-1 연결에 의해 프로토콜을 통해 통신한다. 이런 논리적인 연결은 N-1 SAP 사이의 N-1 개체들이 제공하는 것이다.

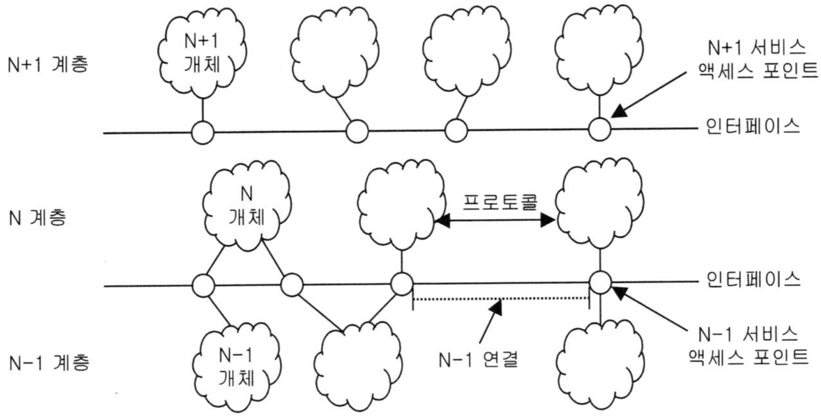

[그림 5.7] 계층의 개념

OSI 참조 모델은 [그림 5.8]과 같이 7계층으로 구성되어 있으며, 각 계층 간의 관계는 바로 아래의 N-1 계층이 제공하는 서비스에 대해 자신의 N 계층의 서비스를 부가하여 바로 위의 N+1 계층에 서비스를 제공한다.

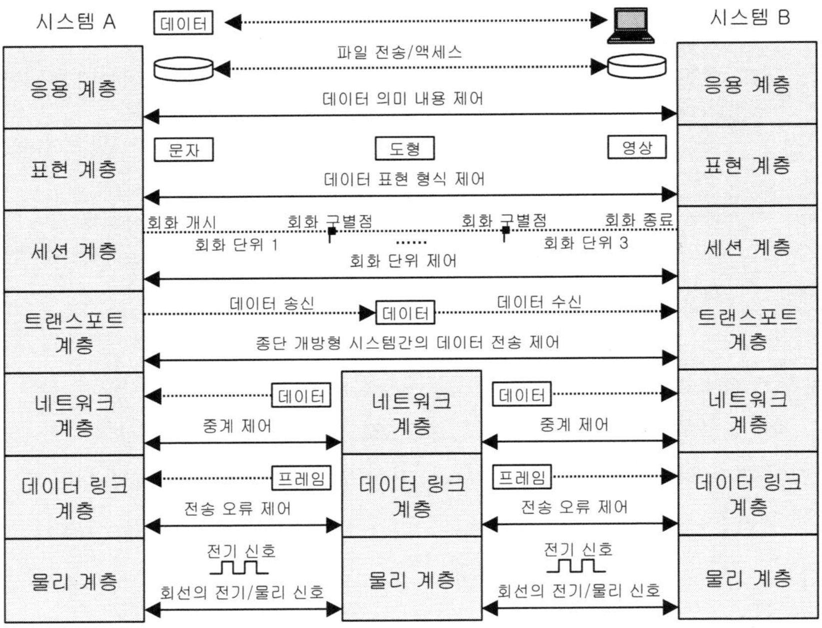

[그림 5.8] OSI 참조 모델의 구조

5.3 OSI 참조 모델의 계층별 기능

5.3.1 물리 계층(Physical Layer)

OSI 7 계층 구조의 최하위층인 물리 계층은 통신회선 상에 직렬 전송 또는 병렬 전송으로 인접한 장치에 전송하는 기능을 가진 전기적 제어 기능이다.

물리 계층은 장치 간에 단순히 케이블로 접속시키는 것이 아니고 접속용 커넥터 핀의 위치 규정 등 기계적인 배열 조건, 전기회로의 전기적인 특성 조건 등의 장치 간 비트 전송을 가능케 하는 기계적이고 절차적인 구조를 표현하는 것으로서, 다음과 같은 특성을 갖는다.

- **기계적(mechanical) 특성**: 시스템과 주변장치를 포함한 물리적인 접속을 위한 커넥터의 외형, 즉 커넥터의 모양, 내부의 핀 수 및 각 핀의 위치 등을 규정하고 있다(ISO 2110, ISO 4902, ISO 4903).
- **전기적(electrical) 특성**: 두 단말기기간의 상호 접속회로의 전기적인 특성을 규정하고 있다(V.10, V.11, V.28, X.26, X.27).
- **기능적(functional) 특성**: 상호 접속회로의 기능 중 교환회로에 관한 규격으로 연결기 핀 번호에 따른 신호의 지정 및 데이터, 제어 그리고 접지에 대해 규정하고 있다(V.24).
- **절차적(procedural) 특성**: 데이터 전송을 위한 순서를 규정하고 있다(X.21).

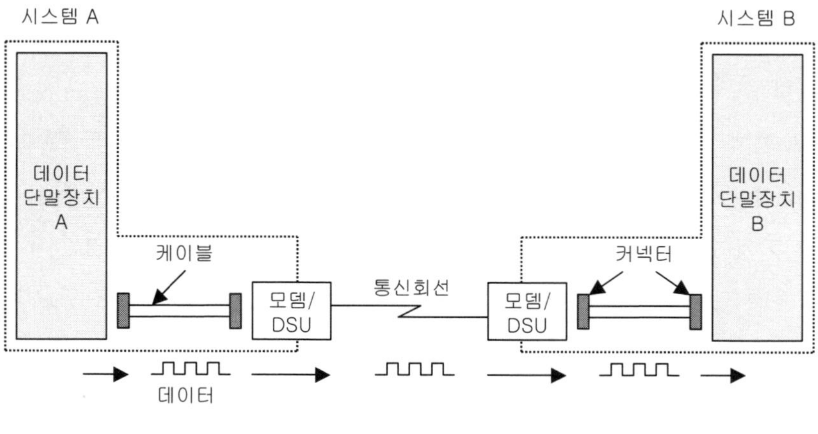

[그림 5.9] 물리 계층의 동작 예

물리 계층의 동작 예는 [그림 5.9]와 같다. 물리 서비스는 물리 계층과 데이터 링크 계층의 인터페이스를 규정하는 것이며, 물리 계층은 이 계층을 이용하는 데이터 링크 계층에 대하여 다음과 같은 기능을 제공한다.

- 물리 서비스 데이터 단위(Ph-SDU : Physical Service Data Unit)를 송수신하기 위해 상위 계층 사이에 물리적인 접속을 활성화하는 수단을 제공한다.
- 상위 계층이 물리적인 접속 상에서 Ph-SDU를 그대로 상대방의 동일 상위 계층에 전송하는 일을 수행한다.
- 상위 계층 또는 물리 서비스 제공자가 아무 조건 없이 물리적인 접속을 비활성화 하는 일을 수행한다.

Ph-SDU는 전이중, 반이중, 단방향 통신 방식과 동기 전송, 비동기 전송 방식 등 어느 방식을 사용하여도 관계없다.

프로토콜로는 DTE/DCE 인터페이스가 있는데, CCITT에서는 전화와 음성 대역의 아날로그 전화 회선용으로 V 시리즈 권고가 있으며, 패킷 교환과 회선 교환 방식의 공중 데이터망을 사용하기 위한 X 시리즈 권고가 있다.

또한, 일정 지역 내에서 고속 데이터 전송을 수행하는 LAN과 ISDN용의 인터페이스를 위하여 CCITT에서는 I 시리즈 권고가 있다.

5.3.2 데이터 링크 계층(Data Link Layer)

데이터 링크 계층은 물리 계층이 제공하는 '비트열 전송 기능'을 이용하여 인접한 시스템 사이에서 원활한 데이터 전송을 수행하도록 하는 역할을 한다.

데이터 링크 계층에서는 정확한 데이터 전송을 수행하기 위해서 다음과 같은 기능을 갖고 있다.

- **정보의 프레임화** : 데이터 링크 계층에서는 정보 전송시 컴퓨터에서 처리를 쉽게 하도록 일정한 길이로 분할한 프레임 단위로 전송한다.
- **프레임의 제어 순서** : 프레임 전송시 순차적인 전송을 위하여 프레임 번호를 부여한다.
- **프레임의 전송 확인과 흐름 제어** : 송신측은 여러 개의 프레임을 연속하여 전송하는 경우 전송되는 프레임이 정확하게 수신측에 수신되었는가를 확인하기 위한 흐름 제어를 수행한다.
- **오류 검출 및 회복** : 송신되는 프레임에는 오류 검출용의 비트열이 부가되어 있으며, 수신측에서는 이 비트열을 검사함으로써 프레임의 전송 오류를 판단할 수 있다. 프레임의 전송 오류가 발견되면 수신측에서는 송신측에게 그 프레임을 재전송하도록 통보한다.
- **데이터 링크 접속의 설정과 해제** : 정보 전송에 앞서 수신측이 통신 가능한 상태에 있다는 것을 확인하여 데이터 링크를 통신 가능 상태로 하며, 이와 동시에 송수신측의 상태를 초기 상태로 전환한다.

데이터 링크 계층의 일반적인 프로토콜로는 기본형 데이터 전송 제어 절차와 HDLC 전송 제어 절차가 있다.

1) 기본형 데이터 전송 제어 절차

기본형 데이터 전송 제어(basic mode data transmission control) 절차는 컴퓨터와 단말 장치 간에서 일정한 전송 제어 문자를 사용하여 구성한 정보 메시지를 오류 없이 전송하며, OSI 참조 모델의 데이터 링크 계층에 해당되는 프로토콜이다.

이것은 [표 5.2]에서 나타낸 것처럼 10개의 전송 제어 문자(TCC : Transmission Control Character)를 사용하여 실행한다.

[표 5.2] 전송 제어 문자

기호	명 칭	코드	내 용
SOH	Start Of Heading	01	정보 메시지 헤딩의 시작을 표시
STX	Start Of Text	02	본문의 시작 및 헤딩의 종료를 표시
ETX	End Of Text	03	본문의 종료를 표시
ETB	End of Transmission Block	17	전송 블록의 종료를 표시
EOT	End Of Transmission	04	전송의 종료 및 데이터 링크의 초기화(해제)
ENQ	ENQuiry	05	상대국에 데이터 링크의 설정 및 응답을 요구
DLE	Data Link Escape	10	다른 전송 제어 문자와 조합하여 의미를 변화
SYN	SYNchronous idle	16	문자 동기의 유지
ACK	ACKnowledge	06	수신된 정보 메시지에 대한 긍정적인 응답
NAK	Negative AcKnowledge	15	수신된 정보 메시지에 대한 부정적인 응답

기본형 데이터 전송 제어 절차에서 데이터 전송을 위한 동작 순서는 다음과 같이 5가지의 독립적인 단계로 구성된다.

- 데이터 통신 회선의 접속 → 데이터 링크의 설정 → 정보 메시지의 전송 → 데이터 링크의 종결 → 데이터 통신 회선의 절단

2) HDLC 전송 제어 절차

데이터 통신의 고도화와 다양화에 의하여 정보량이 증대되고, 정보의 내용도 복잡해졌으며, 대단히 빠른 정보의 전송을 요구함에 따라 새로운 전송 제어 절차를 필요로 하게 되었다. 이런 이유로 인해 개발된 것이 HDLC(High-level Data Link Control) 전송 제어 절차이다.

HDLC 전송 제어 절차는 임의의 비트 길이의 정보를 프레임(frame)이라고 부르는 전송 제어 단위로 분할하여 프레임 내의 제어 정보에 포함되는 내용을 명령(command)과 응답(response)을 이용하여 연속적인 정보를 전송하게 하는 전송제어 절차이다.

명령은 프레임 내의 주소부에서 지정하는 상대방에 대한 데이터 링크의 설정, 데이터 전송 및 종료를 지시하는 것이며, 응답은 명령에 대한 실행 결과 및 상태를 보고하는 것이다.

HDLC 전송 제어 절차는 비트 방식 프로토콜로서 다음과 같은 특징을 갖고 있다.

- **전송 효율의 향상**: HDLC의 통신 방식은 단방향 통신, 반이중 통신, 전이중 통신 방식 등이 사용되며, 수신 응답이 없이도 어느 범위까지는 정보 메시지를 연속으로 전송할 수 있으므로 회선을 효율적으로 사용할 수 있다.
- **신뢰성의 향상**: HDLC는 통신을 위한 명령과 응답의 모든 정보에 대하여 오류 검사를 수행하므로 신뢰성을 높일 수 있다.
- **비트 투과성**: HDLC는 전송 제어상의 제한을 받지 않고 자유로이 비트 정보를 전송할 수 있다.
- **데이터 링크 형태**: HDLC는 점대점 방식, 다중점 방식, 루프 등 다양한 데이터 링크 형태에 적용할 수 있다.

5.3.3 네트워크 계층(Network Layer)

네트워크 계층의 기능은 데이터 링크 계층의 기능을 이용하여 하나 또는 여러 개의 통신망(전화 교환망, 패킷 교환망, 회선 교환망)을 통하여 컴퓨터와 단말 장치 등 시스템 상호간에 투과적인 데이터를 전송할 수 있도록 통신망 내 또는 통신망 사이의 경로 선택(routing)과 중계(relay) 기능을 수행한다.

즉, 통신을 수행하는 사용자 프로그램 또는 단말 장치 운용자 등 응용 프로세스가 존재하는 개방형 시스템 상호간의 통신 회선을 상위 계층에 제공하기 위하여 네트워크 접속의 설정과 유지 및 해제를 수행하는 기능을 가진다.

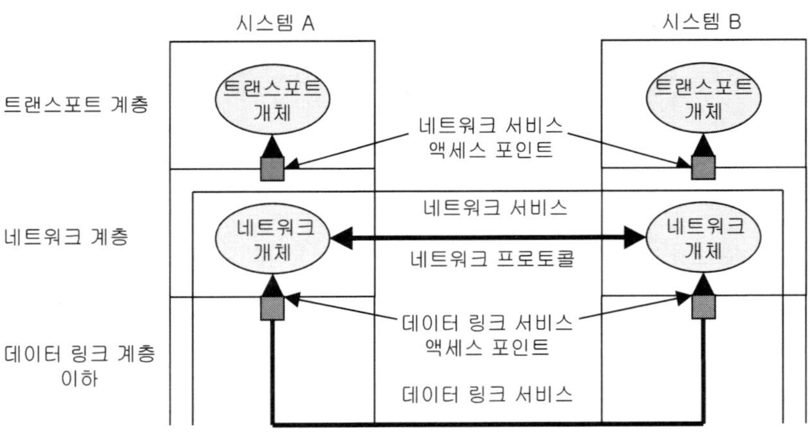

[그림 5.10] 네트워크 서비스와 프로토콜

또한, 여러 개의 통신망을 경유하는 경우 양측의 종단 시스템에서 트랜스포트 계층에 대하여 동일 품질의 서비스를 제공하도록 조정하는 기능도 가진다.

네트워크 계층의 기능은 트랜스포트 계층이 제공하는 네트워크 서비스로부터 기술된다. 즉, 네트워크 서비스의 규정은 네트워크 계층과 트랜스포트 계층 간의 기본 인터페이스에 의하여 정의된다.

네트워크 서비스에는 네트워크 연결의 설정 및 해제 개념을 갖는 연결형 서비스와 설정 및 해제 개념이 없는 비연결형 서비스로 나눌 수 있다.

1) 접속형 네트워크 서비스

접속형 네트워크 서비스는 먼저 논리적인 통신 회선을 설정한 후 데이터를 전송하며, 데이터 전송이 끝난 후에는 통신 회선을 해제하는 것이다. 이 서비스는 접속의 설정, 데이터 전송, 접속의 해제라는 3단계를 거쳐 통신이 수행하도록 하는 것이다.

접속형에서는 네트워크가 접속된 상태에서 데이터가 전송되며, 데이터의 순서 제어와 흐름 제어가 비교적 간단하므로 파일 전송과 같은 대량의 데이터를 연속적으로 전송하는데 있어 효율적이다.

접속형 네트워크 서비스가 트랜스포트 계층에 제공하는 기능은 다음과 같다.

- 데이터를 전송하기 위하여 수신측과 네트워크 접속을 설정한다.
- 데이터의 전송량을 제어하는 흐름 제어 기능을 가진다.
- 전송된 데이터가 수신측에 정확히 수신되었는가를 확인한다.
- 데이터 전송 상태의 초기화를 수행한다.
- 데이터 전송이 끝나면 네트워크 접속을 해제한다.

2) 비접속형 네트워크 서비스

비접속형 네트워크 서비스는 수신측의 동위 계층과의 접속을 위한 논리적인 통신 회선을 설정하지 않고, 전송 단위인 PDU를 전송하는 방식이다. 이 서비스는 네트워크 접속 설정에 관계되는 동작이 없으므로 데이터의 분실과 중계 지연 등에 대한 제어 기능을 갖지 않는다.

그러므로, 비접속형 네트워크 서비스의 네트워크 계층에 다른 통신망을 상호 접속하는 경우 현실적으로 용이하고, 특정의 이용 형태에서는 접속형에 비하여 네트워크의 기능을 간략화 할 수 있는 장점이 있다.

네트워크 프로토콜의 표준화 목적은 네트워크 계층의 프로토콜을 규정하고, 네트워크 서비스 정의에서 규정하는 기본 인터페이스에 대한 기본 기능 요소, 프로토콜의 형식과 작성 규칙을 명확히 함으로써 네트워크 기능의 설계와 개발을 용이하도록 하기 위해서이다.

5.3.4 트랜스포트 계층(Transport Layer)

시스템들이 정보를 주고받을 때 필요한 기능을 두 가지로 나누어 볼 수 있는데, 하나는 한 시스템에서 다른 시스템으로 내용에 상관없이 데이터를 전송하는 통신 기능이고, 또 다른 하나는 두 시스템이 공동으로 협력하여 어떤 목적을 위해 처리를 수행하는 응용 기능이다.

응용 기능의 처리를 위해서는 두 시스템이 서로 의미 있는 데이터를 주고받는데, 이런 두 가지의 기능을 효율적으로 대응할 수 있는 것이 트랜스포트 계층이다. 트랜스포트 계층은 하위 계층을 구성하는 각종 통신망의 품질의 차이를 보상하고, 통신에 적합한 2개의 종단 프로세스 간에서 투과적인 데이터 전송을 보증한다.

트랜스포트 계층 개체는 트랜스포트 계층의 기능을 수행하는 실체인데, 이 개체는 TSAP(Transport Service Access Point)를 통하여 트랜스포트 서비스를 트랜스포트 서비스(TS : Transport Service) 이용자인 세션 계층에 제공한다. 트랜스포트 프로토콜 규정에 따라 두 시스템의 각 트랜스포트 개체는 데이터를 주고받으며 트랜스포트 서비스를 실현한다.

트랜스포트 개체는 NSAP(Network Service Access Point)를 통해 네트워크 서비스(NS)를 이용한다. 두 시스템의 서비스 이용자는 대응하는 TSAP에서 TC(Transport Connection)라 불리는 연결을 확립시킴으로써 데이터를 주고받을 수 있게 된다.

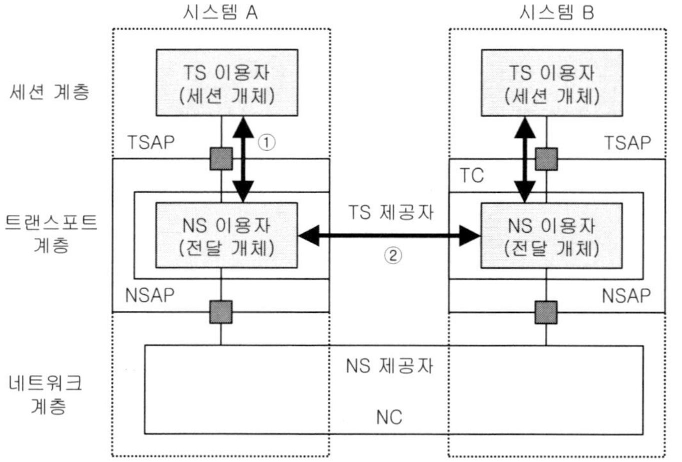

① TS 제공자가 TS 사용자에게 제공하는 전달 서비스를 제공한다.
② TS 제공자가 ①의 서비스를 실현하기 위하여 만족해야 할 프로토콜 사양의 규정한다.

- TS : Transport Service
- TSAP : Transport Service Access Point
- TC : Transport Connection
- NS : Network Service
- NSAP : Network Service Access Point
- NC : Network Connection

[그림 5.11] 트랜스포트 계층 모델의 예

또한, 대응하는 두 TSAP 간에 여러 개의 TC를 동시에 확립할 수 있다. 두 시스템의 트랜스포트 개체는 대응하는 NSAP에 NC(Network Connection)라는 연결을 설정하여 데이터를 송수신하게 되며, 두 NSAP 간에 여러 개의 NC를 확립할 수 있다. [그림 5.11]은 트랜스포트 계층 모델을 나타내고 있다.

트랜스포트 계층은 높은 신뢰성으로 경제적인 통신 기능을 실현하기 위해 많은 기능을 갖고 있는데, 대표적인 기능은 다음과 같다.

- **다중화와 역다중화** : 복수 개의 TC가 한 NC를 공통적으로 사용하는 기능을 말한다. 통신 네트워크의 NC 수가 제한되거나 NC 단위의 요금이 비싼 경우 NC를 효율적이며 경제적으로 사용할 수 있다. TC는 응용 기능이 통신 기능을 사용할 때 시스템 간에 설치되는 파이프이며, NC는 트랜스포트 계층이 각각의 통신망을 이용할 수 있게 하는 파이프이다.
- **분류와 합류** : 한 TC가 복수 개의 TC를 사용하는 경우로 TC가 요구하는 데이터양을 하나의 NC로 처리할 수 없을 경우 분류와 합류 기능을 사용하여 TC가 취급하는 데이터양을 효과적으로 처리할 수 있다. 또한, 네트워크 부하를 분산 시키거나 어떤 NC가 불통되어 버릴 때 다른 NC를 이용하여 장애 영향을 최소로 하고 통신 기능의 효율을 극대화하는데 이 기능이 사용된다.
- **분할과 조립** : 분할과 조립의 기능은 송신측에서 하나의 TSDU(Transport Service Data Unit)를 여러 개의 TPDU(Transport Protocol Data Unit)로 분할하여 송신하고, 수신측에서는 분할된 TPDU를 다시 조립하여 본래의 TSDU로 만드는 기능이다. 수신측 트랜스포트 계층에서는 조립한 TSDU를 TSAP를 통해 상위 계층에 전달한다. 한 번에 많은 데이터를 보내는 경우 통신망의 품질이 나쁘면 장애가 빈번히 발생되어 재전송 횟수가 늘어나고 전송 효율이 저하되므로 통신망에 맞는 적당한 길이로 분할하여 송신하면 효율 좋은 통신 기능을 제공할 수 있게 된다.
- **연결과 분리** : 연결 기능은 송신측에서 복수 개의 TPDU를 결합하여 이를 하나의 NSDU로 송신하고, 수신측은 각 TPDU로 분리하여 처리하는 기능을 말한다. 패킷 교환망에서는 패킷 단위로 요금이 부과되므로 이 기능을 사용해서 통신 비용을 절감시킬 수 있다. 하나로 연결된 NSDU에서는 상위 계층 데이터를 포함하는 TPDU는 하나로 제한되므로 실제적으로 TC 확립 및 해제나 트랜스포트 계층 내의 정보 교환에 사용되는 TPDU가 주로 연결된다.
- **오류 제어** : 오류 제어는 통신망에서의 데이터 변조 등을 검출하기 위해 송신측이 부가하는 코드를 수신측에서 검사하거나 데이터 분실 등을 검출하기 위한 타이머 감시 등을 수행하여 TPDU의 분실, 변조, 중복, 추월 등의 장애를 검출하는 기능이다. 또한, 이 기능은 품질이 낮은 통신망을 사용하는 경우나 상위 계층이 신뢰성이 높은 데이터를 요구하는 경우에 사용된다.
- **복구 기능** : 복구는 검출된 장애나 하위 계층이 전달한 장애로부터 복구시키는 기능이다. 이 기능은 타임아웃에 의한 재전송, 재전송을 위한 TPDU를 보관 네트워크계층의 NC 해제 통지에 대한 다른 NC 설정 확립, NC 재확립 후의 데이터 동기 등을 수행한다. 또한, 통신망 품질이 나쁜 경우와 상위 계층이 신뢰성이 높은 데이터를 요구할 경우 사용한다.

- **흐름 제어** : 데이터 수신측의 응용 기능이 버퍼 사용 상태에 따라 수신을 조절할 수 있게끔 데이터 흐름을 각 TC 마다 조절하는 기능이다. 이 기능이 작동되면 데이터의 송신측 응용 기능은 데이터의 송신에 관하여 트랜스포트 계층으로부터 제어된다.

5.3.5 세션 계층(Session Layer)

세션 계층의 역할은 다양한 응용을 설정할 때 상위 계층에서 필요한 전송 제어 기능을 상위 계층에 제공한다. 이 계층의 목적은 상위 계층의 개체가 그들의 대화를 맞추고 데이터 교환을 관리하는 방법을 제공한다. 즉, 세션 계층은 두 상위 계층의 개체 간에 세션 연결 성립을 위한 서비스를 제공하고 데이터를 순서적으로 교환한다.

상위 계층 사이의 데이터 전달을 위한 세션 연결은 트랜스포트 연결에 접속되고 사용된다. 세션 계층은 원하는 상대방의 연결 설정 및 데이터 송신권에 대한 제어 수단, 전송 데이터의 구분점을 표시하는 수단 등을 제공한다.

또한, 세션 계층은 응용 프로세스간의 대화를 원활하게 수행하기 위하여 다음과 같은 기능을 갖는다.

- 세션 서비스(SS : Session Service) 사용자와 세션 접속 설정, 데이터 전송, 세션 접속 해제 등의 기능을 수행한다.
- 데이터 전송, 동기, 세션 접속 해제를 수행하는데 필요한 송신권의 절충과 관리, 반이중과 전이중 통신 전송 모드의 설정을 수행한다.
- 파일 전송과 같이 한 방향으로 대량의 데이터를 전송하는 경우, 파일 전송 중에 오류가 발생하는 것에 대비하여 전송 데이터의 중간에 동기점을 삽입하여 오류가 발생하면 양쪽의 협의에 의하여 동기점부터 다시 전송하도록 하는 기능을 가진다.
- 데이터 전송을 도중에 중단하고 후에 다시 전송하도록 하는 기능을 가진다.

이와 같이 세션 계층은 수신측과의 접속 설정 및 데이터 송신권의 제어 기능, 데이터 중간에 동기점 부여 기능, 설정된 동기점까지 전송 처리를 되돌리는 기능을 제공한다. 또한, 각종 응용을 실현하기 위하여 필요한 전송 제어 기능을 세션 계층에서 공통으로 규정하고 응용마다 다른 전송 제어를 수행하는 낭비를 없앤다. [그림 5.12]는 세션 계층 모델을 나타낸 것이다.

양쪽의 세션 개체는 SS 제공자로 SSAP(Session Service Access Point)를 통해 SS를 SS 이용자에게 제공한다. 세션 개체 간에는 세션 프로토콜 종류에 따라 통신을 수행하고 SS를 수행한다. 이러한 통신처럼 세션 개체는 TS 사용자로서 TSAP를 통해 TS 제공자에게 접근한다. 양쪽의 SS 사용자는 상대하는 SSAP 간에 세션 연결을 설정함으로써 통신한다. SSAP의 개수는 세션 연결의 제한을 주지 않는다. 세션 계층에는 트랜스포트 형태와 같은 다중화 기능은 존재하지 않으며, 세션 연결 하나에는 트랜스포트 연결 한 개가 필요하다.

세션 계층 내에서의 기능은 세션 연결 확립 단계(session connection establishment phase), 데이터 전달 단계(data transfer phase) 그리고 세션 연결 해제 단계(session connection release phase)로 나눌 수 있으며, 이들은 각각 기능 단위(functional unit)로 나누어진다. SS 사용자는 위의 순서대로 수행하며, 각 단계에서 제공되는 서비스를 이용한다. 각 단계의 서비스 내용은 다음과 같다.

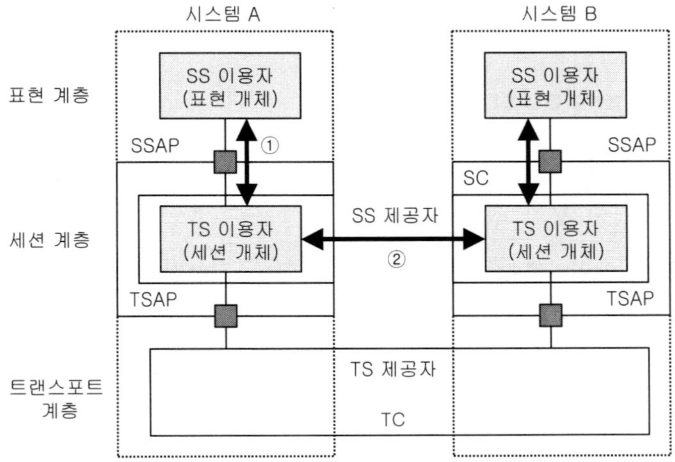

① SS 제공자가 SS 사용자에게 제공하는 세션 서비스를 제공한다.
② SS 제공자가 ①의 서비스를 실현하기 위하여 만족해야 할 프로토콜 사양의 규정한다.

- SS : Session Service
- SSAP : Session Service Access Point
- SC : Session Connection
- TS : Transport Service
- TSAP : Transport Service Access Point
- TC : Transport Connection

[그림 5.12] 세션 계층 모델의 예

- **세션 연결 확립 단계**

  통신하고자 하는 두 SS 사용자는 SSAP를 식별할 주소 정보를 SS 제공자에게 의뢰하고 세션 개체간의 연결을 확립한다. 세션 연결 설정시 상대방의 주소, 필요한 기능 단위, 초기 토큰 할당, 초기 동기점을 위한 일련번호 등의 매개 변수를 필요로 한다.

- **데이터 전송 단계**

  두 세션 사용자는 확립된 세션 연결을 사용하여 여러 가지 전송 제어 서비스를 이용할 수 있다. 세션 계층에서 SS 사용자에게 제공하는 데이터 전송 방법은 정상적인 데이터 전송, 토큰의 제한 없이 데이터를 전송하는 타입 데이터 전송, 토큰이나 데이터 흐름의 제한 없이 신속 정확하게 전송하는 속달 데이터 전송, 두 동작(activity)의 데이터 전송에 사용되는 수신 능력

데이터 전송 서비스 등이 있다.

- 세션 연결 해제 단계

  SS 사용자간의 통신이 종료된 경우와 세션 연결이 복구되지 않아 장애가 발생한 경우, 세션 연결을 해제하여 SS 이용을 완료시킨다.

세션 프로토콜이라는 것은 세션 계층의 기능을 원활하게 수행하기 위하여 필요한 것으로 세션 개체간의 신뢰성 있는 통신을 실현하는 수단이다.

5.3.6 표현 계층(Presentation Layer)

표현 계층의 역할은 상위 계층인 응용 계층의 다양한 표현 양식을 범용적인 전송 형식으로 변환하고, 암호화와 데이터 압축 등을 수행한다.

정보의 표현 방법으로는 응용 계층에서 사용하는 의미를 표현한 메시지인 추상 구문(abstract syntax)과 데이터 전송시 실제로 사용하는 전송 구문(transfer syntax)이 있는데, 전송 구문은 부호화된 메시지라 할 수 있다. 표현 계층의 목적은 응용 프로그램을 실행하기 위해 교환되는 정보에 대해 전송 구문과 추상 구문의 규정을 독립시켜 일반적으로 체계적인 정보 표현 규칙의 실현을 가능하게 하는 것이다.

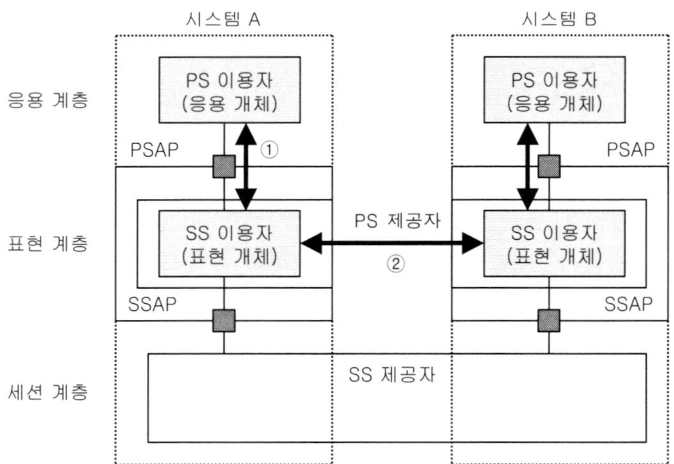

① PS 제공자가 PS 사용자에게 제공하는 표현 서비스를 제공한다.
② PS 제공자가 ①의 서비스를 실현하기 위하여 만족해야 할 프로토콜 사양의 규정한다.

- PS : Presentation Service
- PSAP : Presentation Service Access Point
- SS : Session Service
- SSAP : Session Service Access Point

[그림 5.13] 표현 계층 모델의 예

[그림 5.13]은 표현 계층의 모델을 나타내고 있다. 이때, 표현 계층의 개체는 PSAP(Presentation Service Access Point)를 통해서 PS(Presentation Service)를 PS 이용자에게 제공한다.

표현 계층 개체는 프로토콜에 따라 상호 통신을 수행함으로써 PS를 실현하게 된다. 이런 상호 통신을 위해서 표현 계층 개체는 SSAP를 통해 SS를 이용하게 된다. PS 사용자는 추상 구문에 다른 정보를 PSDU(Presentation Service Data Unit)로 구성하여 PS 제공자에게 전달한다. 이때, PS 제공자는 추상 구문을 전송 구문으로 번역한 다음 SS를 이용하여 전송한 후에 다시 전송 구문을 추상 구문으로 역변환하여 상대 PS 이용자에게 전달한다.

양측의 PS 이용자는 대응하는 PSAP 간에 PC(Presentation Connection)를 설정하여 통신하게 된다.

PS는 다음과 같은 기능으로 분류된다.

- **연결 확립 기능**
  PS 사용자는 이 기능에 따라 PSAP의 주소를 지정해서 이에 대응하는 PS 사용자와 PC를 확립한다.

- **연결 해제 기능**
  PS 사용자간에 통신이 종료된 경우 또는 표현 계층 연결 상에서 복구가 불가능한 경우에 이 기능에 의해 정상 해제나 강제 해제를 수행한다.

- **문맥 관리 기능**
  PS 사용자는 문맥 관리 기능을 이용하여 PC 상에서 문맥 정의 집합(defined context set)의 요소를 삭제 또는 추가할 수 있다. PS 제공자에 의해 지원 가능한 추상 구문의 범위는 한정되며, 또한 압축이나 부호화의 존재 유무에 따라 전송 구문을 변경할 수 있다.

- **정보 전송 기능**
  PS 사용자는 이 기능에 의하여 PSDU의 부호화 결과를 세션 계층의 SSDU로 전달하여 전송할 수 있다.

- **대화 제어 기능**
  PS 사용자는 이 기능에 의해 세션 계층이 제공하는 토큰 제어, 동기점 제어, 동작 관리 등의 서비스를 이용할 수 있다.

5.3.7 응용 계층(Application Layer)

응용 계층은 OSI 참조 모델의 최상위 계층으로서 응용 처리를 수행하는 응용 프로세스간의 인터페이스나 통신을 위한 기본적인 응용 기능을 제공한다.

응용 계층에서 사용자들은 자신의 응용 프로그램을 작성할 수 있어야 하며, 이들 응용 프로그램은 트랜스포트, 세션 또는 표현 계층들을 적절하게 경유하여 컴퓨터 네트워크의 기능을 발휘하게 된다.

응용 계층에서 통신을 수행하는 것은 응용 프로그램이나 운용자이다. 이것을 일반적으로 응용 프로세스라 하는데, 이런 응용 프로세스 기능 중에서 통신에 관련된 부분만을 응용 개체(AE : Application Entity)라 한다. AE 사이에 전송되는 프로토콜 데이터는 PS 인터페이스를 통해 전송되는데, [그림 5.14]의 표시처럼 응용 개체는 하나의 이용자 요소(UE : User Element)와 여러 개의 응용 서비스 요소로 구성된다.

응용 계층 서비스에는 공통 응용 서비스 요소와 특정 응용 서비스 요소로 나눌 수 있다. 공통 응용 서비스 요소에는 연계 제어, 문맥 제어, 정보 전송 대화 제어, CCR(Commitment Concurrency Recovery)이 있고, 특정 응용 서비스에는 ROS(Remote Operation Service)가 있다.

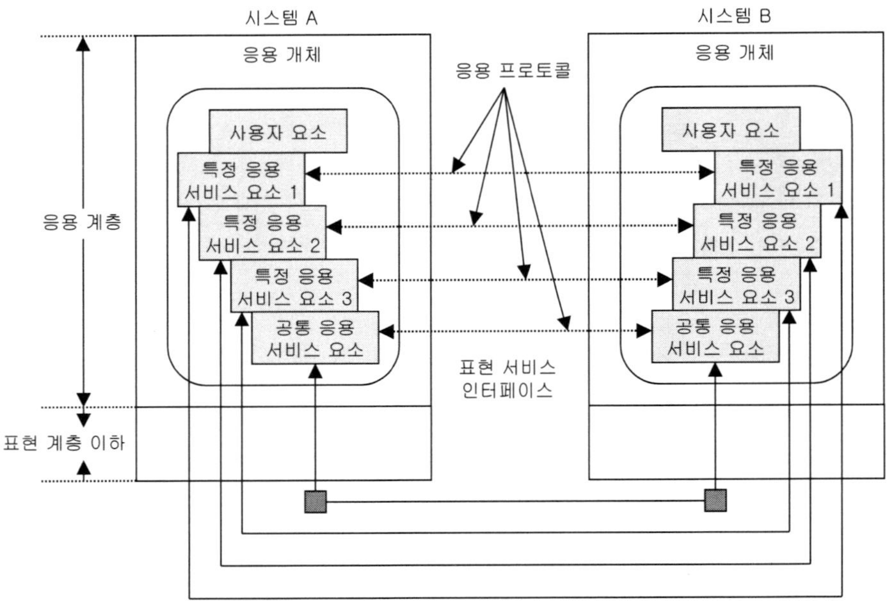

[그림 5.14] 응용 계층 모델의 예

1) 연계 제어(association control)

연계(association)란 응용 개체 간에 통신을 위한 논리적인 통신로를 말한다. 그러므로, 연계 제어 서비스 요소는 응용 개체간의 연계 설정 및 해제를 관리하는 것으로 볼 수 있다. 연계 설정은 응용 서비스 요소의 집합을 지정하며, 연계 해제는 정상적인 방법과 오류 발생시 무조건 수행하는 두 가지의 방법이 있다.

연계 제어 서비스 요소는 서비스 기본 기능 요소에 상응하는 프로토콜 데이터 단위를 만들어 표현 계층에 대해 이 데이터 단위를 송신하게 한다. 즉, 한 연계에 하나의 표현 계층 접속이 설정되어 사용된다.

2) 문맥 제어(context control)

연계 상태에서 사용될 응용 문맥의 정의 및 변경을 위한 기능이다.

3) 정보 전송/대화 제어(information transfer/dialogue control)

응용 연계 하에서 정보 교환을 하며, 표현 계층 서비스에 대응되는 기능이다.

4) CCR(Commitment Concurrency Recovery)

데이터베이스가 복수 개의 시스템에 분산되어 있을 때(분산 데이터베이스) 내용의 수정이 필요한 경우 각 시스템마다 각각 배타 제어(데이터베이스 갱신시 다른 시스템이 동일 데이터베이스에 접근하지 못하게 데이터베이스에 lock을 걸어 갱신을 배타적으로 수행하게 함) 기능이 필요하다. 이러한 기능을 제공하는 것이 CCR 서비스이다.

5) ROS(Remote Operation Service)

응용 서비스 요소간의 대화형 통신을 위한 기본적인 것을 ROS라 한다. ROS는 응답형의 통신을 기본으로 하고 있다.

원격 운용(remote operation)은 단일 시스템에서 사용자 프로그램이 시스템 프로그램의 기능을 호출하여 사용하는 방식을 분산 시스템으로 확장시킨 것이다. 즉, ROS란 원격 운용을 위한 통신 기능이다.

ROS에서 사용되는 기본적인 프로토콜 데이터 단위는 invoke, return, result, return over의 4가지이다. invoke는 ROS 사용자가 운용을 요구할 경우 사용되는 프로토콜 데이터 단위이다. 수행 과정은 invoke의 매개 변수에 의해 상대방 시스템에 전달된다. 시스템에서 invoke가 수신되면 요구되는 동작을 수행하고 그 결과를 통보하게 된다. 결과 통보시 처리가 정상적, 비정상적 종료인 것에 따라 return result와 return error를 사용하여 원격 운용을 요구한 시스템에 통보한다.

6) FTP(File Transfer Protocol)

FTP의 사용 목적은 파일 전체 또는 일부를 하나의 시스템으로부터 다른 시스템으로 옮기는 것이다.

FTP는 스테이션 운영 체제에 의해 지원되는 7계층의 최상위 계층으로 FTP의 온라인 사용자에 의해 대화식으로 운영된다. 이것의 논리적인 연결은 시스템 A 상의 사용자가 시스템 B 상의 파일에 접근하기를 원하면, A의 FTP는 B의 FTP와 연결을 확립하게 된다. 연결의 제어 및 사용자 데이터의 실제 경로는 계층 구조를 통해 이루어진다.

요 약

1. 네트워크 프로토콜의 개념과 종류

- 프로토콜(protocol)이란 데이터 통신에 있어서 신뢰성 있고 효율적이고 안전하게 정보를 주고 받기 위해서 정보의 송수신측 또는 네트워크 내에서 사전에 약속된 규약 또는 규범을 말한다.
- 프로토콜의 주요 구성 요소는 구문(syntax), 의미(semantic), 시기(timing) 이다.
- 프로토콜의 종류 - 직접/간접 프로토콜, 단일체/구조적 프로토콜
- 프로토콜의 기능 - 단편화와 재결합, 캡슐화, 연결 제어, 흐름 제어, 순서 결정

2. OSI 참조 모델의 개념

- ISO에서는 구조 개념을 만족시키기 위해서 서로 다른 기종의 컴퓨터를 연결하는 표준을 골격으로 한 OSI(Open System Interconnection) 참조 모델을 작성하였다.
- OSI 7 계층 - 물리 계층, 데이터 링크 계층, 네트워크 계층, 트랜스포트 계층, 세션 계층, 표현 계층, 응용 계층
- 각 개체는 상하의 계층에 있는 개체들과 인터페이스를 통해서 통신하는데, 이 인터페이스는 SAP(Service Access Point)로 구현된다.

연습문제

1. 네트워크 프로토콜의 개념과 구성 요소에 대해 서술하시오.

2. 프로토콜의 기능 중 단편화와 재결합(fragmentation and reassembly)에 대해 비교하여 서술하시오.

3. 캡슐화(encapsulation)에 대해 설명하시오.

4. OSI 참조 모델의 등장 배경에 대해 서술하시오.

5. 계층의 개념을 그림으로 표현하시오.

6. OSI 7 계층의 하위 계층에 대해 설명하시오.

7. OSI 7 계층의 상위 계층에 대해 설명하시오.

8. HDLC 프로토콜의 특징에 대해 설명하시오.

9. 트랜스포트 계층(Transport Layer)의 대표적인 기능을 나열하시오.

10. 세션 계층(Session Layer)의 대표적인 기능들을 나열하시오.

제 6 장

컴퓨터 통신망

네트워크에 기반한 통신망의 개념과 종류에 대해 이해하고, 각 통신망의 특징과 표준에 대해 각각 학습한다.

6.1 근거리 통신망(LAN)

6.1.1 LAN의 개요

LAN(Local Area Network)의 출현은 정보화 사회를 실현하는데 거쳐야 할 단계로 컴퓨터와 통신 기술의 비약적인 발전과 사회의 정보 처리 다양화 요구를 배경으로 한다. LAN의 기초적인 학문 연구는 1970년대 초 Xerox사의 PARC(Palo Alto Research Center)에서 진행된 후 이더넷(Ethernet)의 탄생을 가져왔고, 각 대학에서도 이때부터 본격적인 연구가 진행되었다.

대부분의 LAN 관련 제품은 1982년에 IEEE에 의해 표준화 안이 추진되었고, CSMA/CD 방식은 이더넷, 토큰 버스 방식은 ARCNET, 토큰 링 방식은 IBM사의 LAN이 기준으로 정해졌다. 결국 LAN의 출현은 사회의 다양한 정보 수요 욕구와 각종 자동화 요구 그리고 이런 것들을 지원해주는 컴퓨터와 통신 기술의 발전 등을 그 배경으로 한다.

LAN이란 인접한 지리적 범위에서의 데이터 통신망을 의미하는데, 통상 패킷(packet) 통신망이다. 또한, 값싼 전송 매체를 이용하여 광대역 통신을 수행하고, 사무실이나 공장 내의 통신이 효과적이면서도 경제적으로 행해질 수 있도록 한다.

IEEE 컴퓨터 표준 위원회에서는 LAN을 "다수의 독립된 컴퓨터 기기들이 비교적 한정된 지역 내에서 오류율이 낮고, 상당히 빠른 속도의 물리적 통신 채널을 통하여 상호간에 통신이 가능하도록 해주는 데이터 통신 시스템이다."라고 정의하였으며, W. Stalling은 "LAN은 가까운 지역 내에서 다양한 데이터 통신기기의 상호 연결을 제공하는 고속의 통신 네트워크이다."라고 정의하였다.

LAN은 일반적으로 단일 조직 내의 제한된 영역에서 정보의 교환과 자원의 공유를 목표로 하는 네트워크인데, 다음과 같은 특성을 가지고 있다.

- 지리적으로 제한된 지역을 관리하며, 단일 조직에 의하여 관리되는 사설 데이터 통신망이다.
- 대부분의 정보는 비교적 좁은 지역에서만 교환되며, 그 결과 대부분의 트래픽은 빠르고 집중적인 특성을 가지고 있어서 높은 전송 속도를 요구한다. 따라서, LAN은 일반적으로 수 Mbps에서 100Mbps 정도의 전송 속도를 갖는다.
- 구성 및 연결이 간단하고 사용이 간편하다.

6.1.2 LAN의 특징

LAN의 특징은 거의 대부분의 네트워크가 방송 형태의 패킷 네트워크라는 점이다. LAN은 전송 매체로 보통 우리가 전화에 사용하는 케이블, 동축 케이블, 광섬유 케이블 등을 이용하고 터미널과의 통신 보다는 주로 컴퓨터간의 통신에 중점을 두고 있다. 또한, LAN은 전송 매체, 네트워크의 구조, 사용하는 프로토콜의 종류에 따라 달라진다.

일반적으로 LAN을 구축함으로써 얻게 되는 효과는 다음과 같다.

- 정보 자원의 공유

  정보 자원은 크게 하드웨어와 소프트웨어 자원으로 나눌 수 있는데, 하드웨어는 정보통신 기술의 급속한 발전에 따라 정보기기 특히, 개인용 컴퓨터의 고기능화, 고성능화가 가속화되었다. 소프트웨어는 LAN을 이용하여 데이터베이스를 공유하며 파일의 고속 전송, 데이터베이스의 고속 검색 등 고도의 처리 기능을 갖는 시스템을 구축하려는 경향이 많다.

- 정보의 실시간 처리, 정보 자원의 일관성

  종래의 분산되어 설치된 정보기기들은 각각 독립적인 기계(stand-alone)로만 사용되어 왔지만 LAN에 접속시킴으로써 모든 기기들이 온라인화 되고 분산 설치된 정보기기에서 정보가 발생되는 순간 입력되고 처리됨으로써 실시간 처리와 정보 자원의 일관성 있는 처리를 가능하게 한다.

- 정보 처리 시스템의 비용 절감

  예전에는 한 대의 범용 컴퓨터에 단말 기기들을 연결하여 사용하였으나 근래에는 미니컴퓨터 등을 여러 대 사용하여 컴퓨터간의 통신을 함으로써 컴퓨터의 처리 능력을 크게 향상시켰고, 여러 기종의 개인용 컴퓨터, 터미널들을 LAN에 연결시켜 사무 자동화를 이룩할 수 있게 되었다. 따라서, 공통 회선을 설치함으로써 케이블의 배선 비용을 감소시킨다.

- 통합된 사무 자동화의 구축

  사무실 업무는 거의 모든 작업이 여러 종류의 문서에 의해 이루어지기 때문에 사무실에서 처리해야 할 문서의 양은 엄청나게 증가하고 있다. 이러한 문서 처리를 간단히 할 수 있는 방법이 LAN에 의해 제공될 수 있다.

- 다른 기종간의 통신

  많은 컴퓨터 제조업체에서 다양한 기종의 컴퓨터를 생산 및 판매하고 있는데, 이것들은 그 기종에 따라 인터페이스 사양이 다양하고 통신 수단이 서로 다르기 때문에 다른 기종의 컴퓨터와 직접 접속시켜 이용하는 데에는 상당한 어려움이 따른다. 따라서, LAN을 도입하면 서로 다른 인터페이스의 접속을 가능하게 하고 프로토콜 변환 기능도 제공해 줌으로써 이런 어려움을 해결할 수 있다.

6.1.3 LAN의 분류

1) 토폴로지에 의한 분류

토폴로지의 기본 형태에는 [그림 6.1]과 같이 성형(star), 버스형(bus), 트리형(tree), 링형(ring) 토폴로지 등이 있다.

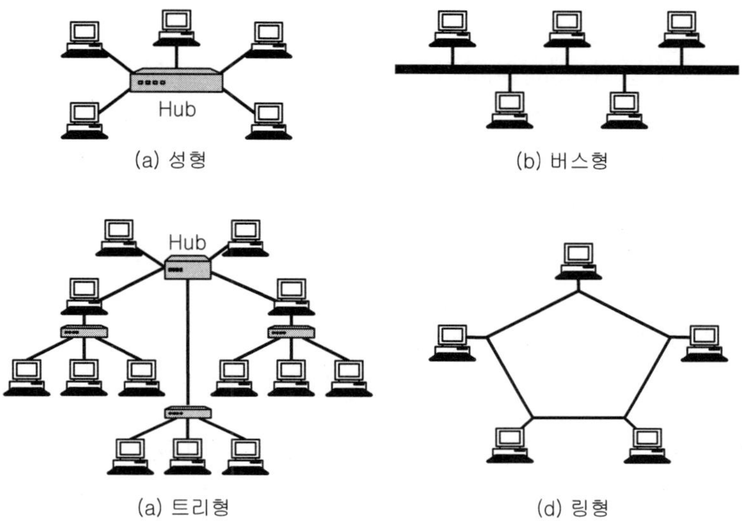

[그림 6.1] LAN의 토폴로지 형태

- 성형 토폴로지

  이 형태는 [그림 6.1]의 (a)처럼 각 스테이션이 공통의 중앙 교환기에 점대점 링크에 의해 연결된다. 임의의 두 스테이션간의 통신은 회선 교환을 통해서 이루어진다. 한 스테이션이 데이터를 전송하기 위해서는 먼저 중앙의 교환기에 목적지 스테이션으로의 연결을 요청하는 요구(request)를 보내야 한다. 한 번 회선이 확립되면 데이터는 그것들이 고정된 점대점 링크에 의해 연결된 것처럼 두 스테이션 사이에서 교환될 수 있다.

  이 토폴로지는 중앙 집중적인 통신 제어 전략을 제공한다. 중앙 교환기가 모든 통신을 제어하며, 많은 데이터 경로들을 확립하고 유지한다. 그러므로 중앙 교환기 노드는 오히려 복잡하다.

- 버스형/트리형 토폴로지

  버스형 토폴로지에서의 통신 네트워크는 교환기도 리피터(repeater)도 없는 전송 매체이다. 모든 스테이션들은 적당한 하드웨어 인터페이스를 통해서 직접 버스 전송 매체에 부착된다. 한 스테이션으로부터의 전송은 매체를 통해 모든 다른 스테이션들에 의해 수신될 수 있다.

  트리형 토폴로지는 버스형 토폴로지의 일반화된 형태이다. 전송 매체는 어떤 닫혀진 루프도 없는 케이블이다. 이것 역시 한 스테이션으로부터의 전송은 매체를 통해 전파되어 다른 모든 스테이션들에 의해 수신될 수 있다. 버스형과 트리형 토폴로지 매체 모두는 다중점 또는 방송망 형태이다. 각각의 형태는 [그림 6.1]의 (b), (c)와 같다.

• 링형 토폴로지

링형 토폴로지는 닫힌 루프 내에서 점대점 링크에 의해 결합되는 리피터들의 집합으로 구성된다. 그러므로, 각 리피터는 두 개의 링크에 의해 연결되어진다.

리피터는 한 링크 상에서 비트 단위로 데이터를 수신하고 버퍼를 사용하지 않고 수신하자마자 다른 링크로 전송할 수 있는 비교적 단순한 장치이다. 데이터는 패킷으로 전송된다. 패킷들은 한 번에 한 개씩 링에 삽입되고 다른 리피터들을 통과하며 순환한다. 많은 장치들이 링을 공유하기 때문에, 각 스테이션이 패킷들을 삽입할 때를 결정하기 위한 제어가 필요하다. 이것은 거의 항상 분산된 제어의 형태로 행해진다. 각 스테이션은 전송과 수신을 제어하는 접근 논리를 포함한다. 링형 토폴로지는 [그림 6.1]의 (d)와 같은 형태를 가진다.

2) 전송 방식에 의한 분류

• 기저대역 방식

이 방식은 데이터를 변조하지 않은 상태, 즉 디지털 신호를 그대로 전송하는 방식으로 10Mbps 혹은 그 보다 높은 전송률을 가지는 하나의 전송 채널을 사용한다. 보통 2진 데이터를 맨체스터 혹은 차등 맨체스터 부호화 방식을 사용하여 부호화한 다음에 전송한다. 이 방식은 분기점을 쉽게 통과할 수 없기 때문에 버스형 토폴로지에 주로 사용된다. 또한, 디지털 신호는 높은 주파수대 신호의 감쇠가 심하므로 최대 1km로 거리에 제한이 있다. 이러한 이유로 네트워크 확장을 위해서는 신호를 재생시키는 리피터가 필요하다.

• 광대역 방식

이 방식은 아날로그 신호로 변조하여 전송하는 방식이다. 아날로그 신호는 잡음과 감쇠에 의한 데이터의 변조가 디지털 신호에 비해 훨씬 약하므로 먼 거리로의 전송이 가능하며, 한 번에 한 방향으로만 전송이 가능하다. 또한, 하나의 전송 매체 상에서 여러 개의 채널을 사용하기 위해 주파수 분할 다중화(FDM) 방식을 사용하며, 이 경우 보통 RF(Radio Frequency) 모뎀을 이용한다.

6.1.4 LAN의 표준화

IEEE는 1980년 2월에 LAN에 대한 권고 표준을 제정하기 위한 802 위원회를 구성하여 LAN 프로토콜과 인터페이스에 대한 규격을 제정하였다. 이 위원회의 각 워킹 그룹(working group)에서는 [그림 6.2]와 같이 작업을 분담하여 수행하고 있다.

IEEE 802 위원회는 OSI의 개방 시스템 구조와 LAN의 통신 구조가 가능한 한 호환성을 유지해야 한다는 필요성을 강조하였다. 이를 위하여, [그림 6.3]에서 나타낸 것처럼 통신 구조를 물리 계층과 데이터 링크 계층으로 나누고 다시 데이터 링크 계층을 두 개의 서브 계층, 즉 매체 접근 제어(MAC : Media Access Control) 계층과 논리 연결 제어(LLC : Logical Link Control) 계층으로 나누었다.

여기서, 물리 계층은 OSI 계층 구조에서 설명한 바와 같이 신호를 변조하고 송수신하는 부분이다.

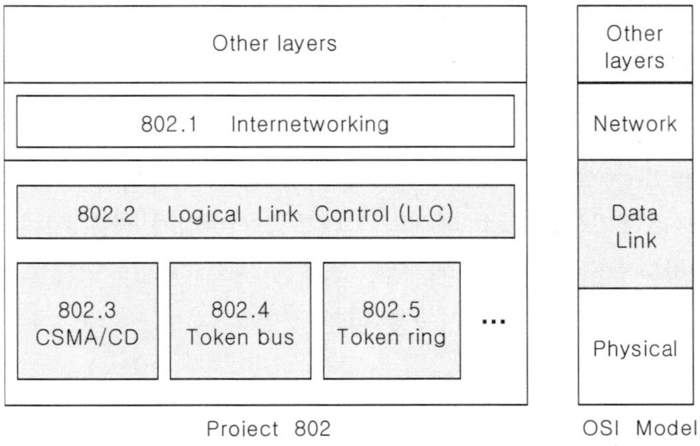

[그림 6.2] IEEE 802 워킹 그룹

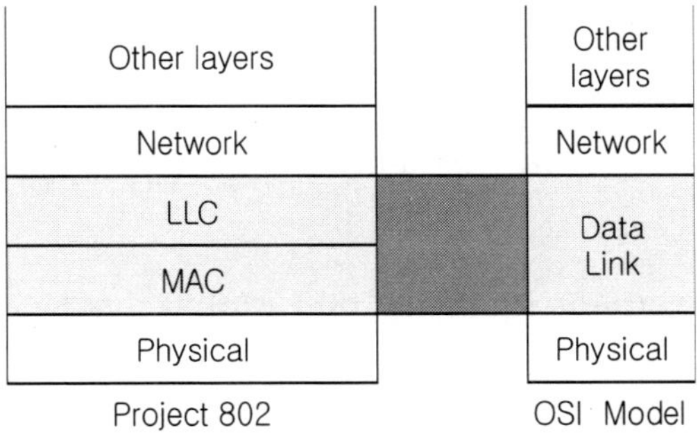

[그림 6.3] LAN의 통신 프로토콜 구조

[그림 6.3]에서 MAC은 매체의 전송권을 제어하는 기능을 담당하는데 다수의 스테이션이 공동으로 사용하는 물리 매체에 접근할 때 송신권의 제어를 취급하고 있다. 대표적인 접근 제어 방식으로 버스형 LAN에서 사용되는 CSMA/CD 방식과 버스형 또는 링형 LAN에 사용하는 토큰 패싱 방식이 있다.

LLC는 MAC의 상부에 위치하여 MAC에 의하여 일단 확보된 채널 전송권을 사용하여 메시지를 전송하는 과정에서 필요한 연결 관리 절차와 ACK 및 NAK, 순서화, 흐름 제어 동작 등을 담당한다.

6.1.5 LAN의 매체 접근 제어

1) CSMA/CD 방식

LAN과 같이 많은 스테이션의 사용자가 하나의 회선에 동시에 접근하면 신호가 겹쳐서 신호가 손상되거나 신호 자체가 소실될 가능성이 있다. 이것은 각 스테이션이 동시에 자주 네트워크를 접속할수록 또는 스테이션에서 전송할 데이터가 많아질수록 이러한 충돌도 증가하게 된다.

이러한 충돌을 피하면서 많은 양의 프레임을 전송하기 위해서는 매체 접근 제어 방식이 필요하다. CSMA/CD(Carrier Sense Multiple Access/Collision Detection)는 매체 접근 제어 방식 중의 한 방법으로 IEEE 802.3으로 표준화되었다.

CSMA/CD는 버스형 또는 트리형 토폴로지에서 가장 많이 사용되는 매체 접근 제어 방식으로서, 전송하고자 하는 스테이션이 전송 매체의 상태를 감지하다가 전송 매체가 유휴(idle) 상태인 경우 데이터를 전송하는 CSMA의 방식에 전송 후에도 계속 매체의 상태를 감지하여 다른 스테이션과의 충돌 발생 여부를 감시하는 기능을 더한 것이다.

이때, 충돌 감지를 하는 이유는 충돌 발생시 아직 전송되지 않은 프레임의 나머지 대부분을 네트워크에 전송하지 않은 채 전송을 중단함으로써 대역폭의 낭비를 방지하기 위해서이다.

CSMA/CD 방식은 다음과 같은 순서로 동작하게 된다.

① 스테이션은 데이터를 전송하기 전에 회선이 사용 중인지 점검한다.

② 회선이 사용 중이면 일정 시간만큼 기다린 후 다시 회선의 사용 유무를 점검한다.

③ 회선이 사용되지 않는 것이 확인되면 데이터를 전송한다.

④ 데이터 전송 중 충돌이 검출되면 충돌 발생 사실을 모든 스테이션에 간단한 잼 신호(jam signal)로 보낸다.

⑤ 충돌이 발생하면 일정 시간동안 대기한 후 다시 데이터를 전송한다.

CSMA/CD에서 충돌 윈도우(collision window)의 개념은 그 크기에 따라서 LAN 세그먼트의 길이와 함께 최소 프레임 크기가 정해진다는 점에서 중요한 의미를 갖는다. 즉, 두 스테이션이 동시에 데이터 전송을 시도할 때에 충돌이 발생하면, 충돌이 발생하였다는 사실을 각 스테이션이 반드시 알 수 있어야 하는데, 이때 사용되는 개념이 충돌 윈도우이다.

이러한 현상을 방지하기 위해 CSMA/CD 방식에서는 "최소 전송 프레임의 길이를 전송 프레임의 첫 비트가 케이블 전체에 전파되는 시간의 최소 두 배 이상이 되어야 한다."라고 정하고 있다. 즉, 충돌 윈도우는 각 스테이션이 데이터를 전송하고 나서 충돌을 감지하는데 까지 걸리는 시간을 의미한다.

CSMA/CD 프레임(802.3 프레임)은 [그림 6.4]와 같은 형식으로 구성되어 있다.

7 bytes	1 byte	6 bytes	6 bytes	2 bytes	44 ~ 1,500 bytes				4 bytes
Preamble	SFD	DA	SA	Length	DSAP	SSAP	Control	Info	CRC
					LLC Data				

[그림 6.4] CSMA/CD 프레임의 구조

- **프리앰블(preamble)** : 802.3 프레임의 7바이트 길이의 필드로 프레임의 도착을 알리고, 입력 타이밍을 동기화 할 수 있도록 0, 1의 반복으로 구성되어 있다.
- **시작 프레임 지시자(SFD : Start Frame Delimiter)** : 프레임의 시작을 의미하는 필드로 수신자에게 다음 필드에 주소와 데이터가 있다는 것을 표시하고 있다.
- **목적지 주소(DA : Destination Address)** : 6바이트의 목적지 물리 주소를 포함하고 있다. 즉, NIC(Network Interface Card)에 부여된 고유의 부호화된 비트 패턴이다. 다른 LAN으로 전송될 프레임은 해당 프레임의 DA 필드에 현재 LAN의 디폴트 라우터(default router)의 MAC 주소가 설정되어 있어야 한다.
- **송신지 주소(SA : Source Address)** : 6바이트의 길이로 프레임을 전송하는 송신지 물리 주소를 포함하고 있다.
- **PDU 길이/유형** : PDU의 바이트 수를 나타내는 필드로, 그 길이가 고정되어 있다면 프레임의 종류를 나타내고 있는 것이다.
- **PDU(Protocol Data Unit)** : 프레임의 유형이나 정보 필드의 길이에 따라 46 ~ 1,500바이트의 길이를 갖는 802.2 프레임으로 LLC 계층에 의해 생성된다. 만일, 이 필드의 길이가 최소 길이 보다 짧다면 PAD(Packet Assembler Disassembler)를 덧붙여 차이를 보상한다.
- **CRC(Cyclic Redundancy Check)** : CRC-32와 같은 오류 검출 정보가 들어있다.

CSMA/CD 방식에서는 보통 기저대역 맨체스터 디지털 부호화 방식을 사용하며, 광대역에서는 디지털/아날로그 부호화를 사용한다. 회선의 제어권이 모든 스테이션에 분배되어 있는 형태로, 회선의 어느 한 스테이션이 고장이 나도 다른 스테이션의 통신에는 아무런 영향을 미치지 않는다.

또한, 이 방식은 1Mbps에서 100Mbps까지의 데이터 전송 속도를 제공하며 통신량이 적을 때는 90% 이상으로 회선 이용률이 높다. 그러나, 전송 도중 충돌이 발생하면 일정 시간 동안 대기하므로 지연 시간을 예측하기 어렵다는 단점이 있다.

2) 토큰 링 방식

이더넷에서는 여러 스테이션이 동시에 회선을 확보하기 위해 회선의 사용 유무를 확인하는 과정에서 충돌로 인한 지연이 발생한다. 통신량이 많아지면 이러한 현상은 더욱 심해져 예측하기 힘든 지연이 생기게 마련이다. 토큰 링 방식은 각 스테이션이 교대로 데이터를 보내게 함으로써 이러한 지연 현상을 극복하고 있으며, IEEE에서 802.5 모델로 지정하고 있다.

토큰 링 방식은 링 형태로 네트워크를 구성하고, 토큰 패싱 방식을 사용하여 매체를 접근하는 방식이다. 즉, 토큰(token)이라는 짧은 길이의 프레임을 사용하여 데이터를 보낼 수 있는 자격을 한정하며 스테이션은 자신의 차례가 되어서야 데이터를 전송할 수 있다.

토큰 패싱(token passing)이란 네트워크 내에서의 토큰 순환을 조절하는 메커니즘으로 [그림 6.5]와 같은 과정으로 동작하게 된다.

① 일반적으로 3바이트 길이를 갖는 토큰이 전송할 데이터를 가지고 있는 스테이션을 만날 때까지 링을 순환한다.

② 보낼 데이터를 가지고 있는 스테이션에 'free' 토큰이 도착하면 자신의 NIC(Network Interface Card)에 있는 비트를 설정하고, 전송할 데이터 프레임을 보낸다.

③ 각 스테이션은 목적지 주소 필드를 검사하여 그 프레임의 목적지 주소가 자신이 아니면 이웃하는 스테이션으로 전달한다.

④ 프레임 수신국은 자신의 주소를 확인한 다음, 메시지를 복사하고 오류를 확인한다.

⑤ 수신국은 프레임의 마지막 바이트에 있는 4비트를 변경하여 프레임에 복사했다는 것을 나타낸다.

⑥ 그 후 프레임은 송신국으로 되돌아올 때까지 링을 따라 계속 순환하다 송신국에서 송신지 주소 부분으로 송신자가 자신임을 확인한다.

⑦ 주소 확인 비트를 검사하여 프레임이 수신되었음을 확인하고 해당 프레임을 버린 후 'free' 토큰을 링으로 보낸다.

토큰 링 방식에서는 사용자가 정의하거나 높은 우선순위를 갖는 스테이션이 더욱 많이 네트워크를 사용할 수 있게 하기 위해 우선순위를 갖게 할 수 있다. 또한, 각 스테이션은 토큰 또는 데이터 프레임의 접근 제어 부분에 자신의 우선순위 코드를 입력하여 전송을 위해 토큰을 예약할 수 있다.

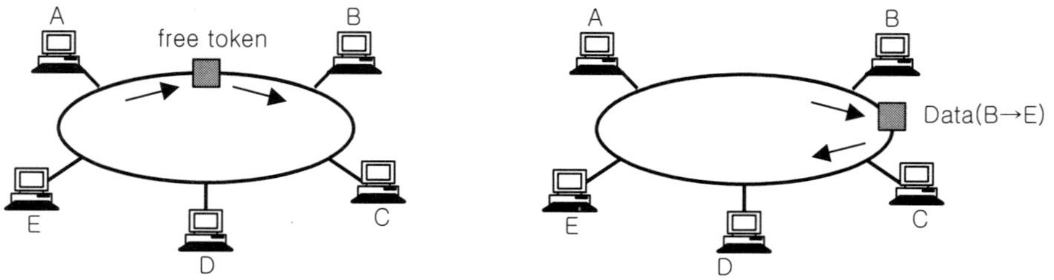

a. 네트워크 상에 free token 순환 중　　b. E로 전송할 데이터를 가지고 있는 B가 free token을 잡고, 데이터를 전송함

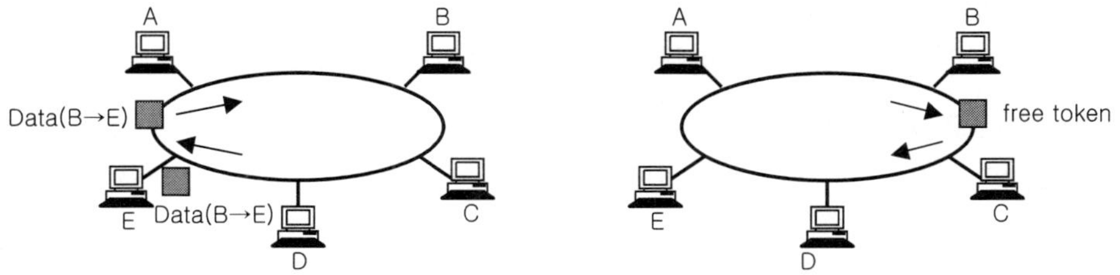

c. E는 수신한 프레임을 복사하고 다시 네트워크로 전송함

d. B는 수신한 프레임을 폐기하고 free token을 네트워크로 전송함

[그림 6.5] 토큰 링 방식의 동작 과정

IEEE 802.5 토큰 링 방식에서는 [그림 6.6]과 같이 세 가지의 프레임(데이터, 토큰, 중지) 형식을 제공한다.

1 byte	1 byte	1 byte	6 bytes	6 bytes		~ 4,500 bytes			4 bytes	1 byte	1 byte
SD	AC	FC	DA	SA	DSAP	SSAP	Control	Info	CRC	ED	FS

(a) 데이터 프레임 형식

1 byte	1 byte	1 byte
SD	AC	ED

(b) 토큰 프레임 형식

1 byte	1 byte
SD	ED

(c) 중지 프레임 형식

[그림 6.6] 토큰 링의 프레임 형식

- 데이터 프레임(data frame)
  - 시작 지시자(SD : Start Delimiter) : 1바이트의 길이로 프레임의 도착을 알리는 동시에 수신 타이밍의 동기를 맞추는데 사용한다.
  - 접근 제어(AC : Access Control) : 전체가 1바이트의 길이로, 처음 3비트는 우선순위 필드이며 네 번째 비트는 토큰 비트로, 프레임이 토큰 또는 중지 프레임이 아닌 데이터 프레임을 나타내는데 사용한다. 다섯 번째 비트는 감시 비트이며, 마지막 3비트는 링에 대한 접근을 예약하는 예약 필드다.
  - 프레임 제어(FC : Frame Control) : 1바이트의 길이로 첫 번째 1비트는 PDU에 들어있는 정보의 유형을 나타내며, 두 번째 7비트는 토큰 링 제어에 필요한 정보가 포함되어 있다.
  - 목적지 제어(DA : Destination Address) : 6바이트의 길이로 프레임의 목적지 물리 주소를 가리킨다.
  - 송신지 제어(SA : Source Address) : 6바이트의 길이로 프레임의 송신지 물리 주소를 가리킨다.

- PDU(Protocol Data Unit) : 실제 데이터가 들어가는 필드로 4,500바이트가 할당되어 있으며, 802.3 프레임과는 달리 PDU의 길이나 유형에 관한 필드는 없다.
- CRC(Cyclic Redundancy Check) : 4바이트의 필드로 CRC-32 오류 검출에 관한 정보가 들어있다.
- 종료 지시자(ED : End Delimiter) : 1바이트의 길이로 데이터와 제어 정보의 끝을 알리는 필드이다.
- 프레임 상태(FS : Frame Status) : 프레임이 수신측에서 수신하였다는 것을 알리기 위해 수신측에서 설정하거나 프레임이 링을 순환하였다는 것을 나타내기 위해 감시국에 의해 설정되는 필드이다.

• 토큰 프레임(token frame)

데이터 프레임의 생략된 형태로 SD, AC, ED의 필드로 구성된다. AC 필드로 이 프레임이 토큰 프레임이라는 것을 알게 되며, 우선순위와 예약 필드를 가지고 있어 순번 지시자 혹은 예약 프레임 기능을 하게 된다. SD는 프레임의 처음을 나타내며, 반대로 ED는 프레임의 끝을 나타낸다.

• 중지 프레임(abort frame)

SD와 ED 필드만으로 구성되어 있으며, 자신의 전송을 중지하기 위해 송신측에 의해 만들어지거나 혹은 회선에 있는 이전의 전송을 제거하기 위해 감시국에 의해 생성된다.

토큰 링 방식은 이더넷과 마찬가지로 NIC의 6바이트 주소를 이용해 주소를 지정한다. 그리고 부호화 방식은 차등 맨체스터 디지털 신호 방식을 사용하며, 4Mbps에서 최고 16Mbps까지의 데이터 전송률을 지원하고 있다.

3) 토큰 버스 방식

토큰 버스 방식(IEEE 802.4)은 이더넷과 토큰 링 방식의 특징을 결합한 것으로 물리적으로는 버스 접속 형태이지만 논리적으로는 토큰 링 방식을 사용하여 매체를 제어하는 방식이다. 스테이션들은 논리적인 링 형태로 구성되며, 토큰을 각 스테이션에 차례대로 전달한다. 만일, 어떤 스테이션이 데이터 전송을 원하면 가다렸다가 토큰을 확보해야 하며, 이더넷처럼 각 스테이션은 공통 버스를 통하여 통신하게 된다.

이러한 토큰 버스 방식은 최소 지연 시간을 제공하는 실시간 처리가 요구되는 공장 자동화와 같은 응용에 적용될 수 있다.

토큰 버스 방식에서 토큰은 논리적인 링에 따라 하나의 스테이션에서 다른 스테이션으로 짧은 토큰 프레임의 형태로 전달된다. 그러므로, 각각의 스테이션들은 논리적인 링에서의 다음 스테이션(successor)의 주소만 기억하고 있으면 된다. 만일, 스테이션이 토큰을 수신할 수 없다면 이전 스테이션(predecessor)은 적절한 복구 절차를 거쳐 토큰의 다음 수신 스테이션을 찾는다. [그림 6.7]은 같은 링에서의 일반적인 토큰의 동작 과정을 보여주고 있다.

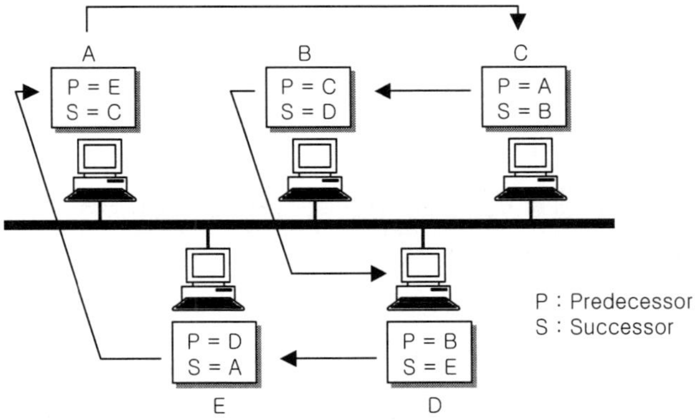

[그림 6.7] 토큰 버스 방식의 동작 과정

① 이전 스테이션으로부터 토큰을 수신한 스테이션은 정의된 제한 시간 동안 대기한 후 프레임을 전송한다.

② 프레임 전송이 끝난 스테이션은 다음 스테이션으로 토큰을 넘긴다.

③ 각 스테이션은 토큰을 전달한 다음 이전 스테이션의 주소를 알고 있어야 한다.

④ 토큰 전달에 실패하면 다음 스테이션을 찾는 회복 과정을 수행한다.

⑤ 다음 스테이션을 찾지 못할 경우 네트워크 초기화 과정을 수행하거나 또는 네트워크 관리 행위를 수행한다.

토큰 버스 방식의 프레임은 [그림 6.8]과 같이 이루어져 있다.

7 bytes	1 byte	1 byte	6 bytes	6 bytes	~ 8,191 bytes				4 bytes	1 byte
Preamble	SD	FC	DA	SA	DSAP	SSAP	Control	Info	CRC	ED

[그림 6.8] 토큰 버스의 프레임 형식

6.2 원거리 통신망(WAN)

6.2.1 WAN의 개요

정보 통신망 기술은 서비스 제공 영역에 따라 근거리 통신망(LAN)과 원거리 통신망(WAN : Wide Area Network)으로 구분되며, 데이터 전송 능력에 따라 다시 구분된다. LAN은 사용자 구내 망으로 구축되며, 제한된 영역에서의 구내 사설 데이터 통신망으로 운영될 수 있도록 설치되고, 제한된 사용자 그룹에 의하여 사용된다.

이에 비해 WAN은 공중 통신망 사업자가 구축하고, 일반 대중 가입자들에게 보편적인 정보 통신 서비스를 제공한다. LAN은 주로 반경 3km 이내의 지역을 담당할 수 있도록 설계되며, WAN은 30km 정도의 도시 규모의 대도시 통신망(MAN)으로 설계하거나, 반경 300~500km의 국가망 그리고 각 국가의 공중 통신망을 상호 접속시키는 국제 정보 통신망으로 설계 및 구축, 운용된다.

WAN의 대표적인 예 혹은 분야들은 다음과 같다.

- 일반 음성 전화망인 PSTN(Public Switched Telephone Network)
- 일반 패킷 교환 데이터 통신망인 PSPDN(Packet Switched Public Data Network)
- 프레임 릴레이 통신망인 ISDN(Integrated Services Digital Network)
- ATM 기반의 B-ISDN(Broadband-ISDN)

6.2.2 X.25 프로토콜

ITU-T에서는 1976년 패킷 교환망을 위한 표준 프로토콜인 X.25 권고안을 처음으로 발간하였고, 그 후 수차례 수정 보완되어 왔다. X.25는 패킷형 단말기를 패킷 교환망에 접속하기 위한 인터페이스 프로토콜이며, 패킷 교환망 내부에서 사용되는 프로토콜에 대해서는 정의하고 있지 않다.

X.25 프로토콜은 [그림 6.9]와 같이 물리 계층, 링크 계층과 패킷 계층이라는 세 개의 계층으로 구성되며, 물리 계층과 링크 계층은 OSI 계층 1과 계층 2에 상응되나 패킷 계층은 OSI 계층 3과 계층 4의 일부 기능을 포함한다.

물리 계층은 스테이션을 전송 매체를 통하여 패킷 교환 노드에 접속시켜 주는 물리적인 인터페이스를 제공한다. 물리 계층의 표준으로는 X.21이나 X.21bis가 사용되는데, X.21은 동기식 디지털 인터페이스 방식이고, X.21bis는 동기 V 계열의 모뎀을 사용하는 경우의 인터페이스 방식으로 RS-232C와 매우 유사하다.

링크 계층은 일련의 프레임으로 데이터를 전송함으로써 물리적 링크를 통한 신뢰성 있는 데이터 전송을 제공하며, 신뢰성 있는 데이터의 송수신을 위해 오류 제어와 흐름 제어를 수행하게 된다. 링크 계층의 표준은 LAPB(Link Access Procedure Balanced) 프로토콜이다. 패킷 계층은 하나의 데이터 링크에 대한 다중화를 통한 가상 회선 서비스를 제공한다.

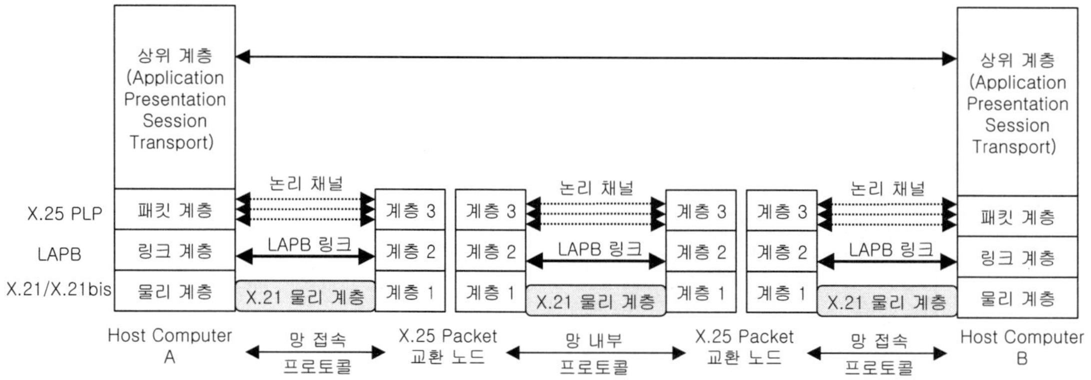

[그림 6.9] X.25 프로토콜 인터페이스

1) 패킷 계층의 기능

X.25 패킷 계층은 가상 회선의 개념으로 가입자 사이의 연결을 정의하며, 하나의 물리적 연결에 의해 여러 개의 논리 채널로 다중화 한다. X.25에서는 가상 회선을 가상 호(VC : Virtual Call)와 영구 가상 회선(PVC : Permanent Virtual Circuit)의 두 가지로 나누어서 정의하고 있다.

가상 호는 교환 가상 회선(SVC : Switched Virtual Circuit)이라고 부르기도 하는데, 호 설정(call setup)과 호 해제(call clearing) 절차를 통하여 가상 회선을 동적으로 설정하는 것이다. 영구 가상 회선은 두 단말기 사이에 가상 호의 데이터 전송 단계에 해당하는 연결이 영구적으로 설정된 가입자 기능으로서 호 설정이나 호 해제 절차가 필요하지 않다. 패킷 계층에서는 호 설정과 호 해제 기능 이외에도 다음과 같은 중요한 기능들이 제공된다.

- **다중화** : 하나의 전송 링크를 통하여 여러 개의 논리적 연결을 제공하는 기능이다.
- **흐름 제어** : 가상 회선 단위로 전송되는 패킷에 대하여 흐름을 조절하는 기능이다.
- **오류 제어** : 가상 회선 단위로 손실된 데이터 패킷을 복구하는 기능이다.
- **재설정과 재시동** : 가상 회선 상에 오류가 확인되었을 때 패킷 계층에서 가상 회선을 초기화하거나 해제하는 기능이다.

2) 패킷의 구조

X.25의 패킷 계층은 사용자 데이터뿐만 아니라 가상 회선의 설정, 유지, 해제에 관련된 제어 정보

를 전송해야 한다. X.25의 모든 패킷은 최소 3옥텟의 헤더를 가지며, 이들 공통의 헤더는 일반 형식 식별자(GFI : General Format Identifier), 가상 회선 식별자(VCI : Virtual Circuit Identifier)와 패킷형 식별자(PTI : Packet Type Identifier) 필드들로 구성된다. [그림 6.10]에는 X.25 패킷의 형식을 나타내고 있다.

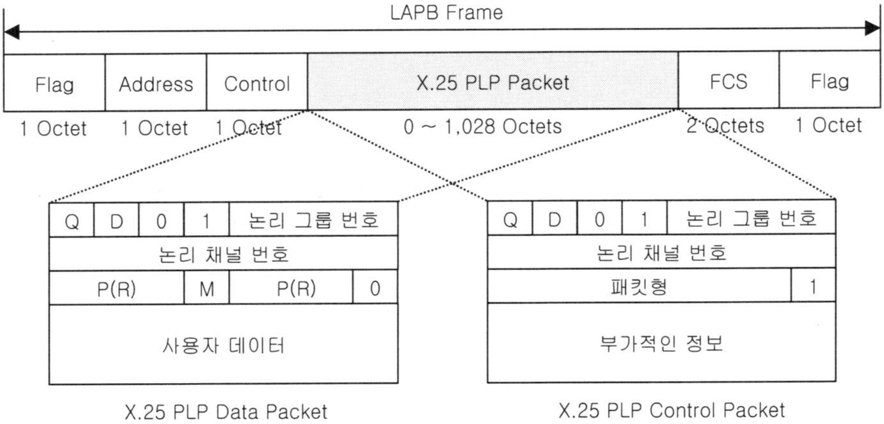

[그림 6.10] X.25 패킷의 형식

[그림 6.10]에서, GFI 필드는 헤더의 첫 번째 옥텟의 비트 8~5로 이루어져 있는데, 비트 8은 Q(qualifier) 비트라고 부르며 비트 7은 D(delivery confirmation) 비트라고 부른다. Q 비트는 데이터 패킷에서만 사용되고 제어 패킷의 경우 Q 비트는 항상 0이다. 데이터 패킷의 경우 Q 비트를 이용하여 데이터 필드에 실려 가는 정보가 일반 사용자 정보인지 제어용 정보인지를 구별하기 위해 사용된다. 즉, Q=0인 경우에는 일반 데이터 패킷을 나타내며, Q=1이면 PAD(Packet Assembler Disassembler)를 제어하기 위한 메시지가 된다.

D 비트는 데이터 패킷과 호 설정이나 호 해제 패킷의 지점간 또는 종단간 확인 절차의 구별을 위해 사용된다. D=0이면 DTE와 자신의 DCE 사이에 확인이 수행되는 반면, D=1이면 DTE와 원격 DTE 간에 종단 간으로 확인 절차가 이루어진다.

또한, GFI 필드의 비트 6과 5는 패킷 순서 번호의 모듈로 지시자(modulo indicator)로 사용된다. 즉, '01'이면 3비트의 순서 번호를 사용하는 모듈로 8을 나타내며, '10'이면 7비트의 순서 번호를 사용하는 모듈로 128을 나타낸다.

VCI 필드는 첫 번째 옥텟의 비트 4~1로 논리 그룹 번호(LGN : Logical Group Number)와 두 번째 옥텟의 8비트로 논리 채널 번호(LCN : Logical Channel Number)를 표시하여 가상 회선을 구별한다. 또한, VCI 필드는 12비트를 이용하여 가상 회선을 식별하기 때문에 이론상으로는 관리용으로 사용되는 가상 회선 번호 0을 제외한 4,095개의 논리 채널이 사용 가능하다.

따라서, 이러한 논리 채널은 하나의 DTE가 동시에 여러 개의 다른 DTE와 연결되는 것을 가능하게 한다. 가상 호와 영구 가상 회선은 모두 특정한 가상 회선 번호를 할당받는데, 영구 가상 회선은 망 관리 기능에 의해서 이 번호가 영구적으로 부여되며, 가상 호는 호 설정시에 하나의 논리 채널을 부여받아서 호 해제시에 이를 반환한다.

PTI 필드는 헤더의 세 번째 옥텟에 해당하는데 패킷의 종류를 식별하기 위해 사용된다. 패킷은 크게 데이터 패킷과 제어 패킷으로 구분되며, PTI 필드의 첫 번째 비트가 0이면 데이터 패킷이 되고 1이면 제어 패킷이 된다.

데이터 패킷의 경우에는 PTI 필드 내에 P(S)와 P(R)을 가지는데, 이들은 데이터 패킷의 송신 순서 번호와 수신 순서 번호를 나타낸다. 이러한 P(S)와 P(R)을 이용하여 가상 회선 상에서의 오류 제어와 흐름 제어를 수행하는데, P(R) 필드는 피드백 응답을 위해 사용된다. 그리고, PTI 필드의 비트 5는 M(more) 비트라고 부르며, 동일한 메시지에 속하는 패킷들을 식별하기 위해 사용된다. 즉, 긴 메시지를 여러 개의 데이터 패킷으로 분할할 때, 마지막 패킷을 제외한 모든 데이터 패킷의 M 비트를 '1'로 해서 전송한다.

제어 패킷들은 호 설정과 해제, 인터럽트, 흐름 제어, 재설정과 재시동 등에 관계되는데, 이들은 Q 비트는 모두 '0'으로 해야 하며, 호 설정과 호 해제에 관련된 패킷을 제외한 모든 제어 패킷은 D 비트가 '0'이 되어야 한다.

6.3 대도시 통신망(MAN)

6.3.1 MAN의 개요

대도시 통신망(MAN : Metropolitan Area Network)은 LAN과 LAN을 연결해 주는 역할을 하는 네트워크 구성 방법 중 하나이다. MAN은 하나의 대도시에 산재해 있는 기업 네트워크를 하나로 묶어 이들 간의 원활한 통신 서비스를 제공한다. 또한, 백본망(backbone network)과 유기적인 접속을 제공하는 기능을 수행한다.

하나의 도시에 여러 개의 자사 네트워크를 연결하려 할 때 각각의 LAN을 전용선을 이용하여 개별적으로 연결하는 것은 비용 면에서 비효율적이며, 아울러 회선 및 장비의 낭비를 초래한다. MAN은 이러한 낭비를 획기적으로 줄이고, 크게는 인터넷으로의 연결을 원활히 할 수 있도록 고안된 기술이다.

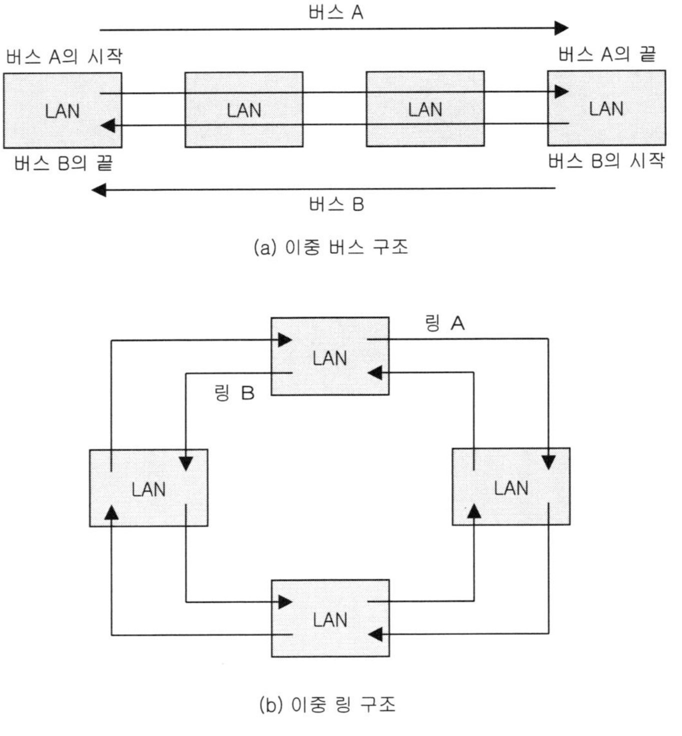

[그림 6.11] DQDB를 이용한 MAN의 구성 예

MAN이 백본과 LAN의 다리 역할을 하려면 LAN과 LAN의 효과적인 연결 방법과 다수의 LAN 간의 원활한 통신 지원에 관한 문제를 해결해야 한다. 이러한 요구 사항을 반영하여 DQDB (Distributed Queue Dual Bus)가 정의되었다. DQDB는 두 개의 버스를 연결하는 구조와 링 형태(혹은 루프 형태)의 토폴로지를 지원한다. [그림 6.11]은 DQDB를 이용한 MAN의 구성 형태를 보여주고 있다.

DQDB는 [그림 6.11]과 같이 이중 버스(dual bus) 형태로 구성되어 있고, 분산 큐(distributed queue)라고 하는 큐잉(queueing) 방식을 이용하여 전송하기에 앞서 미리 준비된 큐에 데이터를 삽입하고 자기 차례가 되었을 때 전송하는 방식을 취한다. 기존의 MAN은 일반적으로 버스형 구조가 아닌 링형 구조를 갖고 있으며 ADM(Add/Drop Multiplexer)이라고 하는 장비를 이용하여 네트워크 구성 요소들을 링으로 연결하고 있다. [그림 6.12]는 링 구조의 MAN을 전체 네트워크 구조와 함께 보여주고 있다.

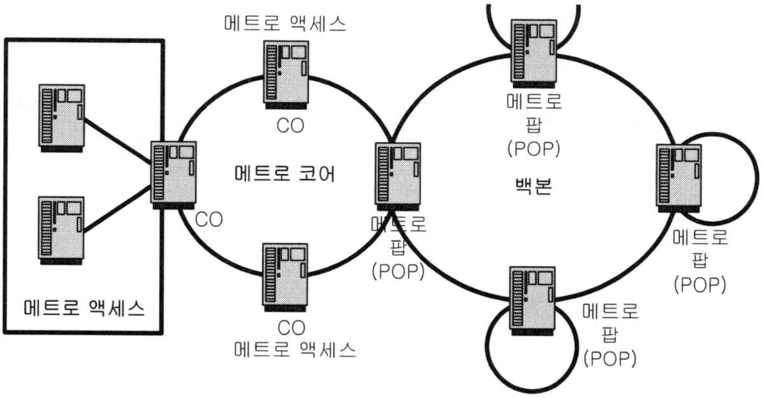

[그림 6.12] 링 구조의 MAN

[그림 6.12]에서, 메트로 액세스 구간에는 일반 가입자나 기업들이 위치해 있다. 즉, 메트로 액세스 네트워크는 가입자 네트워크가 된다. 이러한 가입자들은 CO(Central Office)라고 불리는 가까운 전화국으로 연결되어 있으며, 각 CO는 링 구조로 서로 연결되어 있다. CO들은 POP(Point Of Presence)라고 하는 백본망과 연결시켜주는 대형 전화국과 연결되어 있으며, POP는 각 도시를 연결해주는 백본망으로 데이터를 주고받는 역할을 한다.

6.3.2 MAN의 프로토콜

DQDB는 보통 반경 25km 이내에 있는 LAN의 상호 연결을 제공하는 기능을 수행한다. IEEE 802.6 표준에 정의된 전송 방식으로써 광섬유 케이블이나 동축 케이블을 이용하여 2.048Mbps에서 155Mbps까지의 전송 속도를 지원한다. 또한, DQDB는 회선 교환 및 패킷 교환 서비스 모두를 제공한다.

이중 버스 구조를 갖는 DQDB에서는 버스의 양쪽 시작 부분에 53바이트의 슬롯을 주기적으로 생성하는 슬롯 생성기(slot generator)가 있다. 각 노드는 데이터 링크 계층 내의 MAC 계층 데이터를 48바이트씩 받아서 5바이트의 헤더를 붙인 후 53바이트를 만들어 가용한 슬롯에 실어 전송한다. 각 슬롯 헤더에는 데이터의 유무를 판별할 수 있는 B(busy) 비트가 있고, 반대편 버스의 슬롯을 예약하는데 사용되는 R(request) 비트가 있다.

DQDB는 [그림 6.13]에서와 같이 각 노드에 두 개의 버스가 존재한다. 버스 A의 관점에서 보면 노드 A는 노드 B에게 하향 스트림이고, 버스 B의 관점에서 보면 상향 스트림이 된다. 이러한 버스 구조는 각 버스의 시작 노드에서 빈 프레임을 슬롯을 생성하여 버스 상에 전달하고 나머지 노드들은 빈 프레임을 받았을 때만 전송할 수 있다.

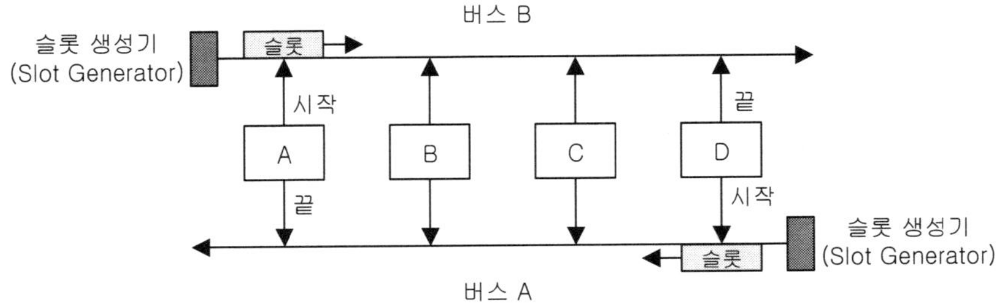

[그림 6.13] DQDB의 버스 구조

그러나, 이런 방식은 버스의 마지막 부분으로 갈수록 흔히 가용 대역폭이 줄어드는 기아(starvation) 현상이 발생하게 된다. 즉, 버스의 출발 지점부터 앞선 노드들이 슬롯을 계속 사용해 버리면 마지막의 노드는 전송 기회를 갖지 못할 가능성이 높아진다.

이 문제의 해결책으로 분산 큐가 고안되었다. 분산 큐 방식에서 각 노드는 자신이 연결된 각 버스 당 하나씩의 큐를 만들고, 해당 버스로 지나가는 슬롯을 살펴 다른 노드로부터 슬롯 예약 정보가 오면 해당 정보를 큐에 하나씩 삽입하고, 자신이 전송하고자 할 때 슬롯 예약 요청 정보를 삽입하고 지나가는 슬롯에 예약 정보를 싣는다.

[그림 6.14]는 분산 큐를 이용하여 각 노드들이 반대 방향 버스를 통하여 예약하고 데이터를 전송하는 과정을 나타내고 있다.

[그림 6.14]에서, 노드 A는 버스 A에서 버스 B에 대한 전송 예약을 할 때 첫 번째로 예약을 했다. 이후 노드 A는 슬롯 생성기에서 최초의 슬롯을 받으면 예약된 첫 번째 가용 슬롯임을 인지하고 자신의 데이터를 슬롯에 실어 전송한다. 마찬가지로, B와 C, D도 각각 버스 A에서 예약한 순서대로 버스 B의 해당 슬롯에 자신의 데이터를 삽입하여 전송한다. [그림 6.15]는 DQDB의 프레임 구조를 설명한 것이다.

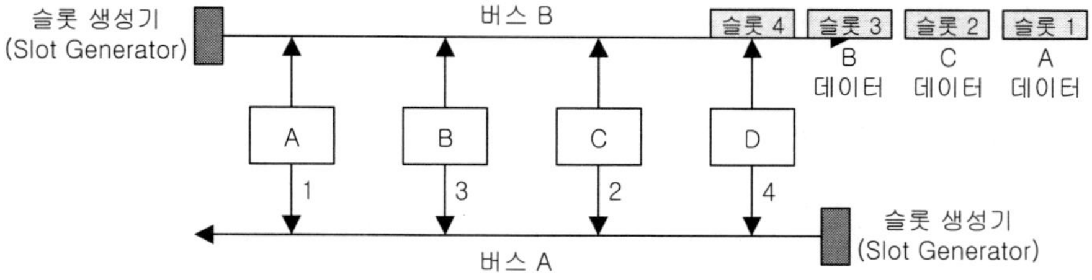

[그림 6.14] 분산 큐에 의한 예약 전송의 예

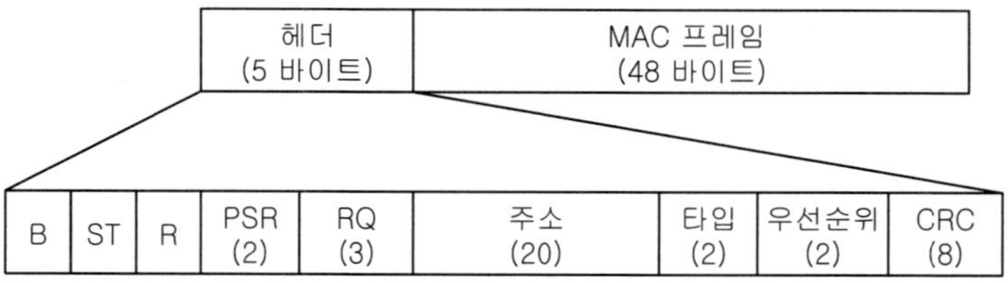

[그림 6.15] DQDB의 프레임 구조

DQDB 프레임의 각 필드에 대해서 살펴보면 다음과 같다.

- B(Busy) : 현재 셀에 유효한 데이터가 있음을 뜻한다.
- ST(Slot Type) : 전송 슬롯의 두 가지 유형을 나타낸다.
- R(Reserved) : 슬롯을 예약하기 위해 사용하는 비트이다.
- PSR(Previous Slot Read) : 슬롯을 읽은 노드에 의해 0으로 된다.
- RQ(ReQuest) : 3개의 비트를 이용하여 전송 우선권을 구분하는 것으로 각 노드에서 예약을 할 때 설정한다.
- 주소(Address) : MAN과 WAN에 사용되는 가상 채널 식별자(VCI) 이다.
- 유형(Type) : 일반 데이터, 제어용 데이터 등의 MAC 프레임 데이터에 대한 유형을 구분한다.
- 우선순위(Priority) : 전송 우선순위를 명시한다.
- CRC(Cyclic Redundancy Check) : 오류 검출용 필드이다.

[그림 6.16]은 DQDB의 동작 과정을 자세히 보여준다.

[그림 6.16]의 (a)는 버스 B에서 생성된 슬롯에 노드 B가 예약을 하여 R 비트가 설정된 것을 보여준다. 이것은 노드 B가 버스 A를 이용하여 자신의 데이터를 전송하고자 하는 것을 보여준다. 이때, [그림 6.16]의 우측 내용은 각 노드의 큐 상태를 나타낸 것이다. 즉, 노드 B는 자신이 슬롯을 예약하여 R 비트를 설정한 반대편 큐에 자신이 전송할 차례를 삽입한다.

[그림 6.16]의 (b)에서 버스 B의 슬롯은 노드 A를 지난다. 노드 A는 슬롯을 받아 예약 비트가 설

정되어 있는 것을 확인하고 마찬가지로 반대편 큐에 그 사실을 삽입한다. 이렇게 하면 노드 A는 버스 A에게 생성되는 슬롯을 노드 B가 사용할 것임을 알게 되며 [그림 6.16]의 (c)와 같이 버스 A에서 생성된 슬롯을 그냥 통과시킨다. 그리고, 자신의 큐에 삽입된 노드 B의 전송 예약 정보를 삭제한다. 노드 B는 이 슬롯을 받아서 자신이 사용할 것임을 알고 데이터를 포함시켜 전송하게 된다. 이때, 데이터가 포함되어 있다는 것을 알리기 위해 busy 비트(B)를 설정하여 전송한다. 그렇게 되면 노드 C와 D는 B 비트가 설정되어 있음을 알아차리고 데이터 전송을 하지 않는다.

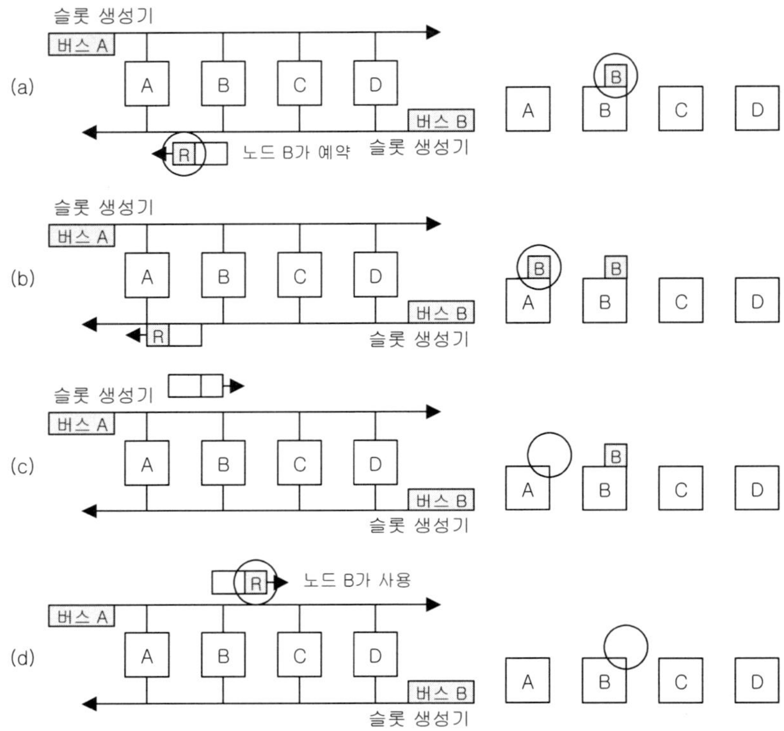

[그림 6.16] DQDB의 동작 과정

6.3.3 MAN의 응용

MAN은 개별적인 개방 버스 구조로서, 단일 링 혹은 상호연결 링 구조로서 사용될 수 있다.

[그림 6.17]에서는 도시 주요 지점들에 분산되어 위치한 어떤 기업을 각 지역들 사이에 고속 연결을 제공할 수 있는 개방 버스의 방식을 보여주고 있다.

많은 노드들로부터의 전송 트래픽은 각 버스를 통과하기 때문에 정보보안에 관한 문제가 발생한다. 동작이 같은 기업 내에서 이루어지는 경우에는 문제가 되지 않는다. 공중망을 이용하는 경우, 이와는 달리 각 고객과 본사나 보안 지역에 있는 MAN 노드 사이에 별도의 전송선이 제공된다.

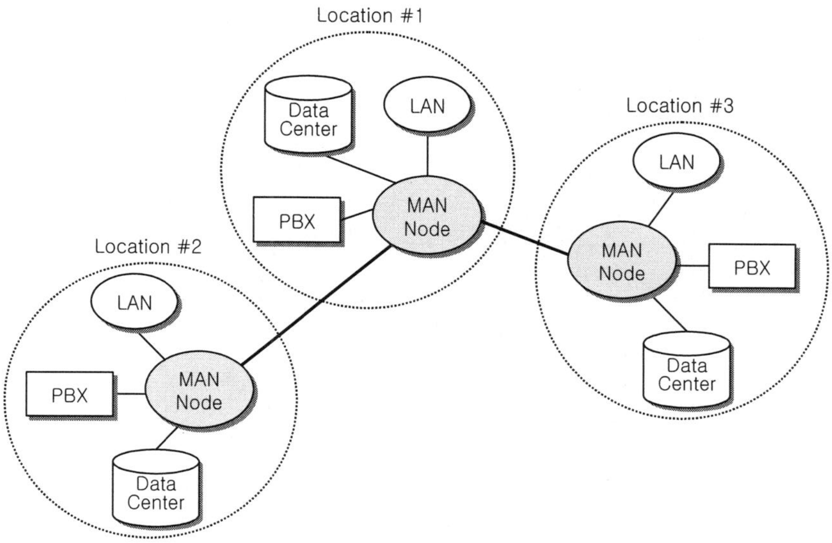

[그림 6.17] 단일 기업의 MAN 구성 형태

[그림 6.18]은 링으로 연결한 MAN이 별도로 단체들에게 서비스하는 사례를 보여주고 있다.

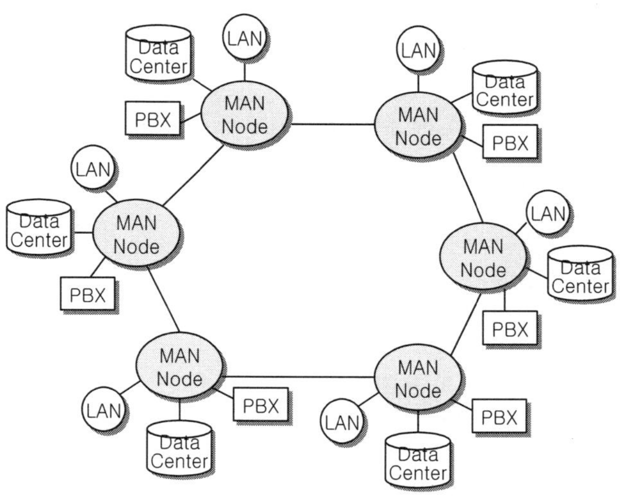

[그림 6.18] 공공의 MAN 구성 형태

공공 MAN에서, 각 고객의 위치는 본사 장비를 통해 고속 노드에 연결되어 있다.

이러한 구조 중의 하나가 [그림 6.19]에 설명되어 있다. 즉, MSN(Manhattan Street Network)은 서로 다른 방향으로 정보를 보내는 orthogonal 링으로 이루어져 있다. 이 토폴로지의 단점은 두 개의 노드 사이의 연결이 기존 네트워크 보다 더 짧다는 것이고, 별도의 경로가 존재하여 하나의 전송 실패가 전체 시스템에 영향을 미치지 않는다는 것이다.

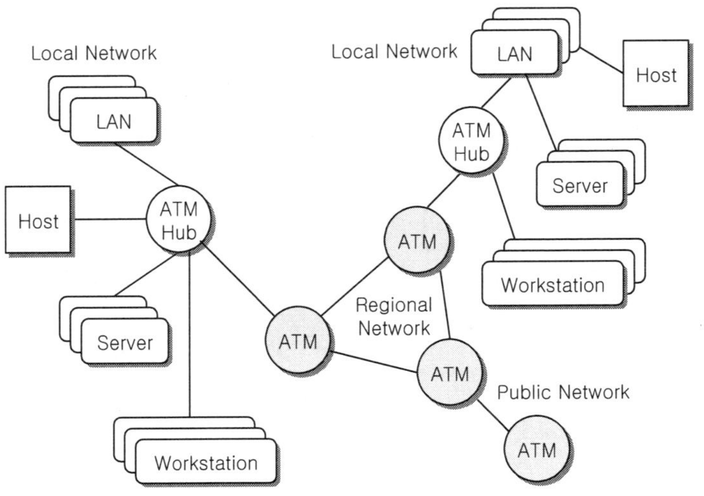

[그림 6.19] LAN과 지역 네트워크의 ATM 응용

6.4 종합정보 통신망(ISDN)

6.4.1 ISDN의 개요

정보화 사회의 발전과 함께 통신 서비스에 대한 요구가 다양화되고 있다. 또한, 음성, 데이터, 영상 등 통신망에서 제공하는 미디어도 다양화됨에 따라 종래의 개별 통신망으로는 통신사업자나 사용자에게 새로운 서비스를 효과적으로 제공하거나 기존의 서비스를 통합할 때 많은 문제점들을 야기하였다.

이러한 제약 사항들을 극복하고 다양한 서비스를 하나의 통합된 디지털망에서 제공하고자 하는 목적으로 시작된 것이 종합정보통신망(ISDN : Integrated Services Digital Network) 이다.

CCITT 권고안에 따르면 ISDN은 "전화망으로부터 발전된 망으로써, 음성을 비롯하여 다양한 서비스 제공을 위한 종단 간 디지털 연결을 제공하는 망이며, 사용자는 표준화된 사용자-망 인터페이스(UNI : User-Network Interface)를 통하여 망 서비스를 제공받을 수 있다."라고 정의되어 있다.

ISDN은 음성 전화, 데이터 통신, 화상 통신 등의 다양한 통신 서비스를 하나의 통신망에서 제공하고자 1980년대 중반에 개발되었다. ISDN에서는 통신망의 디지털화를 기반으로 종합적인 서비스를 제공할 수 있게 되었으며, 이는 통신 서비스 사용자와 통신망 사업자 모두에게 효과적으로 새로운 서비스를 제공할 수 있는 여건을 마련하였다.

보통 ISDN은 서비스 제공 능력에 따라서 협대역 종합정보통신망(N-ISDN : Narrowband ISDN)과 광대역 종합정보통신망(B-ISDN : Broadband ISDN)으로 구분된다. N-ISDN은 기존의 64Kbps 전화망과 X.25 패킷 교환 데이터 통신망을 근간으로 64Kbps ~ 1.92 Mbps의 데이터 전송 속도를 제공하며, 동기식 시분할 다중화 전송 방식을 사용한다.

반면에, B-ISDN은 N-ISDN의 단점을 개선하여 2Mbps ~ 155Mbps급의 대용량 대역폭을 필요로 하는 통신 서비스를 위해 개발되었으며, N-ISDN과 달리 데이터를 프레임 단위로 전송하지 않고 고정된 길이를 갖는 셀(cell)을 통계적 시분할 다중화 전송 방식을 이용하여 전송한다.

ISDN의 가장 큰 특징은 음성, 문자, 데이터, 영상 서비스를 하나의 망에 통합 및 수용할 수 있다는 것이다. 지금까지는 여러 종류의 통신 서비스를 제공하려면 각기 별도의 통신망을 필요로 하였다. 왜냐하면, 음성, 문자, 영상, 데이터 등을 송수신하기 위해서는 전송 방식이 달라야 하기 때문이다. 그렇지만, 향후에는 서로 다른 형태의 정보를 모두 디지털로 변환하여 ISDN이라는 하나의 망으로 전송할 수 있다.

6.4.2 ISDN의 구조

ISDN은 하나의 망 인터페이스 상에서 저속부터 고속까지의 다양한 가입자 요구 조건을 만족시킬 수는 있지만, 가입자가 요구하는 대역폭이 모두 같지 않을 뿐만 아니라 서비스 다중도와 같은 가입자선의 전송 능력, 교환 기능 등의 네트워크 제어 설비의 능력이 다르기 때문에 ISDN에서는 경제성을 고려해서 다양한 구성 방법을 제공한다.

이를 위해 ISDN에서는 전송 속도에 따라 전송 채널을 몇 개의 하위 서브 채널로 나누고, 서비스가 제공되는 인터페이스를 구분하였으며 ISDN을 구성하는 기능을 세분화한다.

1) 채널 종류

ISDN은 가입자와 ISDN 교환국 간의 전송 경로에서 다양한 전송 속도를 제공하기 위해 베어러 채널, 데이터 채널, 하이브리드 채널을 정의하고 있다. ISDN에서는 이러한 채널들의 유기적인 조합을 통해 가입자의 대역폭 요구를 효과적으로 수용하고 있다.

- 베어러 채널

  베어러 채널(B channel : Bearer channel)은 정보 채널이라고도 하며, 64Kbps의 전송 속도를 제공한다. 베어러 채널은 사용자 정보를 전송하기 위한 채널로 데이터 전송률이 64Kbps를 초과하지 않는 범위에서 전이중 방식으로 모든 유형의 디지털 정보를 송수신할 수 있는 채널이다. 즉, 베어러 채널은 가입자의 음성, 오디오, 비디오, 신호 전송에 사용된다.

- 데이터 채널

  데이터 채널(D channel : Data channel)은 사용자의 ISDN 간에 신호 정보를 전달하기 위해 사용되는 채널로 사용자의 요구에 따라 16Kbps 또는 64Kbps의 전송 속도를 갖는다. 모든 ISDN 단말은 데이터 전송을 위해 ISDN에 접속하여 신호 메시지들을 ISDN에 보낸다. 데이터 채널은 이때 사용되는 신호 채널로, ISDN 단말과 교환기 사이에서 통신 채널의 설정 및 해제와 같은 제어 기능을 수행하는 신호 메시지를 전달하는 역할을 담당한다.

- 하이브리드 채널

  하이브리드 채널(H channel : Hybrid channel)은 베어러 채널과 같은 기능을 제공하지만 베어러 채널 보다는 더 많은 대역폭을 요구하는 고속 사용자 정보를 전송하기 위한 채널이다. 따라서, 64Kbps 보다 빠른 속도를 필요로 하는 통신 서비스는 하이브리드 채널을 통해서 제공되며, 하이브리드 채널은 여러 개의 베어러 채널을 다중화한 크기의 대역폭을 제공한다.

  하이브리드 채널 계위 중 가장 하위 비트율 채널은 H0 채널이며, H0 채널은 베어러 채널 6개를 결합하여 384Kbps의 대역폭을 제공한다. 북미 방식의 H11 채널은 4개의 H0 채널을 통합하여 1,536Mbps의 전송 속도를 제공하며, H12 채널은 5개의 H0 채널을 합친 것과 같은 1,92Mbps의 전송 능력을 제공한다.

  이처럼 H 채널은 고속 팩시밀리, 고속 데이터, 고품질 오디오, 원격 회의, 비디오 서비스 등과 같은 고속 데이터 전송 서비스에 적합하다.

[표 6.1] 채널의 기능

채널의 종류	전송 속도	기 능	비 고
B	64Kbps	- 64Kbps 이하의 사용자 정보 전송 - 회선 교환, 패킷 교환, 디지털 전용 회선 방식에 의한 사용자 정보 전송 - 패킷 교환 방식에서 계층 2,3의 신호 정보 전송	정보용 채널
D	D16 : 16Kbps D64 : 64Kbps	- 회선 교환 방식을 위한 신호 정보 전송 - 16Kbps 이하의 패킷 교환 방식에 의한 사용자 정보 전송	신호용 채널
H	H0 : 384Kbps H11 : 1,536Kbps H12 : 1,920Kbps	- B 채널에 의한 모든 정보 전송을 보다 고속으로 제공 - 고속 팩시밀리나 화상 회의 등의 고속의 사용자 정보 전송	정보용 채널

2) 사용자 인터페이스

ISDN에서 정의된 사용자-망 인터페이스(UNI : User-Network Interface) 규격은 일반적으로 기본 속도 인터페이스(BRI : Basic Rate Interface)와 1차군 속도 인터페이스(PRI : Primary Rate Interface)의 두 가지 유형이 있다.

이 두 가지 인터페이스 모두 상이한 사용자 요구 수준에 맞추어 하나의 데이터 채널과 다수의 베어러 채널 또는 하이브리드 채널로 구성된다.

- 기본 속도 인터페이스(BRI)

  BRI는 보통 두 개의 베어러 채널과 하나의 16Kbps 데이터 채널로 구성되기 때문에, 2B+D로 표현된다. ISDN 사용자는 BRI가 제공하는 두 개의 베어러 채널을 이용하여 2대의 전화를 동시에 사용할 수 있다. 즉, 하나의 베어러 채널로 전화를 걸면서 다른 베어러 채널로 팩시밀리 통신 서비스를 이용할 수 있다.

  BRI는 서비스 자체적으로 48Kbps의 오버헤드가 필요하기 때문에 오버헤드와 두개의 베어러 채널 그리고 하나의 데이터 채널을 더하면 총 192Kbps의 디지털 파이프가 요구된다. 기본적으로 BRI는 두 개의 베어러 채널과 하나의 데이터 채널을 더해 3개의 파이프로 구성된 것과 같으며, 파이프 내부의 남은 공간은 운영에 필요한 오버헤드 비트를 전달한다.

- 1차군 속도 인터페이스(PRI)

  PRI는 최대 23개의 베어러 채널과 하나의 64Kbps 데이터 채널로 이루어지기 때문에, 23B+D로 표현된다. 또한, 고속의 데이터 통신을 위해 복수개의 H0 채널로 구성될 수 있으며, 이러한 채널을 혼합한 3H0+D, 4H0+D, H12+D 등의 다양한 형태의 조합을 가질 수 있다.

  PRI는 서비스 자체의 오버헤드로 8Kbps를 사용하므로 23개의 베어러 채널과 한개의 데이터 채널을 더하면 1,544Mbps의 디지털 파이프를 필요로 한다. 기본적으로 PRI는 23개의 베어러 채널에 하나의 데이터 채널을 더해 24개의 파이프로 구성된 굵은 파이프와 같으며, 파이프 내부의 남은 공간은 운영에 필요한 오버헤드 비트를 전달한다.

3) 기능 그룹

ISDN에서는 어디까지가 사용자 설비이고, 어디부터가 망 장비인지를 구분할 수 있는 사용자와 망간의 경계점을 명확히 해두는 것이 중요하다.

기능 그룹은 이러한 경계점을 명확히 규정하기 위해 사용되며, [그림 6.20]에서와 같이 나타낼 수 있다.

ISDN에서는 보통 기능 그룹을 정의하기 위해 망을 가입자 구내망(CPN : Customer Premises Network)과 공중 통신망(Public Network)으로 구분한다. 먼저, 가입자 구내망은 빌딩이나 대학 내 전산실 등의 구내 통신망을 말하며, 공중 통신망은 공중 통신망 사업자가 광역 통신망을 구축 및 운영하는 영역을 의미한다.

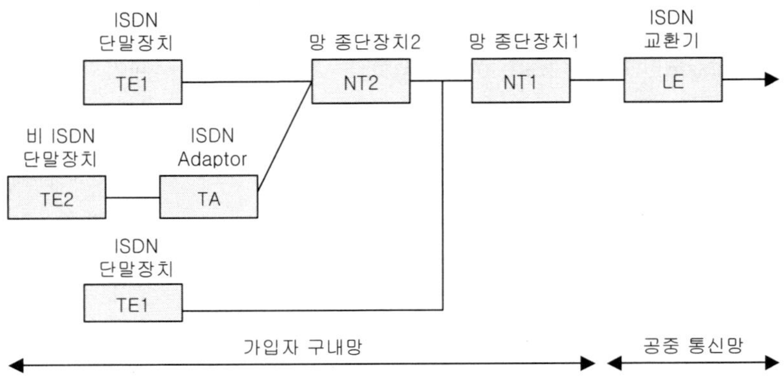

[그림 6.20] ISDN에서의 기능 그룹

가입자 구내망에서 TE1(Terminal Equipment type 1)은 ISDN 접속 기능을 장착한 단말기를 말하며, X.25 데이터 통신 단말기나 기존 전화기와 같이 ISDN 접속 기능이 없는 TE2(Terminal Equipment type 2)는 ISDN 접속 기능을 제공하는 TA(Terminal Adaptor)를 거쳐서 ISDN에 접속할 수 있다. TA는 독립된 장치로 구성되거나 TE2에 보드 형태로 내장될 수 있다.

TE1, TE2 장치 이후의 ISDN 접속 장치는 NT1(Network Termination type 1) 또는 NT2 (Network Termination type 2) 이다. NT1, NT2는 망 종단 장치로써 4선식인 가입자 선로와 기존의 2선식 댁내 회선(local loop)간을 연결해주는 역할을 수행한다.

NT1은 가입자 구내망과 공중 통신망이 접속되는 곳으로 관리 영역의 구분점이기도 하다. 공중 통신망 영역에서는 NT1으로부터 통신망 사업자 전화국까지의 가입자 액세스망 사이에 ISDN 교환기(LE : Local Exchange)를 사용할 수 있다. ISDN 교환기를 이용한 장거리 통신은 기존 공중전화 통신망(PSTN)이나 혹은 패킷 교환 데이터 통신망(PSDN)을 통하여 상대방 ISDN 교환기와 연결을 제공한다.

NT2는 일반 가정이나 소규모 사무실에서는 일반적으로 그 기능이 생략되며, 가입자 구내망에서 교환 기능을 제공한다. NT2 기능은 보통 디지털 사설 구내 교환기(PBX : Private Branch Exchange)에 내장되어 있으며, 2, 3 계층 프로토콜 기능을 수행한다.

[표 6.2]는 ISDN에서 각 기능 그룹의 기능과 사용 예를 나타낸 것이다.

[표 6.2] ISDN의 기능 그룹 및 기능 설명

기능 그룹	기 능	사용 예
TE1	- ISDN 접속 기능을 가진 단말기	ISDN 전화기 등
TE2	- ISDN 접속 기능이 없는 기존 단말기	아날로그 전화기
TA	- ISDN 정합장치 - TE2 단말장치에 ISDN 접속 기능 제공 - 프로토콜 변환 기능 - 속도 변환 기능	단말 제어장치 등
NT1	- 가입자 접속망 종단 장치 - 선로의 종단점 - 계층 1의 선로 유지보수 및 성능 검사 - 계층 1의 다중화 - 비트 타이밍 - 가입자 구내망 접속 종단	
NT2	- 가입자 구내 교환 장치 - 계층 2,3 프로토콜 처리 - 계층 2,3 다중화 - 교환 기능 - 집중화 기능 - 유지보수 - 구내 통신망 종단	ISDN 구내 교환기
LE	- ISDN 교환 기능 - UNI, NNI 신호 기능 - 패킷 처리 - 프레임 릴레이 패킷 처리	단국 교환기

4) 참조점

ISDN에서 사용자에게 정보를 전송하는 채널과 신호 정보를 전송하는 채널을 나누는 기준이 되는 분기점을 참조점(reference point)이라고 한다. 즉, 참조점은 장비 간 연동을 할 때 필요한 기능들을 정의하는 기준점 역할을 한다.

[그림 6.21]은 가입자 장치와 망간의 인터페이스에서 정의되어 있는 참조점과 참조점의 위치를 나타낸 것이다.

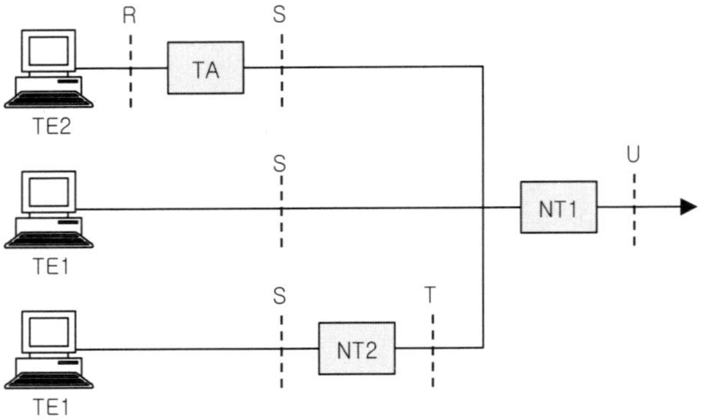

[그림 6.21] ISDN에서의 참조점

각 참조점들의 기능을 살펴보면 다음과 같다.

- R(Rate) : ISDN 단말기와 TA 사이의 인터페이스로서 ITU-T 권고 V, X 계열 권고안을 따른다.
- S(System) : ISDN 단말기에서 제공되는 인터페이스로서 TE1 혹은 TA와 NT1 혹은 NT2 간의 인터페이스를 규정한다.
- T(Terminal) : 사용자 단말측에서 볼 때 ISDN이 제공하는 최소한의 인터페이스를 제공받는 곳으로서 사용자 장비와 망 제공자 장비의 경계가 되는 곳이다.
- U(User) : 가입자선 상의 전이중 전송 인터페이스를 기술하는 곳이다.

요 약

1. 근거리 통신망(LAN)

- LAN이란 인접한 지리적 범위에서의 데이터 통신망을 의미하는데, 통상 패킷(packet) 통신망이라고도 한다.
- 접근 제어 방식으로 버스형 LAN에서 사용되는 CSMA/CD 방식과 버스형 또는 링형 LAN에 사용하는 토큰 패싱 방식이 있다.

2. 원거리 통신망(WAN)

- WAN은 공중 통신망 사업자가 구축하고, 일반 대중 가입자들에게 보편적인 정보 통신 서비스를 제공한다.
- X.25는 패킷형 단말기를 패킷 교환망에 접속하기 위한 프로토콜이다.

3. 대도시 통신망(MAN)

- LAN과 LAN을 연결해 주는 네트워크 구성 방법 중 하나이다.
- DQDB는 두 개의 버스를 연결하는 구조와 링 형태(혹은 루프 형태)의 토폴로지를 지원한다.

4. 종합정보 통신망(ISDN)

- 다양한 서비스를 하나의 통합된 디지털망에서 제공하고자 하는 목적으로 시작된 것이 종합정보 통신망(ISDN) 이다.
- 가입자와 ISDN 교환국 간의 전송 경로에서 다양한 전송 속도를 제공하기 위해 베어러 채널, 데이터 채널, 하이브리드 채널을 정의하고 있다.
- 기능 그룹은 이러한 경계점을 명확히 규정하기 위해 사용된다.
- 사용자에게 정보를 전송하는 채널과 신호 정보를 전송하는 채널을 나누는 기준이 되는 분기점을 참조점(reference point)이라고 한다.

연습문제

1. LAN의 특성에 대해 서술하시오.

2. LAN과 WAN이 다른 점이 무엇인지 서술하시오.

3. LAN의 3가지 구성 요소에 대해 서술하시오.

4. LAN의 분류 중 전송 방식에 의한 분류에 대해 설명하시오.

5. CSMA/CD 방식의 개념과 동작 순서에 대해 설명하시오.

6. 토큰 링 방식에서 토큰 패싱(token passing)의 동작 과정을 그림으로 표현하시오.

7. 토큰 버스 방식에서 토큰 버스의 동작 과정을 그림으로 표현하시오.

8. WAN의 특징에 대해 서술하시오.

9. X.25 프로토콜의 구성 형태에 대해 서술하시오.

10. X.25 가상 호에 관련된 3단계를 나열하고, 프로토콜의 동작 예를 그림으로 표현하시오.

11. MAN의 특징에 대해 서술하시오.

12. DQDB(Distributed Queue Dual Bus)를 정의하고, 그것의 동작 과정을 그림으로 표현하시오.

13. MAN의 응용 형태에 대해 설명하시오.

14. ISDN의 특성에 대해 서술하시오.

15. ISDN의 구조에서 세 가지 채널의 종류에 대해 서술하시오.

16. ISDN의 구조에서 두 가지 사용자 인터페이스에 대해 서술하시오.

제 7 장

인터넷과 TCP/IP

네트워크의 중심인 인터넷의 개요와 주소 체계 개념에 대해 이해하고, 대표적인 통신 프로토콜인 TCP/IP의 특징에 대해 학습한다.

7.1 인터넷의 개요

21세기의 정보화 시대는 정보의 보유 및 활용 능력이 가치관의 중심이 되고 정보를 가진 자가 세상을 지배하게 되리라 예상하고 있다. 이런 시대의 정보는 어떻게 흘러 다닐 것인가? 그 동안은 라디오, TV, 신문 등과 같은 음성 매체, 화상 매체, 활자 매체가 주된 정보 전달 매체였지만, 현재에는 이 모든 매체가 디지털 형태로 컴퓨터 네트워크를 통해 유통되고 있는 실정이다.

따라서, 이러한 환경에서 인터넷은 미래의 정보화 시대를 위한 가장 확실한 유통 매체로 간주되고 있다.

7.1.1 인터넷의 정의

인터넷(Internet)은 다양한 네트워크 종류와 다양한 컴퓨터가 연결되어 있는 전 세계적인 네트워크의 네트워크이다. 이것들이 통신을 하기 위해서는 TCP/IP(Transmission Control Protocol/Internet Protocol) 프로토콜을 이용한다. 인터넷은 네트워크와 네트워크 즉, 통신망간을 연결하는 모양을 표현하는 인터 네트워크(internetwork)의 약어인 internet과 구별하기 위해 INTERNET 또는 Internet과 같이 고유명사로 표기한다.

인터넷에는 PC 통신처럼 모든 서비스를 제공하는데 중심이 되는 호스트 컴퓨터도 없고 이를 관리하는 조직도 없다. 인터넷을 대표하는 조직으로 ISOC(Internet Society)가 있지만 인터넷을 총괄 관리하는 기구는 아니다. 그러나, 인터넷상의 어떤 컴퓨터 또는 통신망에 이상이 발생하더라도 통신망 전체에는 영향을 주지 않도록 실제의 관리와 접속은 세계 각지의 관련 기관에서 분산적으로 행해지고 있다.

인터넷은 세계의 컴퓨터 통신망들을 상호 연결한 것이다. 이 거대한 망에서는 수많은 정보를 제공하는 컴퓨터들이 연결되어 있고 이들이 정보를 제공해 주기 때문에 인터넷을 정보의 바다라고 한다. 현재 인터넷에서 제공하는 서비스의 종류와 기능은 급격하게 늘어가고 있다. 이제는 생활의 기본 도구라고 할 수 있을 정도로 인터넷에 관한 관심이 높아지고 있고 사용자 또한 기하급수적으로 늘어가고 있다.

7.1.2 인터넷의 역사

인터넷의 역사는 1969년도에 미국 국방성에서 시작한 ARPANET(Advanced Research Project Agency NETwork)에서 시작되었다. ARPANET은 원격 시스템 접속, 파일 전송, 전자 우편 및 정보 공유가 가능한 컴퓨터 통신망으로 구축되었다.

ARPANET은 약 2년간의 시범 운영 끝에 1971년 10월 MIT 대학에서 공개적으로 시연을 갖게 되었고, 이로부터 1년 후인 1972년 10월 워싱턴의 국제 컴퓨터 통신 학술대회(ICCC : The International Conference on Computer and Communications)를 통해 일반인들에게 ARPANET의 시범운용이 이루어졌다.

ARPANET은 크게 성공을 거두어 미국의 많은 대학들이 가입을 하게 되었다. 이로 인해, 당초 군사적인 목적으로 개발된 ARPANET은 대학 내 연구 개발 등에 많이 이용하게 되었다. 결국 1983년에 군사용으로는 MILNET(MILitary NETwork), 연구 개발용으로는 동일 이름의 ARPANET이라는 두 개의 네트워크로 나누어지게 된다.

그러나, 여러 가지 이유로 ARPANET 이용이 어렵게 됨에 따라 NSFNET이라는 더욱 발전적인 네트워크 자체를 구축하기에 이르렀다. 이렇게 되자 많은 사람들은 NSFNET을 이용하게 되고, 자연스럽게 ARPANET에서 수행되던 일들이 NSFNET으로 이전하게 되었다.

이후, NSFNET에 각국의 네트워크가 연결되기 시작하였으며, 매우 빠르게 전 세계의 컴퓨터 네트워크가 연결되었는데, 이것이 바로 전 세계를 연결하는 오늘날의 인터넷으로 발전되었다.

지금까지 설명한 인터넷의 역사를 연도별로 구분하여 정리하면 다음과 같다.

- 1968년 : 미국 국방성에 의해 서로 연결된 컴퓨터의 자원을 공유하면서, 일부 통신 선로가 파괴되었을 때, 다른 통신 선로로 지속적인 통신과 정보 교환이 가능한 통신망 개발 프로젝트로 출발하였다(ARPANET).
- 1969년 : 미국 국방성과 UCLA, 스탠포드 대학 등이 연결된 ARPANET 탄생이 인터넷의 시초가 되었다.
- 1974년 : TCP/IP 프로토콜이 개발되었다.
- 1982년 : TCP/IP가 인터넷의 표준 프로토콜로 채택되었다.
- 1984년 : 도메인 네임 시스템(DNS)이 도입되었다.
- 1986년 : NSF에 여러 기관들의 네트워크가 연결되면서 인터넷의 본격적인 이용이 증가하게 되었다.
- 1989년 : 유럽 입자물리연구소(CERN)에서 웹 서버/클라이언트가 개발되었다.
- 1990년 : ARPANET을 해체하고, 모든 업무를 NSFNET으로 이관하였다. 또한, 이 시기에 URL, HTTP, HTML 표준이 제정되었다.
- 1993년 : 일리노이 대학의 NSCA 학생과 스텝들에 의해 최초의 인터넷 웹 브라우저 '모자익(Mosiac)'이 개발되었다.
- 1994년 : 짐 클락과 마크 앤드리슨이 넷스케이프사를 설립, 웹 브라우저인 '네비게이터(Navigator)'를 개발하였다.
- 1995년 : 인터넷의 비약적인 성장으로 NSFNET 백본을 해체하고, 상용 백본이 등장하게 되었다.

국내에 인터넷이 처음 소개된 것은 1990년대이지만 일반 사용자들의 이용은 1994년부터 시작되었다. 그 이후, 국내의 인터넷 열풍은 계속 증가되었고 인터넷 서비스만 전문적으로 지원하는 많은 회사들도 생겼고, 매년 인터넷 이용자의 증가율도 기록을 갱신하고 있다.

7.1.3 인터넷의 특징

최근의 인터넷의 급성장은 네트워크 기술의 발전, 정보 기술의 발달에 따른 PC의 급속한 보급 등 여러 가지 이유가 있지만, 다음과 같은 인터넷이 갖는 기존 매체와의 차이점에서 찾아볼 수 있다.

1) 신속한 정보의 교환 – 정보의 전자화

인터넷의 가장 큰 장점은 정보를 신속하게 주고받을 수 있다는 것이다. 정보의 형태가 텍스트, 그림, 이미지, 애니메이션, 음성, 동영상, 프로그램에 이르기까지 거의 모든 정보를 인터넷이 연결된 곳이면 어디서든지 주고받을 수 있다.

이와 같은 정보의 형태를 신속하게 주고받을 수 있는 가장 큰 이유는 '정보의 전자화 또는 정보의 디지털화(Digitalization of Information)'이다. 정보의 전자화란 '0'과 '1'의 두 숫자로 이루어진 2진법을 이용하여 모든 정보의 형태를 '0'과 '1'에 의해 표현하는 것을 의미한다.

2) 저렴하고 세계적인 네트워크 – 저렴성 및 대중성

인터넷을 사용할 때 기본적인 통신 회선의 사용료를 제외하고는 대부분의 정보 및 서비스들이 거의 무료로 제공되고 있다.

예를 들면, 인터넷을 통해 국내 또는 국제 전화를 걸거나, 전자 우편을 보내거나, 팩스 서비스를 이용할 경우 기본적으로는 시내 전화 요금만으로 세계 어디든지 접속이 가능하며, 실제 이러한 서비스들이 현실적으로 다양하게 제공되고 있다.

3) 무한한 잠재성을 가진 세계적인 네트워크 – 용도의 무한성

멀티미디어 기술과 디지털 통신 기술의 발달로 인터넷 성능의 고도화가 지속적으로 이루어지고 있다. 초고속통신망, 분산형 데이터베이스의 연결, 네트워크의 지능화에 따라 인터넷은 현재의 상황으로서는 쉽게 예측할 수 없는 무한한 잠재성을 가진 세계적인 네트워크로 발전할 것이다.

따라서, 기존 현실에서 활동하던 기업들이 인터넷을 통한 사업을 표방하고, 엄청난 속도로 인터넷에 참여하고 있다. 이제 인터넷은 기업의 마케팅, 광고, 고객 서비스 및 지원, 새로운 시장 개척 등의 업무를 수행하는 최상의 장소로 부상하였고, 앞으로도 이러한 추세는 계속될 것이다.

4) 주인이 따로 없는 네트워크 – 개방성 및 자율성

인터넷은 인종, 성별, 국적, 빈부의 차이에 상관없이 누구에게나 열려 있다. 인터넷은 여러 가지 다양한 컴퓨터 하드웨어들이 연결될 수 있고, 참여를 원하는 그 누구에게나 개방되어 있다. 따라서, 인터넷을 광대한 정보의 바다라고 부른다.

인터넷은 어떤 기관 또는 국가에 의해서도 통제 받지 않는다. 단지, 네트워크에 연결된 각 컴퓨터가 일정한 규칙에 의하여 주소를 갖도록 유도하거나 혹은 각종 표준을 제시하는 수준의 일부 관리자(기관)만이 존재한다.

5) 실시간/양방향의 멀티미디어 네트워크

인터넷에서는 인터넷을 이용하는 사용자간에 실시간/양방향 멀티미디어 커뮤니케이션을 동시에 수행할 수 있으며, 시간과 공간의 제약을 줄여 주는 역할을 한다.

예를 들면, 인터넷 신문에 실린 기사의 내용을 수동적으로 보는 것이 아니라 자신의 관심 분야만 능동적으로 볼 수 있다.

7.1.4 인터넷의 서비스

인터넷에서 제공하는 서비스는 종류도 다양하고 수시로 변하기 때문에 그 종류를 일일이 나열할 수는 없지만, 대표적으로 다음과 같은 것들이 있다.

1) 전자 우편(E-mail)

인터넷 서비스 중에서 가장 많이 사용되는 것이 전자 우편이다. 이러한 전자 우편은 문서뿐만 아니라 음성 데이터, 화상 데이터, 프로그램 등 모든 종류의 정보를 ASCII 문자로 저장하여 인터넷에 연결된 사람들에게 전송할 수 있다.

전자 우편으로 메시지를 보내기 위해서는 표준 인터넷 주소를 사용한다. 인터넷 서비스의 대부분은 End-to-End 방식을 사용하는 반면, 전자 우편은 Store-and-Forward 개념으로 전송된다.

2) FTP(File Transfer Protocol)

FTP는 인터넷상에서 파일 전송을 위한 기본 프로토콜로서, 파일을 주고받는 서비스를 의미한다. 자신의 호스트가 아닌 다른 호스트로 접속하기 위하여 일반적으로 접속 대상이 아닌 컴퓨터를 서버(Server)라 하고, 접속하려는 호스트를 클라이언트(Client)라 하는데, 접속하려는 컴퓨터의 서버 프로그램에 접속하기 위하여 FTP라 부르는 클라이언트 프로그램을 사용한다.

FTP 프로그램을 사용하기 위해서는 FTP 명령어를 입력하고 접속을 원하는 원격지의 컴퓨터 주소를 입력하면 된다.

3) 텔넷(Telnet)

거리상 멀리 떨어진 곳에 있는 컴퓨터를 조작할 수 있는 방법이 원격 로그인 작업이다. 원격 로그인은 인터넷을 이용하여 연구 프로젝트를 수행하는 사람들에게 많은 도움을 주었으며, 전자 게시판(BBS)과 같은 기타 여러 정보 서비스들을 가능하게 만들었다.

UNIX 시스템에서는 로그인이나 텔넷을 이용하여 멀리 떨어진 호스트 컴퓨터 상에서 작업을 하거나 그 컴퓨터를 조작할 수 있는데, 이를 원격 로그인 작업이라 한다.

4) 유즈넷(Usenet)

1979년 듀크 대학의 대학원생들에 의해 개발된 유즈넷은 인터넷에 속한 사용자들 간에 주요 관심사에 대한 정보의 분배, 조회 및 교환 등을 할 수 있는 환경을 제공해 주는 정보 교환 시스템이다. 현재 BBS에는 각종 게시판이 있으며, 사용자들은 이러한 게시판을 이용하여 많은 정보를 교환하고 있다.

유즈넷에서는 각 주제에 따라 그룹을 형성하여 토론하는데, 이러한 그룹을 뉴스 그룹(News Group)이라 한다. 뉴스 그룹의 이름은 컴퓨터의 도메인 이름과 비슷하게 구성되어 있다.

5) 고퍼(Gopher)

고퍼란 인터넷을 통해 전 세계에 분산되어 있는 각종 유형의 정보를 검색하고 볼 수 있게 해줄 수 있는 메뉴 방식의 정보 서비스이다. 고퍼의 가장 큰 특징은 사용자가 어떠한 자료를 인터넷에서 찾고자 할 때, 고퍼가 사용자를 대신하여 필요한 절차를 수행하여 자료가 있는 네트워크상의 호스트에 연결하고 디렉토리를 찾아가서 원하는 자료를 가져다준다는 것이다.

인터넷 고퍼 시스템은 고퍼 서비스를 제공하는 사이트들로 구성된다. 각각의 고퍼 서비스의 제공을 위해서 고퍼 서버 프로그램을 실행하여야 한다. 사용자들은 이러한 고퍼 서비스를 제공하는 사이트들에 접속하여 원하는 서비스를 받을 수 있다.

6) 아키(Archie)

아키는 수천 개의 사이트에서 수백만 개의 파일을 제공하는 인터넷을 통해 파일이나 정보들을 찾을 수 있는 정보 검색 서비스이다. 전 세계에 산재되어 있는 파일이나 프로그램에 대한 정보를 검색할 수 있는 데이터베이스 검색 서비스인 것이다.

7) 웨이즈(WAIS : Wide Area Information Service)

WAIS는 특정 데이터베이스 등을 키워드로 고속 검색할 수 있으며, 색인된 자료를 찾는데 유용한 서비스이다. 즉, WAIS는 특정 단어를 포함하는 인터넷 자료들을 찾아주는 역할을 한다.

8) 웹(WWW : World Wide Web)

WWW는 1989년 스위스에 있는 유럽 입자물리연구소(CERN)의 연구진에 의해 제안된 하이퍼텍스트 개념을 기반으로 하는 분산형 정보 처리 시스템이다. 이외에도 하이퍼링크와 하이퍼미디어도 중요한 개념이다.

하이퍼텍스트란 여러 개의 연결된 문서라는 의미이다. 일반적인 텍스트 문서와 기본적으로는 같지만, 다른 문서 내의 특정 위치로 연결될 수 있다는 점에서 다르다고 할 수 있다. 하이퍼텍스트 문서는 물리적이고 논리적인 공간을 뛰어넘는 임의의 연결이 가능한 새로운 개념의 문서 연결 형태이다.

하이퍼링크는 어떤 단어 또는 이미지를 선택하면 그에 해당되는 문서나 다른 미디어로 이동하게 해주는 역할을 하는 것으로서 하이퍼텍스트 문서들의 연결 방법이다.

하이퍼미디어는 하이퍼텍스트와 멀티미디어의 합성어로서 문자뿐만 아니라 소리, 영상, 그림 등과 같은 다양한 정보 매체를 임의로 접근할 수 있도록 표현할 수 있고, 그에 대한 연결을 갖는 경우를 의미한다.

7.1.5 인터넷의 TCP/IP 구조

인터넷에는 수많은 네트워크가 연결되어 있다. 세계에는 수많은 나라가 있고 각 나라마다 서로 다른 언어와 규칙이 있듯이 인터넷에 연결된 네트워크도 그 종류가 다양하고 사용하는 프로토콜 또한 다양하다. 이들 네트워크는 어떤 프로토콜을 사용하느냐에 따라 데이터를 처리하는 효율이 달라지기 때문에 사용 환경에 맞는 다양한 프로토콜이 생겨난 것이다.

이러한 문제점을 해결하기 위해 각 네트워크 간에 공통적으로 쓸 수 있는 프로토콜이 필요하게 되었는데, 이것이 TCP/IP(Transmission Control Protocol/Internet Protocol) 이다. TCP/IP가 마련됨으로써 네트워크에 연결된 컴퓨터 기종에 상관없이 정보 교환이 가능하게 된 것이다. TCP/IP를 지원하는 네트워크에 연결된 컴퓨터라면 TCP/IP를 지원하는 소프트웨어만 있으면 아무 문제없이 서로 다른 기종간이라도 서로 통신이 가능하게 된 것이다.

인터넷에서 기본 프로토콜을 사용하는 TCP/IP 프로토콜은 OSI 참조 모델 이전부터 이미 개발되어 있었다. 따라서, TCP/IP 프로토콜의 계층 구조는 OSI 참조 모델과는 일치하지 않는다. TCP/IP는 5개의 계층 구조로 되어 있으며, 현재 가장 널리 사용되고 있는 통신 프로토콜이다.

[그림 7.1]은 TCP/IP 프로토콜의 계층 구조와 OSI 참조 모델의 계층을 비교한 그림이다.

TCP/IP는 OSI 참조 모델을 직접 따르지 않는다. 가장 널리 퍼지고 사용되는 프로토콜 중 하나인데도 불구하고 표준을 따르지 않는 이유는 TCP/IP의 발생 과정에 있다.

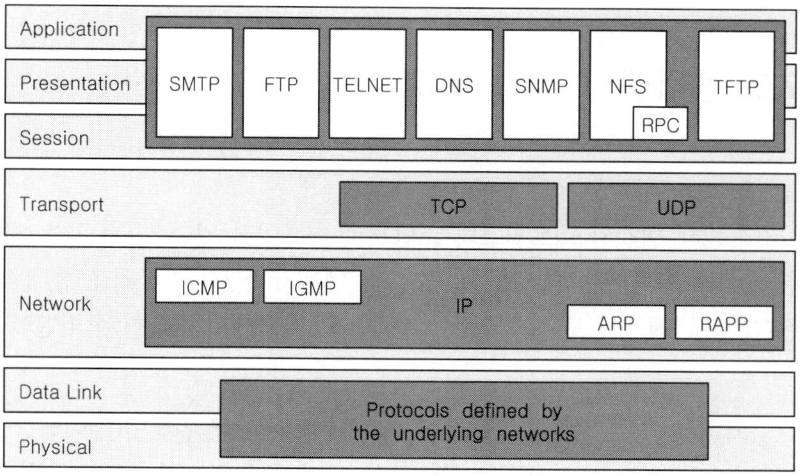

[그림 7.1] OSI 참조 모델과 TCP/IP 프로토콜의 계층 구조

초기 네트워크는 다르게 만들어진 컴퓨터, 다른 회사 제품들 그리고 각 컴퓨터의 다른 운영체제 등 매우 복잡한 환경에서 사용되어져야 했고, 그래서 각 컴퓨터의 모델마다 통신 방식이 만들어져야 하는 번거로움을 피할 수 없는 상황이었다. 이런 상황에서 국제적인 표준안의 필요성을 느끼고 생각하게 되었지만 이런 상황과는 달리 OSI 참조 모델은 전 세계적인 표준 기구에서 추진하는 것이었으므로 진척이 더딜 수밖에 없었다. 따라서, 표준안의 확정을 너무 오래 기다릴 수 없는 상황이었다. 결국, 이런 상황에서 미국 정부가 긴박한 필요성에 의해 만들어낸 것이 바로 TCP/IP 이다.

그 후, TCP/IP는 계속 발전하여 퍼져나가게 되었고, 지금은 어떤 프로토콜보다 많은 컴퓨터를 연결하는데 사용되는 프로토콜임을 부정하는 사람이 없을 정도로 일반화되어 있다.

TCP/IP는 UNIX 시스템을 비롯해서 MS사의 Windows에서 기본적으로 제공되며, 가장 널리 쓰이는 프로토콜이고, 그만큼 다양한 서비스를 가지고 있는 프로토콜이기도 하다.

7.2 인터넷의 주소 체계

인터넷은 라우터에 의해 연결된 네트워크의 조합으로 이루어져 있다. 하나의 호스트가 네트워크를 통하여 다른 호스트와 통신할 때, 패킷은 하나의 네트워크에서 라우터를 통해 다른 네트워크로 이동하게 된다. 이 단계에서 모든 호스트는 전체 네트워크에서 유일하게 식별할 수 있는 주소 체계가 필요하다.

TCP/IP 프로토콜의 IP는 상호 연결된 네트워크의 시스템을 통해 인터넷 데이터그램을 송신지로부터 수신지로 전송하는데 필요한 기능을 하며, 인터넷상에서 호스트나 라우터를 유일하게 나타내는 32비트 주소 체계를 지원한다.

7.2.1 IP 주소

1) IP 주소 체계

TCP/IP 기반 네트워크를 구축할 때, 가장 중요한 작업은 네트워크의 각 노드에 IP 주소를 지정하는 것이다. TCP/IP 프로토콜의 IP 계층에서 사용되는 식별자를 인터넷 주소(internet address) 또는 IP 주소(IP address)라고 한다. IP 주소는 일정한 구조를 가지고 있으며 사용하기 위한 규칙이 있다.

IP 주소는 인터넷의 모든 노드에 유일하게 할당된다. 유일하다는 것은 인터넷상에 존재하는 노드인 모든 호스트나 라우터는 서로 다른 유일한 IP 주소를 가진다는 것이다. 인터넷상에 두 개의 장치(호스트나 라우터)는 결코 같은 주소를 가질 수 없다.

그러나 어떤 장치가 하나 이상의 물리적인 네트워크에 연결될 때는 하나 이상의 주소를 가질 수 있다. IP 주소는 인터넷에 연결하고자 하는 모든 호스트를 유일하게 구분할 수 있는 주소 지정 시스템이다. 네트워크에 연결되는 노드는 데이터 링크 계층의 주소인 물리 주소에 추가하여 네트워크 계층에 해당하는 추가적인 논리 주소 체계가 필요하다.

IP 주소는 [그림 7.2]에서처럼, 4바이트(32bits)로 구성되며, 다섯 가지의 클래스가 있으며 두 부분(Netid와 Hostid)으로 구성된다.

Netid의 첫 부분에는 클래스를 구분할 수 있는 부분이 포함되어 있다. 또한, Netid는 네트워크를 구별하고, Hostid는 해당 네트워크상의 호스트를 구분하는데 사용된다.

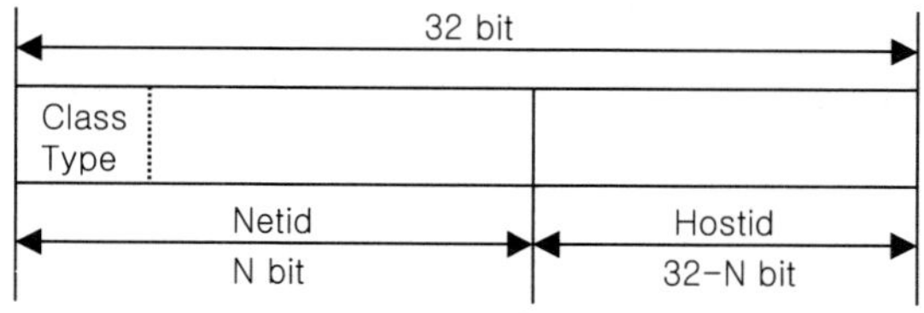

[그림 7.2] IP 주소의 구조

32비트 주소는 4바이트의 각 바이트를 10진수 형태로 표현하여 4개의 10진수로 표현한다. 이 10진수는 마침표(.)로 구분한다. 이 주소 표기법을 점 10진 표기법이라 한다. [그림 7.3]은 2진 형식과 점 10진 표기법의 IP 주소를 나타낸 것이다.

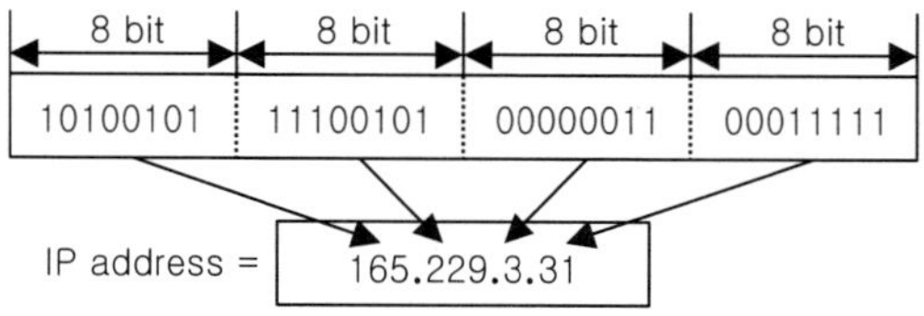

[그림 7.3] IP 주소의 표현

2) IP 주소 구조 및 클래스

IP 주소는 5개의 클래스(A, B, C, D, E)로 분류되며 A, B, C 클래스만이 [그림 7.4]에서처럼 네트워크 주소와 호스트 주소 체계의 구조를 가진다. 단일 네트워크 영역에서 모든 호스트는 같은 네트워크 주소를 공유하게 된다. 동일 네트워크 영역상의 각 호스트는 하나의 네트워크 주소를 공유하고 그 하위에 유일한 호스트 주소로 구분된다.

(1) A 클래스

A 클래스 주소는 최상의 비트(most significant bit)가 0이 되고, 이를 포함한 처음 8비트는 네트워크 주소로 할당되고, 나머지 24비트는 호스트 부분의 주소로 할당되어 있다. 즉, 첫 번째 옥텟(8비트)이 Netid이며, 가장 좌측 비트인 0을 제외한 나머지 7비트는 서로 다른 네트워크를 유일하게 구분한다.

이것은 A 클래스에 해당되는 IP 주소를 갖는 네트워크의 수는 제한될 수밖에 없음을 의미한다. 수치적으로 계산해 보면 2^7=128개의 네트워크가 있음을 알 수 있다. 그러나, A 클래스의 실제 네트워크 수는 126개이다. 2개의 00000000인 주소와 11111111인 주소는 특별한 목적을 위해 예약된 주소이기 때문이다.

하나의 A 클래스 네트워크는 Hostid를 나타내기 위하여 24비트를 사용한다. 이것은 각 네트워크가 최고 2^{24}=16,777,216개의 호스트를 가질 수 있다. 그러나, 이것도 역시 2개의 주소(Hostid

가 모두 0인 것과 모두 1인 것)는 특별한 의미를 갖는 주소로 사용된다. 즉, A 클래스 네트워크에 연결될 수 있는 호스트(또는 라우터)는 최고 16,777,214개가 존재한다는 것을 의미한다.

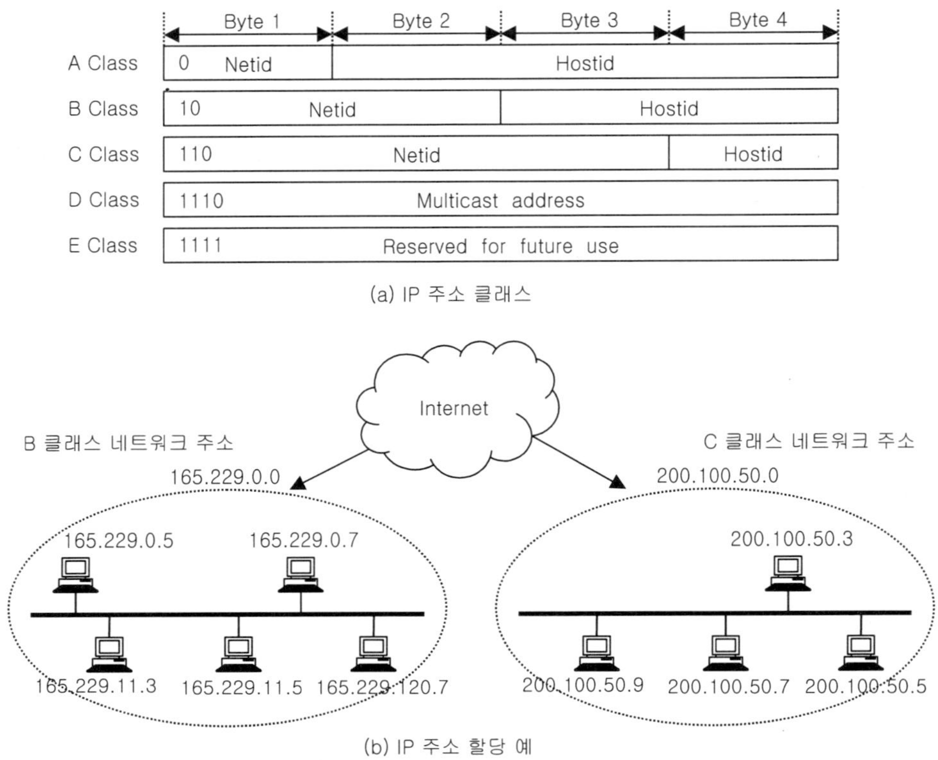

[그림 7.4] IP 주소 클래스의 구분 및 IP 주소 할당의 예

(2) B 클래스

B 클래스의 주소 구조는 16비트가 네트워크의 주소를 위한 것으로, 나머지 16비트는 호스트 주소로 할당되어 있다. 즉, 2개의 옥텟이 Netid를 나타내고, 나머지 2개의 옥텟은 Hostid를 나타낸다. 가장 좌측 2비트는 B 클래스를 나타내기 위해 10으로 채워지며, 나머지 14비트는 서로 다른 네트워크를 나타내는데 사용된다.

클래스 B는 2^{14}=16,384개의 서로 다른 네트워크가 존재할 수 있다. B 클래스 네트워크에서 Hostid를 나타내는 16비트는 수치상으로 최고 2^{16}=65,536개의 호스트(또는 라우터)가 존재한다는 것을 의미한다. 이것도 2개의 주소(Hostid가 모두 0인 것과 모두 1인 것)는 특별한 의미를 갖는 주소로 사용된다. 따라서, B 클래스는 하나의 네트워크에서 최고 65,534개의 호스트(또는 라우터)를 가질 수 있다.

(3) C 클래스

C 클래스 주소 구조는 24비트를 네트워크 주소를 위해 할당하고, 나머지 8비트는 호스트 주소로 사용하기 위해 할당되어 있다. 3개의 옥텟은 Netid이고, 나머지 하나의 옥텟이 Hostid이다. 가장 좌측 3비트는 C 클래스를 나타내기 위해 110으로 채워지며, 나머지 21비트는 서로 다른 네트워크를 나타내는데 사용된다. 이것은 C 클래스 네트워크 수가 클래스 A, B 보다 훨씬 많다는 것을 의미한다. 2^{21}=2,097,152개의 네트워크가 있을 수 있다.

C 클래스 네트워크에서 마지막 8비트는 Hostid를 나타내며, 각 네트워크는 수치상으로 최고 2^{8}=256개의 호스트를 가질 수 있다. 그러나, 2개의 주소(Hostid가 모두 0인 것과 모두 1인 것)는 특별한 의미를 갖는 주소로 사용된다. 따라서, C 클래스는 하나의 네트워크에서 최고 254개의 호스트(또는 라우터)를 가질 수 있다.

(4) D 클래스

D 클래스 주소는 멀티캐스팅(multicasting)을 사용하기 위해 예약되어 있으며, 이 클래스는 Netid와 Hostid가 없다. 전체 주소가 멀티캐스팅을 위해 사용된다. 첫 번째 4비트(1110)는 D 클래스를 나타낸다. 나머지 28비트는 서로 다른 멀티캐스트 주소를 나타내는데 사용된다.

(5) E 클래스

E 클래스 주소는 실험적인 주소로 공용으로는 사용되지 않는다. 이 클래스에는 Netid나 Hostid가 존재하지 않는다. 첫 번째 4비트(1111)는 E 클래스를 나타낸다.

[표 7.1] 2진 표기법에서 클래스 결정

IP 주소 클래스	시작 비트	첫 바이트 10진 주소 범위	최대 서브넷 수	서브넷 당 최대 호스트 수
A 클래스	0	0~127	127	16,777,214
B 클래스	10	128~191	16,384	65,534
C 클래스	110	192~223	2,097,152	254
D 클래스	1110	224~239	–	–
E 클래스	1111	240~255	–	–

7.2.2 ARP와 RARP

네트워크에 연결된 모든 시스템들은 논리 주소(인터넷의 IP 주소)를 가지고 있다. 논리 주소는 세계적으로 유일하며 중복되지 않고 특정 시스템을 나타낼 수 있는 유일한 주소이다. TCP/IP에서는 이 논리 주소가 IP 주소이다.

어떤 시스템이 다른 시스템으로 패킷을 전송할 때 이 패킷들은 물리적인 네트워크를 통과하게 된다. 물리적인 네트워크를 통과하기 위해서 패킷은 수신측 시스템의 물리 주소를 알고 있어야 한다. 물리 주소는 논리 주소와는 다른 체계를 가진다. 지역 네트워크에서 유일하고 가장 대표적인 LAN인 이더넷의 경우에는 물리 주소 길이가 48비트이다.

따라서 패킷이 수신측 시스템에 도착하려면 수신측의 논리 주소뿐만 아니라 물리 주소도 알아야 한다.

이러한 변환 방법에는 보통 ARP(Address Resolution Protocol)와 RARP(Reverse Address Resolution Protocol) 두 가지 방법이 있다. ARP는 논리 주소를 물리 주소로 변환시켜 주는 프로토콜이며, RARP는 물리 주소를 논리 주소로 변환시켜 주는 프로토콜이다.

1) ARP

[그림 7.5]는 일반적인 ARP의 동작 상태를 그림으로 표현한 것이다.

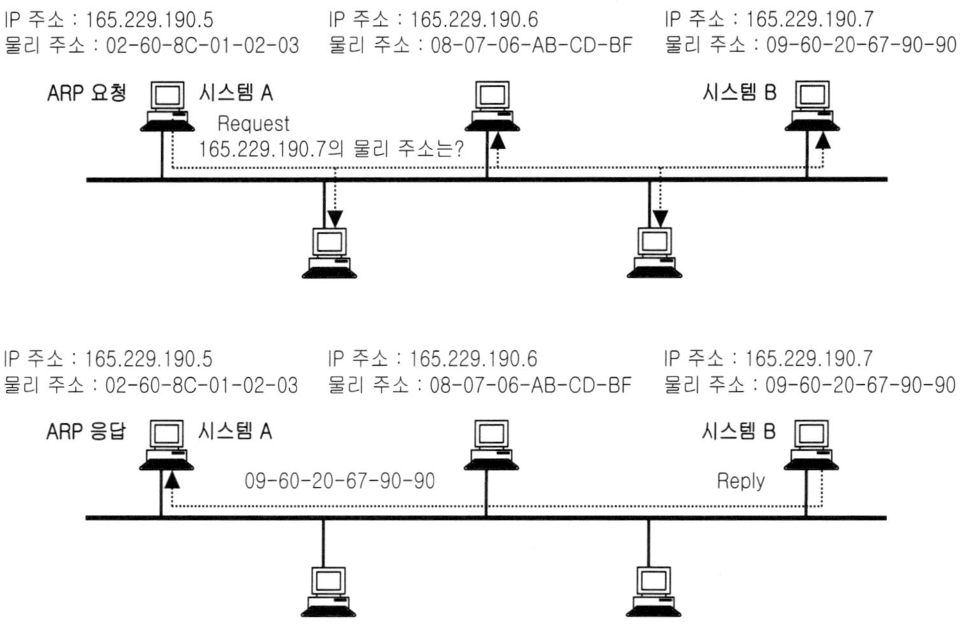

[그림 7.5] ARP 동작 과정

[그림 7.5]에서 보면, 시스템 A에서 시스템 B로 데이터를 전송하려고 할 때 시스템 A는 시스템 B의 논리 주소는 알고 있지만 물리 주소는 알지 못하는 경우이다. 시스템 A는 데이터를 보내기 전 먼저 ARP 요청 패킷을 링크에 접속해 있는 모든 시스템에게 보내게 된다. 이 패킷에는 수신측의 논리 주소가 있으므로 링크에 접속해 있는 모든 시스템들은 패킷에 실려 온 논리 주소와 자신의 논리 주소를 비교하여 맞으면 받아들이고, 그렇지 않으면 폐기한다.

시스템 B는 패킷에 실려 온 논리 주소가 자기 것임을 알고 그 패킷을 받아들이고, 자신의 물리 주소를 실어서 ARP 응답 패킷을 송신측으로 되돌려 보내게 된다.

여기서, 한 가지 주목할 점은 요청 패킷을 보낼 때는 모든 링크에 브로드캐스트 되지만, 응답 패킷은 유니캐스트 된다는 점이다. 시스템 A가 ARP 요청 패킷을 보낼 때는 수신측의 논리 주소만 알고 있으므로 링크 상에 있는 모든 시스템에 ARP 요청 패킷을 브로드캐스트 하지만, 응답 패킷은 실려 온 ARP 요청 패킷에 시스템 A의 논리 주소와 물리 주소가 같이 실려서 오기 때문에 ARP 응답 패킷은 송신측으로 유니캐스트 될 수 있는 것이다.

[그림 7.6]은 ARP의 요청 패킷과 응답 패킷의 형식을 보여주는 그림이다.

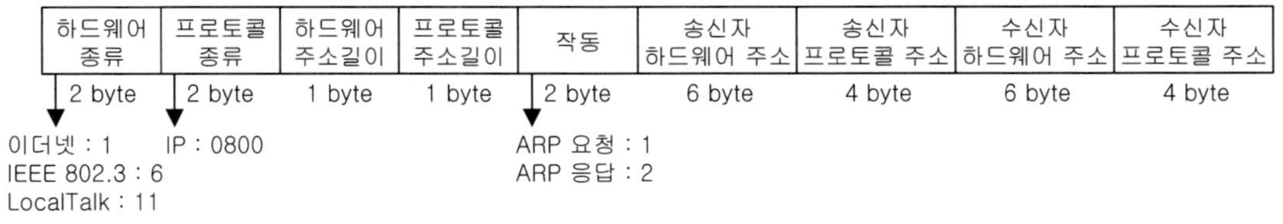

[그림 7.6] ARP 패킷 형식

[그림 7.6]에서, 각 필드별 기능은 다음과 같다.

- **하드웨어 종류**(Hardware Type) : 네트워크 종류에 따라 다른 하드웨어 형식을 식별하기 위해 사용되는 것으로 이더넷의 경우는 이 값이 1이 되고, IEEE 802.3의 경우에는 6이며, LocalTalk의 경우에는 11이 된다.
- **프로토콜 종류**(Protocol Type) : 해당 하드웨어 주소로 제공되는 상위 계층 프로토콜 주소이며, IP의 경우는 16진수로 0800이다.
- **하드웨어 주소 길이**(Hardware Address Length) : 물리 주소(하드웨어 주소 영역)의 길이를 바이트 단위로 표시한 것으로 이더넷의 경우 6이다.
- **프로토콜 주소 길이**(Protocol Address Length) : 논리 주소(프로토콜 주소 영역)의 길이를 바이트 단위로 표시한 것으로 IP 네트워크일 경우 4바이트가 IP이므로 이 값은 4가 된다.
- **작동**(Operation) : 패킷의 유형을 정의하는 필드로서 ARP 요청은 1이고 ARP 응답은 2, RARP 요청은 3, RARP 응답은 4로 정의되어 있어서 패킷의 유형에 따라 그 값은 바뀌게 된다.
- **송신자 하드웨어 주소**(Sender Hardware Address) : 송신측 물리 주소를 나타낸다.
- **송신자 프로토콜 주소**(Sender Protocol Address) : 송신측의 논리 주소를 나타내는 것으로 IP 프로토콜일 경우 이 필드의 값은 4바이트가 된다.
- **수신자 하드웨어 주소**(Target Hardware Address) : 수신측 물리 주소를 나타내는 것으로서 ARP 요청 패킷일 경우 이 필드의 값은 모두 0이나 1로 채워진다.
- **수신자 프로토콜 주소**(Target Protocol Address) : 수신측 논리 주소를 나타낸다.

2) RARP

[그림 7.7]에서 알 수 있듯이, RARP는 ARP 동작의 반대 역할을 수행한다. 즉, 물리 주소를 이용하여 논리 주소로 변환시켜 주는 프로토콜이다.

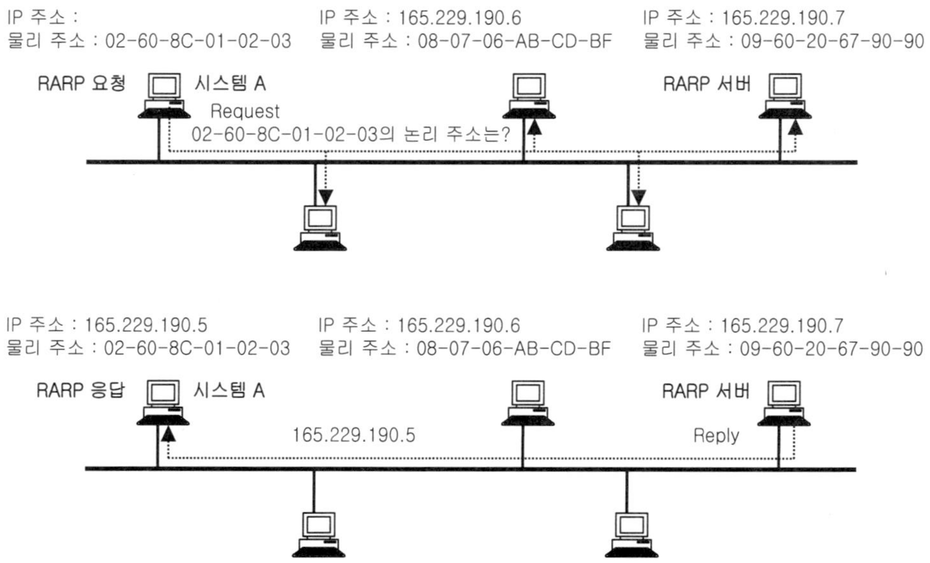

[그림 7.7] RARP 동작 과정

RARP는 기본적으로 로컬 디스크가 없는 네트워크상에 연결된 시스템의 부팅 등에 사용된다. 로컬 디스크가 없는 컴퓨터는 중요한 데이터를 중앙 서버에 두며, 각 클라이언트가 디스크가 없어 서버의 데이터를 받아 사용하도록 하는 것으로 각 클라이언트에 사용자가 마음대로 프로그램을 설치할 수 없도록 하고 전체 하드웨어 비용을 줄이는 이점이 있다.

RARP는 ARP와는 별도로 RARP 기능을 수행할 서버가 필요하다. [그림 7.7]은 일반적인 RARP의 동작을 그림으로 표현한 것이다. 우선 로컬 디스크가 없는 시스템 A가 전원을 켜면 서버로부터 자신의 논리 주소를 알기 위해 RARP 서버와 통신을 시도한다. 시스템 A는 RARP 서버의 논리 주소를 모르기 때문에 RARP 요청 패킷을 네트워크상에 브로드캐스트 하게 된다. 브로드캐스트 된 RARP 요청 패킷은 네트워크에 연결된 모든 컴퓨터가 받아들일 수 있지만 RARP 서버만이 응답을 하게 된다. 그러면, RARP 서버는 실려온 물리 주소에 해당하는 논리 주소를 실어서 시스템 A에게로 보낸다. 이때, 이것은 유니캐스트 된다.

7.2.3 DNS(Domain Name System)

호스트는 인터넷상에서 몇 가지 방법으로 자신을 식별시킬 수 있는데, 그 대표적인 방법으로 도메인 네임이나 IP 주소가 있다.

도메인 네임이란, "www.dsc.ac.kr"과 같은 알파벳 문자들로 구성되어 있으므로 기억하기 쉽고 사용이 수월해서 일반 사용자들이 선호한다. 그러나, TCP/IP 프로토콜에서는 실제의 IP 주소가 아니면 통신할 수 없다. 따라서, 도메인 네임은 실제 통신을 위해 IP 주소로 변환되어야 한다.

여기서는, DNS에 대한 몇 가지 기본적인 개념들을 설명하고자 한다.

1) DNS 개념

TCP/IP 프로토콜에서는 IP 주소를 사용하지만 인간은 기억하기 쉬운 호스트 네임을 선호한다. 따라서 호스트 네임을 IP 주소로 바꾸고 IP 주소를 호스트 네임으로 바꿔주는 기능이 필요하게 되었다.

만일, 인터넷의 규모가 작다면 호스트 파일을 사용하여 기능을 구현할 수 있다. 호스트 파일은 호스트 네임과 IP 주소로 이루어지는 단 2개의 항목을 가진다. 각 호스트는 서버에 해당 호스트 파일을 저장하고 주기적으로 이를 갱신한다. 프로그램이나 사용자가 호스트 네임을 IP 주소로 사상(mapping)하고자 하면 호스트는 호스트 파일에게 문의하여 사상 결과를 찾게 된다.

하지만, 오늘날과 같은 거대 인터넷 집단에서 호스트 파일을 가지고 모든 주소 처리를 감당하는 것은 불가능하다. 이를 해결할 한 가지 방법으로는 전체 호스트 파일을 특정 서버에 저장한 후 사상을 요구하는 모든 호스트가 이 정보를 접근해 가져갈 수 있도록 하는 것이다. 그러나, 이렇게 할 경우 인터넷은 이 처리를 위한 엄청난 트래픽을 감당할 수 있어야 한다.

이러한 문제를 해결하는 방법으로는 호스트 파일을 많은 서버에 분산시켜 저장하는 것이다. 만일, 사상을 요구하는 로컬 호스트가 발생한다면 원하는 정보를 가진 가장 가까운 서버로 연결시킨다. 이 방법이 일반적으로 DNS의 개념이 된다.

2) 도메인 네임

도메인 네임은 계층화되어 있고, 인터넷에 접속하고 있는 모든 조직에는 어떤 일정한 레벨까지의 도메인 네임이 할당되어 있으며, 그 이하는 조직 내에서 자유로이 관리할 수 있게 되어 있다.

도메인 네임의 관리는 IANA(Internet Assigned Name Authority)의 관할 하에 있는 InterNIC에서 수행하고 있다. InterNIC는 이름의 관리에 관해서, 국가나 기구 등에 권한을 나누어준다. 그리고, 그 속에서 각각의 국가나 기구 등은 권한을 분담해서 관리한다.

[그림 7.8]은 이와 같은 도메인 네임의 계층 구조를 나타낸 것이다.

[그림 7.8]에서 알 수 있듯이 인터넷 도메인 네임은 트리 구조를 가진다. 트리의 각 노드는 도메인 네임을 가진다. 도메인 네임 공간 전체에서 이루어지는 완전한 도메인 네임은 점(.)으로 구분되는 레이블의 연속적인 모양을 가진다.

도메인 네임은 노드에서 루트 방향으로 읽혀진다. [그림 7.8]에서, 최상위 레벨에 해당하는 도메인 네임은 각 나라의 고유 상위 계층을 나타내거나, 회사나 상업적인 목적의 기관(.com), 교육기관(.edu), 정부기관(.gov), 군사기관(.mil) 등을 나타낸다.

각국의 도메인 네임 아래의 두 번째 레벨 도메인에는 기관의 종류를 나타내고, 세 번째 레벨 도메인에는 각 네트워크를 보유한 기관명을 나타낸다. 그리고 네 번째 레벨 도메인은 보통 호스트명을 나타내기도 하지만 더욱 세부적인 도메인이 될 수도 있다.

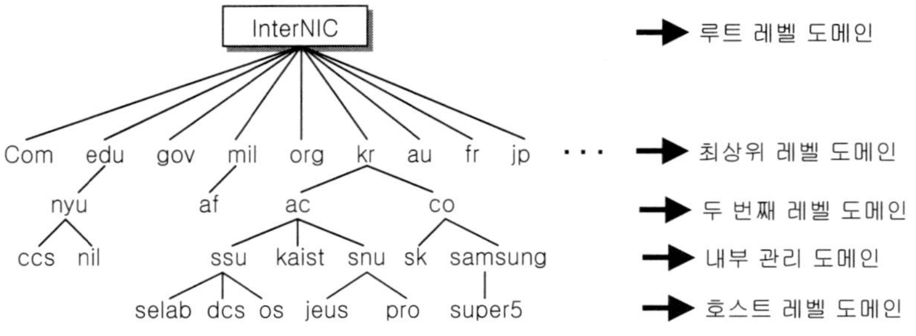

[그림 7.8] 도메인 네임 트리 구조

3) DNS 동작 원리

클라이언트의 관점에서 보면, DNS는 블랙박스 형태이다. 클라이언트가 이 블랙박스에 IP 주소로 변환되어야 하는 호스트 네임을 명시하고 있는 DNS 질의 서비스(query service)를 보낸다. 따라서, 클라이언트의 관점에서 보면 DNS는 간단한 변환 서비스이다.

그러나, 사실 이러한 서비스를 구현하는 내부는 복잡한데, 이는 전 세계에 분산된 많은 네임 서버들뿐만 아니라 네임 서버들과 질의를 하는 호스트들 간에 어떻게 통신을 해야 하는지를 명시하는 응용 계층 프로토콜로 구성되어 있다.

간단하게 하나의 인터넷 네임 서버를 운영한다고 가정해 보자. 네임 서버가 하나이기 때문에 당연히 클라이언트는 모든 질의를 단일 네임 서버로 보내고 네임 서버는 질의를 보낸 클라이언트에게 직접 응답하게 된다. 이러한 방식은 간단해서 좋은 점이 있지만 오늘날과 같은 대규모 인터넷 환경에서는 적합하지 않다.

단일 네임 서버 체제에서 서버가 고장이 난다면 전체 인터넷이 마비가 되거나 혹은 하나의 단일 DNS 서버가 모든 DNS 질의를 처리하여야 하므로 부하량이 엄청날 것이다. 또한, 급격하게 발전하는 인터넷 환경에서는 네임 서버의 확장성을 고려하여야 한다. 결과적으로, 현재 DNS는 분산되도록 설계되었으며 계층화시켜 관리를 효율적으로 지원하고 있다. 일반적으로 도메인 네임 서버는 로컬 네임 서버, 루트 네임 서버, 책임 네임 서버의 세 가지 유형으로 나누어진다.

[그림 7.9]에서, 최하위의 노드에 있는 도메인 네임 서버를 로컬 네임 서버라고 부른다. 그리고, 최상위 노드에 있는 도메인 네임 서버를 루트 네임 서버라 부른다. 책임 네임 서버는 네임 서버가 호스트 이름을 호스트의 IP 주소로 변환하는 DNS 정보를 항상 갖고 있는 서버를 말한다.

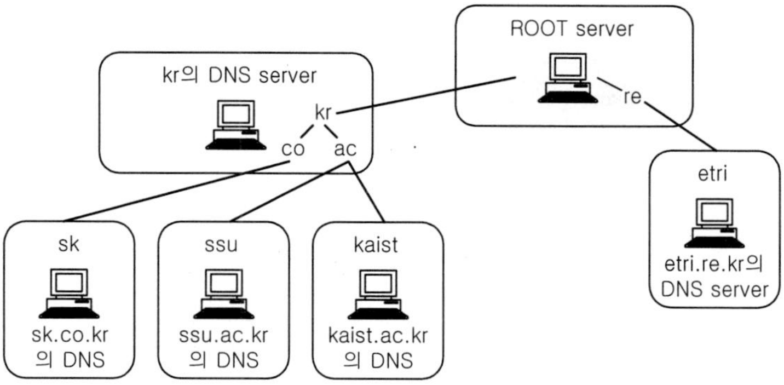

[그림 7.9] 도메인 네임 서버 구조

(1) 로컬 네임 서버

호스트가 DNS 질의 메시지를 보내면, 이 메시지는 먼저 호스트의 로컬 네임 서버에게로 전달된다. 로컬 네임 서버는 일반적으로 클라이언트와 동일한 네트워크 내에 있다.

(2) 루트 네임 서버

로컬 네임 서버가 호스트로부터의 DNS 질의를 자신의 보유 정보로 만족시킬 수 없을 때, 로컬 네임 서버는 DNS 클라이언트로 동작해서 루트 네임 서버 중 하나에게 질의를 한다. 루트 네임 서버가 그 호스트에 대한 정보를 가지고 있다면, 로컬 네임 서버로 DNS 응답 메시지를 보내고 로컬 네임 서버는 원래의 호스트로 DNS 응답을 보낸다.

(3) 책임 네임 서버

네임 서버가 호스트 이름을 호스트의 IP 주소로 변환하는 DNS 정보를 항상 갖고 있다면, 그 네임 서버가 그 호스트에 대하여 책임 네임 서버가 된다. 만일, 호스트가 루트 네임 서버에 DNS 질의를 요청하였는데 루트 네임 서버가 적절한 정보를 가지고 있지 않았다면 루트 네임 서버는 즉시 책임 네임 서버로 그 질의를 넘길 것이다.

4) DNS 동작 절차

DNS 서버는 도메인 네임과 이에 대응하는 IP 주소에 관한 데이터베이스를 유지하고 있다가 원하는 로컬 호스트에게 정보를 제공한다.

예를 들어, cs1이라는 컴퓨터가 [그림 7.10]처럼 원격지의 'www.compuer.com'과 통신을 한다고 가정해 보자.

이때, 두 노드간의 통신이 성립되려면 상대 노드의 IP 주소를 알아야 한다고 하지만 cs1은 원격지인 'www.compuer.com'의 도메인 네임만 알고 있는 상태라고 가정한다.

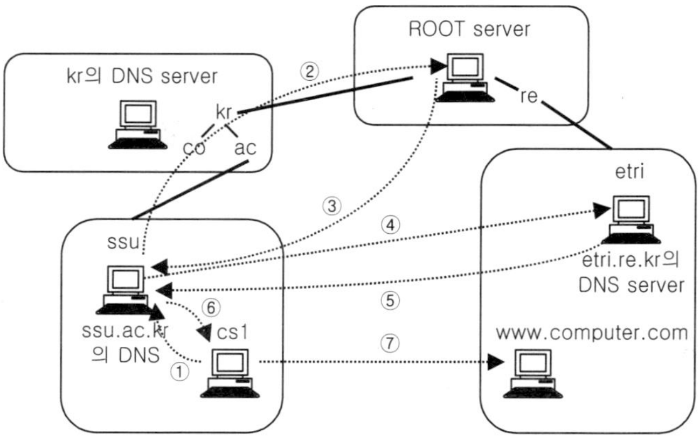

[그림 7.10] DNS 동작 절차의 예

[그림 7.10]에서, DNS 서비스에 대한 동작 과정은 다음과 같다.

① cs1은 원격지의 IP 주소를 알기 위해서 지역 내에 있는 도메인 네임 서버에게 통신하고자 하는 www.compuer.com의 IP 주소를 문의하게 된다.

② 지역 내의 도메인 네임 서버가 만일 이 IP 주소를 알고 있으면 바로 응답할 수 있지만 www.compuer.com의 IP 주소에 대한 정보가 없으므로 상위 도메인 네임 서버인 루트 네임 서버에 문의하게 된다.

③ 루트 서버도 www.compuer.com의 IP 주소를 알지 못하는 상황이므로 이 사이트가 속해있는 지역 내의 도메인 네임 서버 주소를 가르쳐 준다.

④ cs1의 지역 도메인 네임 서버는 www.compuer.com의 지역 내 도메인 네임 서버에게 www.compuer.com의 IP 주소를 문의한다.

⑤ www.compuer.com의 지역 내 도메인 네임 서버에게 마침 IP 주소를 알고 있기 때문에 cs1의 지역 내 도메인 네임 서버에 www.computer.com의 IP 주소 값을 넘겨준다.

⑥ 그런 후에, cs1의 지역 내 도메인 네임 서버는 cs1에게 이 IP 주소 값을 넘겨준다.

⑦ 마침내 cs1은 www.compuer.com과 통신이 가능하게 된다.

DNS는 부하 분산 기능을 통해 인기 있는 웹 서버에 부하가 집중되는 것을 분산시키는 역할을 한다. 사용자 접속이 집중되는 인기 있는 웹 사이트를 여러 서버에 중복시키고, 각 서버는 다른 시스템을 나타내는 IP 주소를 갖고 있다. DNS 데이터베이스는 이 IP 주소 집합을 관리하는데 클라이언트가 주소 집합으로 관리하는 호스트 네임에 대한 DNS 질의를 하면 서버는 IP 주소 집합 전체를 가지고 응답한다.

5) DNS 메시지 구조

DNS는 질의와 응답, 두 가지의 메시지를 가진다. 질의 메시지는 헤더와 질의 섹션을 가지고, 응답 메시지는 헤더와 질의 섹션, 응답 섹션, 권한 섹션 그리고 추가적인 정보 섹션을 가진다.

(1) 헤더

크기는 12바이트이며 질의와 응답 메시지 모두 같은 형태를 지닌다. 헤더 내에 포함된 필드로는 식별자 코드, 플래그 필드, 질의 레코드의 수 필드, 응답 레코드의 수 필드, 권한 레코드의 수 필드, 추가 레코드의 수 필드가 있다.

- **식별자**: 크기는 16비트이고 클라이언트의 해당 질의에 대한 응답을 사상시키기 위해 사용된다. 서버는 해당 응답에 이 번호를 복사하여 넣는다.
- **플래그**: 여덟 개의 서브 필드로 구성되어 있으며, 각 기능은 다음과 같다.
  - QR(Query/Response): 1비트로 구성되어 있으며 0이면 질의를 나타내고 1이면 응답을 나타낸다.
  - OpCode: 4비트로 구성되어 있고 질의나 응답의 종류를 나타낸다.
  - AA(Authoritative Answer): 1비트로 구성되어 있고 1일 경우 네임 서버가 권한이 인정된 서버임을 나타낸다. 응답 메시지에만 존재한다.
  - TC(Truncated): 1비트로 구성되어 있고 1일 경우 응답이 512바이트 이상이라 512바이트로 잘리어 졌음을 나타낸다(UDP 서비스에서 사용).
  - RD(Recursion Desire): 1비트로 구성되어 있고 1일 경우 클라이언트가 반복적인 응답을 원함을 나타낸다.
  - RA(Recursion Available): 1비트로 구성되어 있고 응답에서 지정될 경우 반복적인 응답이 가능함을 나타낸다.
  - Reserved: 000으로 지정된 3비트 서브 필드이다.
  - rCode: 4비트로 구성되며, 응답으로 들어가는 오류 상태를 보여준다.
- **질의 레코드의 수**: 16비트로 구성되어 있으며, 메시지의 질의 섹션 내의 질의 레코드의 수를 포함한다.
- **응답 레코드의 수**: 16비트로 구성되어 있으며, 응답 메시지의 응답 섹션 내의 응답 레코드의 수를 포함한다.
- **권한 레코드의 수**: 16비트로 구성되어 있으며, 응답 메시지의 권한 섹션 내의 권한 레코드의 수를 포함한다.
- **추가 레코드의 수**: 16비트로 구성되어 있으며, 응답 메시지의 추가 섹션 내의 추가 레코드의 수를 포함한다.

(2) 질의 섹션

하나 이상의 질의 레코드들로 구성된다. 질의와 응답 메시지에 모두 존재한다.

(3) 응답 섹션

하나 이상의 자원 레코드들로 구성된다. 응답 메시지에만 존재하고 서버로부터 클라이언트로의 응답을 포함한다.

(4) 권한 섹션

하나 이상의 자원 레코드들로 구성된다. 응답 메시지에만 존재하고 질의에 대한 하나 이상의 권한이 있는 서버에 대한 정보를 제공한다.

(5) 추가적인 정보 섹션

하나 이상의 자원 레코드들로 구성된다. 응답 메시지에만 존재하고 질의 해결에 도움이 될 만한 추가적인 정보들을 제공한다. 예를 들어, 서버는 권한 섹션에 권한이 있는 서버의 도메인 네임을 제공하면서 동시에 이들의 IP 주소를 추가 정보 섹션에 제공할 수 있다.

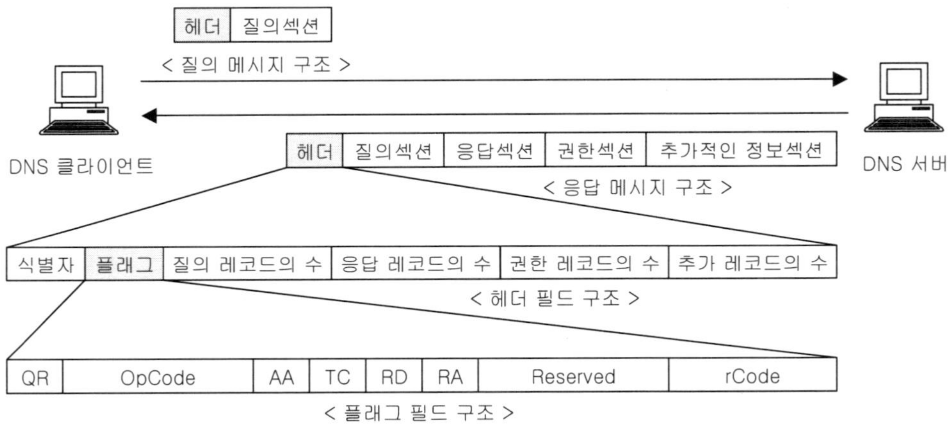

[그림 7.11] DNS에서의 질의와 응답 메시지 구조

7.3 TCP/IP 프로토콜

7.3.1 TCP/IP 프로토콜의 개요

인터넷의 기본 프로토콜로 TCP/IP가 채택되어 사용되고 있으며, TCP/IP 프로토콜은 OSI 참조 모델 이전부터 이미 개발되어 있었다. 따라서, TCP/IP 프로토콜의 계층 구조는 OSI 참조 모델과 일치하지 않는다. TCP/IP는 5개의 계층 구조로 되어 있으며, 현재 가장 널리 사용되고 있는 통신 프로토콜이다. [그림 7.12]는 OSI 7계층 모델에 대응되는 TCP/IP 프로토콜 계층을 보이고 있다.

[그림 7.12]에서, 네트워크 계층의 중심 기능은 IP 프로토콜이며, ICMP(Internet Control Message Protocol)나 IGMP(Internet Group Multicast Protocol)는 네트워크 계층의 기능이긴 하지만 IP 프로토콜을 통하여 수행된다. 네트워크 계층의 ARP, RARP는 네트워크 계층의 주소 체계와 데이터 링크 계층의 물리 주소와의 연동 관계를 제공한다.

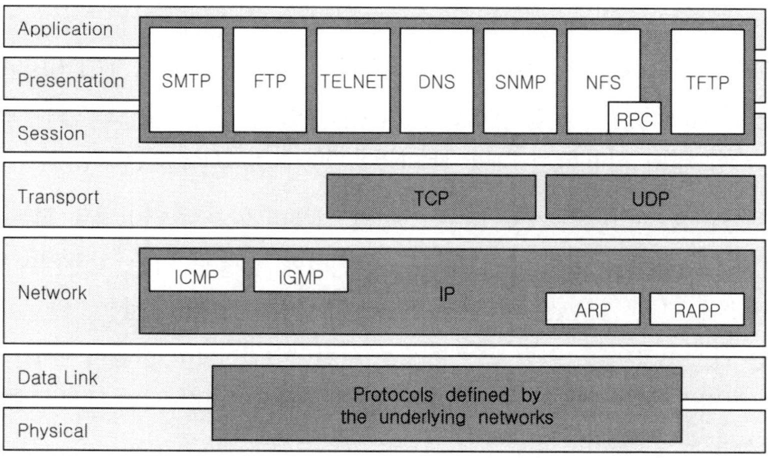

[그림 7.12] OSI 참조 모델과 TCP/IP 계층 구조

1) 물리 계층과 데이터 링크 계층

TCP/IP에서는 하위 계층인 데이터 링크 계층과 물리 계층에 대한 특별한 정의가 없다. 단지, 모든 표준 및 임의 네트워크를 지원할 수 있도록 하고 있다. TCP/IP의 데이터 링크 계층 기능인 네트워크 액세스 계층은 다양한 종류의 LAN, MAN, WAN, 무선 네트워크까지도 사용될 수 있다.

2) 네트워크 계층

네트워크의 전역적인 주소 체계를 관리하고, 데이터그램을 정의하고, 이 데이터그램의 전송을 위한 경로 결정을 담당한다. IP는 TCP/IP에서 가장 중요한 프로토콜이다. 이 계층의 역할은 데이터그램을 정확한 목적지로 보내기만 하면 되는 것이다. 이 계층에서 데이터그램이라고 하는 것은 IP 프로토콜에서 다루는 패킷 데이터를 말한다. 데이터그램이 가지고 있는 자료는 보낸 주소(source address), 받을 주소(destination address) 그리고 보내는 데이터, 그 외 몇 가지 제어 필드를 가지고 있다.

3) 트랜스포트 계층

이 계층의 역할은 네트워크 양단의 송신 호스트와 수신 호스트 사이에서 신뢰성 있는 전송 기능을 제공하는 것이다. OSI 참조 모델로 보면 세션 계층의 일부 기능과 트랜스포트 계층에 해당하는 역할을 한다. TCP/IP 소켓 부분이 OSI 참조 모델의 세션 계층에 해당된다. TCP/IP에서는 시스템의 논리 주소나 포트를 가지고 각 상위 계층의 프로세스를 연결해서 통신을 한다.

TCP는 패킷에 오류가 없고, 중복됨이 없이 보내어진 순서대로 상대편이 받을 수 있도록 신뢰성 있는 데이터 전송을 보장하는 프로토콜이다. TCP는 신뢰성이 있는 만큼 헤더의 오류 코드에 대응할 수 있는 각종 정보를 가지고 있다.

4) 응용 계층

TCP/IP 프로토콜의 범위는 응용 계층의 프로토콜까지 포함하고 있다. TCP/IP의 응용에 해당하는 프로토콜에는 TELNET, FTP, SMTP, TFTP, DNS 등이 있다. 아마도 응응 프로토콜 중에서 일반 사용자가 가장 많이 사용하는 것이 TELNET, FTP, SMTP일 것이다.

TELNET 프로토콜은 통신망에서 서로 다른 기종의 컴퓨터에 가상 터미널로 접속하고 이용할 수 있도록 해주는 프로토콜이다. FTP 프로토콜은 통신망에 연결된 다른 컴퓨터에서 파일을 읽고 쓰는 등 파일 전송에 관한 프로토콜이다. SMTP는 통신망에서 다른 사용자와 전자 우편을 주고 받는데 사용되는 프로토콜이다. 이런 프로토콜을 지원하려면, 서버 컴퓨터에서는 이런 프로토콜을 서버 형태로 서비스하는 프로그램이 있어야 한다. 또한, 이러한 서버 프로그램과 연동하여 필요한 작업을 수행하는 원격지의 프로그램을 클라이언트라고 한다.

이처럼 하나의 서비스를 제공하기 위해서 클라이언트를 기다리고 있는 서버 프로그램이 필요한데, 이를 클라이언트/서버 시스템이라고 한다.

또한, 각 계층은 상위 계층에서 의뢰 받은 통신의 대상을 유일하게 지정하고, 같은 계층에서 상대를 유일하게 인식하기 위해 주소가 필요하다. [그림 7.13]에서는 TCP/IP 계층 구조에서 각 계층의 주소명과 상하위 간의 연동 방식을 보여준다.

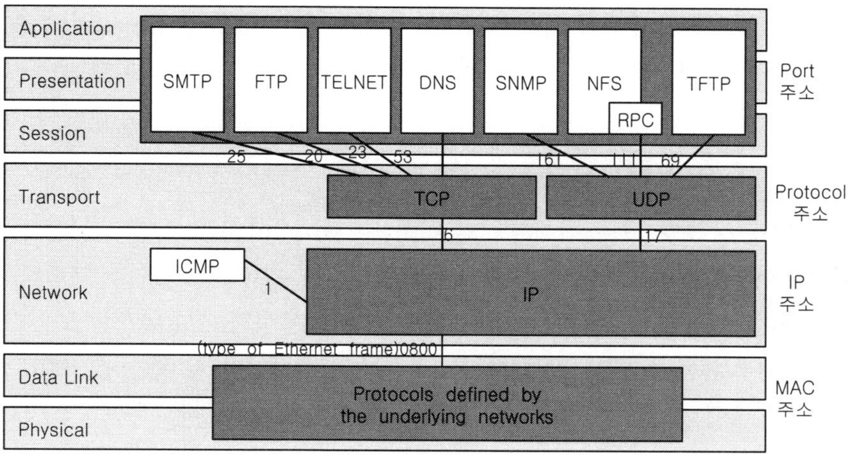

[그림 7.13] TCP/IP 계층에 따른 주소 구조

[그림 7.13]에서의 세 가지 주소 계층에 관한 내용은 다음과 같다.

- 물리 주소(MAC 주소)

  링크 주소 혹은 LAN의 MAC 주소로 잘 알려진 물리 주소는 LAN이나 WAN에서 노드의 NIC(Network Interface Card) 주소이다. 이것은 데이터 링크 계층에 의해 사용되는 프레임에서 이용된다.

  물리 주소의 크기와 형식은 네트워크 형태에 의존하기 때문에 매우 다양하다. 예를 들어, 이더넷은 NIC에 있는 6바이트의 물리 주소를 사용한다. 이더넷 외에도 FDDI, 토큰 링 등과 같은 다른 주소 형태를 이용하는 것도 있다.

- 인터넷 주소

  인터넷 주소는 기존 물리적인 네트워크와는 독립적이며, 전 세계적인 네트워크에서 모든 노드를 유일하게 인식하고 통신 서비스를 제공하기 위해 필요하다. 즉, 기존의 물리 주소와 관계없이 각 호스트를 유일하게 식별할 수 있는 전 세계적인 주소 지정 시스템이 필요하다.

  인터넷 주소는 이러한 목적을 위해 설계되었다. 인터넷 주소는 현재 인터넷에 연결된 호스트를 유일하게 식별할 수 있는 32비트 주소 체계를 사용하며, 인터넷상의 두 호스트가 동일한 IP 주소를 사용할 수 없다.

- 포트 주소

  데이터를 발신지에서 목적지 호스트까지 전송하기 위해서는 IP 주소와 물리 주소가 필요하다. 그러나, 목적지 호스트에 도착하는 것이 인터넷을 통한 데이터 통신의 최종 목표가 아니다. 최근의 컴퓨터는 동시에 다중 프로세스를 실할 수 있는 다중 프로세스 장치이다.

  인터넷 통신의 최종 목적은 한 프로세스가 다른 프로세스와 통신할 수 있도록 하는 것이다. 예를 들면, 컴퓨터 A는 TELNET을 이용하여 컴퓨터 C와 통신할 수 있다. 동시에, 컴퓨터 A

는 FTP를 이용하여 컴퓨터 B와 통신을 한다. 이처럼 동시에 발생되는 이러한 프로세스들을 위해 서로 다른 프로세스를 식별하는 방법이 필요하다. 즉, 프로세스 식별 주소가 필요하다.

7.3.2 전송 제어 프로토콜(TCP)

TCP는 연결-지향의 신뢰성 있는 바이트 스트림(byte stream) 서비스를 제공한다. 연결-지향(connection-oriented)이라는 말은 TCP를 이용하는 2개의 응용 프로그램이 데이터를 교환하기 전에 서로 TCP 연결을 확립해야 함을 의미한다. 신뢰성은 목적지 프로세스가 모든 메시지를 성공적으로 수신했거나 혹은 오류가 발생했다는 통지를 수신했음을 의미한다. 또한, 순서적이란 서비스에 의해 수신측이 송신측에서 송신한 순서대로 바이트 스트림을 전송받았음을 의미한다.

연결형 서비스(connection-oriented service)란 근원지 호스트의 전달 계층 프로세스와 목적지 호스트의 전달 계층 프로세스 사이에 연결이라는 논리적인 관계가 설정된다는 뜻이다. 전달 계층 프로토콜은 신뢰성 있고 순서적인 데이터 전달 서비스를 지원하는데 필요한 모든 종단간 제어 기능을 수행한다.

1) TCP 연결형 서비스

TCP 전달 계층 서비스는 근원지 호스트의 TCP 포트로부터 목적지 호스트의 TCP 포트로 바이트들의 스트림을 전송하는 연결형 데이터 전달 서비스를 제공한다. 한 쪽에 있는 TCP 사용자가 연결을 요청하고, TCP 프로토콜과 다른 쪽 TCP 사용자가 연결 설정에 동의하여 TCP 연결이 설정된다.

TCP 데이터 전달 서비스는 두 통신 프로세스 간에 양방향으로 데이터가 동시에 전송될 수 있는 전이중 데이터 전달 서비스이다. 전이중 방식은 송신과 수신이 동시에 이루어진다는 뜻으로 사용자는 임의의 크기로 데이터를 TCP에 넘겨줄 수 있다.

2) TCP 세그먼트 형식

TCP는 전송되는 데이터를 연속된 바이트 스트림으로 보는 스트림 중심의 데이터 전달 서비스를 제공한다. 그러나, TCP 프로토콜은 전송을 위해 바이트 스트림을 세그먼트 단위로 나눈다. 세그먼트는 IP 서비스에 의해 IP 데이터그램에 넣어진다. TCP 자체는 전송되는 데이터가 어떤 구조를 갖도록 요구하지 않으며, 전송 데이터를 단순히 연속된 스트림으로 보는 양쪽 TCP 사용자에게 데이터의 세그먼트 구조는 투명하다.

[그림 7.14]는 TCP 세그먼트의 형식을 도식화하였고, 세그먼트의 각 필드에 대하여 기술하였다.

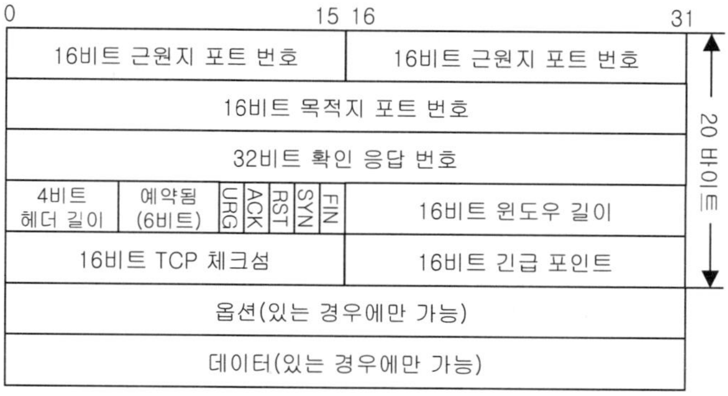

[그림 7.14] TCP 세그먼트 형식

[그림 7.14]에서, TCP 헤더의 선택사항 필드가 지정되지 않았다면 TCP 헤더의 크기는 20바이트이다. 한 TCP 사용자로부터 다른 사용자로 전송되는 바이트들은 보내진 순서대로 목적지 호스트에 나타난다. 사실 TCP 하위 계층인 IP 계층은 비연결형 서비스를 제공하기 때문에 데이터 세그먼트 또는 패킷이 수신측의 IP 계층에 순서대로 도착하는 것은 아니다.

그러나, 수신측 TCP 계층에서 도착한 데이터 세그먼트 또는 패킷의 순서를 맞추어 준다. 만일, 네트워크상의 문제 때문에 하나의 패킷이 비게 된다면, 재전송을 요구하므로 데이터의 순서가 유지된다. TCP에서는 다른 동일한 데이터 스트림이 목적지 호스트에 모두 나타나거나 아니면 연결이 해제되어 양쪽 TCP 사용자에게 오류 사실이 통보된다. TCP 세그먼트는 송신하고 수신하는 응용을 구분하기 위해서 발신지와 목적지의 포트 번호를 포함한다.

TCP 세그먼트에서의 각 항목에 대한 기능은 다음과 같다.

- **근원지 포트**(source port) : 세그먼트를 보낸 근원지 호스트의 프로세스에 할당된 포트 번호이다.
- **목적지 포트**(destination port) : 세그먼트를 받은 목적지 호스트의 프로세스에 할당된 포트 번호이다.
- **순서 번호**(sequence number) : 데이터 필드에 포함된 데이터의 첫 번째 바이트의 순서 번호이다. 바이트 스트림이 2개의 응용 프로세스 간에 한 쪽 방향으로 흐르는 경우에, TCP는 각 바이트에 순서 번호를 정한다.
- **응답 번호**(acknowledgement number) : 상대 호스트로부터 받기를 기대하는 데이터 바이트의 순서 번호이다. 그러므로, 이 번호는 성공적으로 수신한 마지막 바이트 순서 번호이다.
- **데이터 오프셋**(data offset) : 32비트 워드 단위로 표시된 TCP 헤더의 길이, 패딩은 데이터 필드가 32비트 경계에서 시작되도록 하기 위해 TCP 헤더와 데이터 필드 사이에 사용된다.
- **플래그**(flag) : 프로토콜의 동작을 제어하는데 사용되는 비트들이다.
- **체크 섬**(check sum) : 세그먼트의 필드 값의 정확성을 검증하는데 쓰이는 값이다.

3) TCP 메커니즘

신뢰성 있고 순서적인 데이터 전달 서비스를 지원하기 위해 다음과 같이 TCP에서 사용하는 몇 가지 메커니즘이 있다.

(1) 연결 설정

근원지 호스트의 TCP 사용자가 목적지 TCP 사용자와의 연결 설정을 원하면, 근원지 호스트의 TCP 프로세스는 목적지 호스트의 TCP 프로세스에게 연결 요청 메시지를 보낸다. 이로부터 핸드쉐이크 절차가 시작되어 연결의 특성이 정해지고, 연결이 설정된다.

TCP가 연결을 설정하려면 근원지 TCP 사용자는 목적지 호스트의 인터넷 주소와 목적지 TCP 사용자의 포트 번호를 지정해야 한다. 목적지 호스트의 TCP 프로세스가 연결을 받아들일 수 있을 경우에는 응답 메시지를 보냄으로써 핸드쉐이크 절차를 계속한다. 근원지 호스트는 다시 연결 설정을 확인하기 위해 응답 메시지를 보낸다.

(2) 데이터의 전달

일단 TCP 연결이 설정되면 TCP는 TCP 프로토콜의 양쪽 사용자간에 전이중 경로를 구성한다. TCP는 송신 호스트에 있는 송신 버퍼로부터 수신 호스트의 수신 버퍼로 데이터를 전송한다. 근원지와 목적지 TCP 프로세스들은 전송을 위해 IP 데이터그램 속에 세그먼트를 넣고, TCP 세그먼트를 주고받기 위해 IP 프로토콜 서비스를 사용한다.

(3) 오류 검출 및 재전송

TCP는 하위 계층에서 일어날 수 있는 IP 데이터그램의 상실, 중복, 훼손, 순서 바뀜 등에 대한 검출 및 복구 기능을 제공한다.

송신되는 각 세그먼트는 전체 데이터 스트림 상에서 그 세그먼트의 위치를 나타내는 순서 번호 필드를 포함한다. 수신 호스트의 TCP 프로세스는 수신된 각 세그먼트의 순서 번호 필드를 검사해서 세그먼트의 상실이나 중복, 순서 바뀜 등이 없도록 한다.

또한, TCP는 하위 계층에서 일어나는 오류에 대한 세그먼트의 상실을 검출하기 위해 재전송 타이머 기능을 사용한다. 송신측 호스트의 TCP 프로세스는 각 세그먼트를 보내면서 재전송 타이머를 시작시킨다. 타이머가 해당 세그먼트에 대한 확인이 오기 전에 끝나면 송신자는 그 세그먼트를 재전송 한다.

TCP는 오류 검출을 위해서 체크 섬을 사용한다. 각 송신 세그먼트 안에 체크 섬 값을 계산하여 포함시킨다. 잘못된 세그먼트에 대해서는 확인을 보내지 않으므로 송신자는 그 세그먼트에 대한 타이머가 끝나는 대로 재전송을 한다.

(4) 흐름 제어

TCP는 송신자와 수신자간의 상대적인 속도를 조절하는 흐름 제어 절차를 구현하기 위해 확인 메시지를 사용한다. 수신 TCP 프로세스가 송신 TCP 프로세스에게 흐름 제어 메커니즘을 요구한다. 연결이 설정되면, 각 방향으로의 전송을 위한 윈도우 크기가 결정된다. 여기서, 윈도우 크기란 확인을 받기 전까지 송신측이 전송할 수 있는 바이트의 수를 나타낸다. 송신측에 돌아온 확인에는 새로운 윈도우 크기가 포함되어 있으며, 그것은 다음 확인 전까지 전송될 수 있는 바이트의 수를 나타낸다.

(5) 혼잡 제어

혼잡(congestion)은 인터넷의 전부 또는 일부에 과부하가 걸리고, 요구된 트래픽 양만큼 충분한 통신 자원이 없을 때 발생된다. TCP는 인터넷상의 부하를 줄임으로써 혼잡이 일어나지 않게 하거나 일어났을 경우에 혼잡을 줄이는 메커니즘을 포함하고 있다. 송신 TCP 프로세스가 수신 TCP 프로세스에게 혼잡 제어 메커니즘을 요구한다.

(6) 연결 해제

TCP 연결은 TCP 사용자나 또는 TCP 서비스 자체에 의해 언제든지 해제될 수 있다. TCP 사용자는 연결 해제를 요구할 때, 먼저 전송 중에 있는 바이트들이 모두 성공적으로 수신되었는지를 확인해야 한다. 연결을 해제하기 위해 호스트는 더 이상 보낼 데이터가 없음을 알리는 메시지를 보낸다. 다른 쪽 호스트는 확인 메시지를 되돌려 보내고, 해당 방향으로는 더 이상 데이터가 전송될 수 없다. 다른 쪽 TCP 사용자가 데이터 전송을 마치면, 같은 방향으로 그 쪽 연결을 해제할 수 있다.

4) TCP 응용 프로세스

많은 응용 프로그램들이 TCP에서와 같은 연결형 데이터 전달 서비스가 지원하는 신뢰성 제어 기능을 필요로 한다. 예를 들면, 파일 전달 동작을 구현하는 응용은 연결형 전달 계층 프로토콜과 잘 어울린다. 많은 응용 서비스들이 기능을 구현하기 위해 TCP를 사용한다. 이들 중 몇몇 서비스들과 TCP 포트 할당을 [표 7.2]에서 기술하였다. 이때, TCP 포트 번호 할당은 UDP 포트 할당과는 무관하다.

[표 7.2] TCP 응용 서비스

서비스	포트	서비스 내용
Discard	9	수신되는 임의 사용자의 데이터를 폐기하는 서비스
Chargen	19	임의 길이의 문자열을 반환하는 서비스
FTP	20	FTP 파일 전달 동작의 구현에 사용됨
FTP	21	FTP 제어 절차의 구현에 사용됨
Telnet	23	Telnet 원격 로그인 서비스의 구현에 사용됨
SMTP	25	SMTP 전자 우편 서비스의 구현에 사용됨
X400	103	X400 전자 우편 서비스의 구현에 사용됨

7.3.3 인터넷 프로토콜(IP)

IP는 TCP/IP 프로토콜의 주된 프로토콜 중의 하나이다. IP는 TCP/IP 인터넷 계층에서 동작하며, 근원지 호스트로부터 목적지 호스트까지의 데이터 단위 전송을 책임진다. 근원지와 목적지 호스트는 동일한 네트워크에 있을 수도 있고, 혹은 라우터를 경유하여 연결된 다른 네트워크에 위치할 수도 있다. IP는 모든 호스트들에게 복잡한 인터넷을 개별 네트워크들의 집합이라기보다는 단일 통합 망처럼 보이도록 해야 한다.

IP는 신뢰성이 없는 비연결형 전송 서비스를 제공한다. 여기서, 신뢰성이 없다(unreliable)는 것은 IP 데이터그램이 자신의 목적지에 확실하게 도달된다는 보장이 없음을 의미한다. 라우터의 버퍼가 일시적으로 용량을 초과한 경우와 같이 무언가 문제가 발생한 경우에 IP는 간단한 오류 처리 알고리즘을 실행한다. 이는 IP가 해당하는 데이터그램을 버리고 ICMP 메시지를 근원지로 보내는 것이다. 따라서, 필요한 신뢰성을 얻기 위해서는 반드시 상위 계층, 즉 TCP에 의존하여야 한다.

비연결형(connectionless)이라는 것은 IP가 연속되는 데이터그램과 관련된 어떤 상태 정보를 관리하지 않는다는 것을 의미한다. 그래서 각 데이터그램은 독립적으로 처리된다. 이는 IP 데이터그램이 순서와 상관없이 전달될 수 있다는 것을 뜻한다. 근원지가 두 개의 연속적인 데이터그램 A와 B를 같은 목적지로 송신한다고 하면, 각각은 독립적으로 경로가 정해지고, 서로 다른 경로로 전달되어져서 B가 A 보다 먼저 도착하는 경우도 있을 수 있다.

1) IP 서비스

IP는 비연결형 최선 노력(best-effort) 데이터 전달 서비스를 제공한다. 근원지 호스트에서 실행되고 있는 전달 계층 프로세서는 IP 계층으로 IP 데이터그램을 내려 보낸다. IP 데이터그램은 IP 데이터그램이 전달되어야 할 목적지 호스트의 인터넷 주소를 포함한다. 근원지 호스트와 목적지 호스트 간에 위치한 모든 라우터 및 근원지 호스트에서 실행되고 있는 IP 프로세서들은 IP 데이터그램이 목적지 호스트까지 전달되도록 서로 협력한다. 만일, IP 데이터그램이 성공적으로 전달되면 목적지 호스트에서 실행되고 있는 IP 프로세스는 목적지 호스트의 전달 계층 프로세서로 IP 데이터그램을 올려 보내게 된다.

IP 데이터그램이 송신한 순서대로 수신되었음을 보장하기위한 순서 검사(Sequence checking)가 수행되지 않으면, 수신 호스트는 IP 데이터그램을 수신하였다는 어떠한 확인도 보내지 않는다. 또한, IP 데이터그램 전달 서비스의 일부로서 어떠한 흐름 제어나 오류 복구도 제공되지 않는다. IP는 각각의 IP 데이터그램에 대하여 독립적으로 경로 배정을 하므로 각각의 IP 데이터그램은 인터넷을 통하여 다른 경로를 거쳐 전달될 수도 있다.

IP가 그 사용자에게 제공하는 서비스는 블랙박스로 간주할 수 있다. 한쪽 종단 시스템의 전달 계층 프로세스는 이 블랙박스에 IP 데이터그램을 삽입한다. 아무런 오류가 없다면, 다른 쪽 종단 시스템의 블랙박스로부터 동일한 IP 데이터그램의 복사본이 나타나서 그 시스템의 전달 계층 프로세스에 의해 수신된다. IP는 UDP가 응용 프로그램에 제공하는 서비스와 유사한 전달 계층 프로토콜에 제공한다.

다른 비연결형 데이터 전달 서비스와 마찬가지로 IP 동작 중에는 아래와 같이 세 가지 유형의 오류가 발생할 수 있다.

(1) 상실된 IP 데이터그램

IP는 가끔 IP 데이터그램을 상실할 수 있다. 예를 들면, 라우터가 폭주되어 잠정적으로 IP 데이터그램을 폐기하기 시작할 수도 있다. 혹은 IP 데이터그램의 전송 도중에 데이터그램의 상실을 초래하는 전송 오류가 발생할 수도 있다.

IP가 IP 데이터그램을 상실하거나 폐기하는 경우, 어떠한 근원지나 목적지 전달 계층 프로세스에도 명시적으로는 IP 데이터그램의 상실이 통지되지 않는다. 단지 IP 데이터그램이 목적지에 도달하지 못할 뿐이다.

(2) 순서가 뒤바뀐 IP 데이터그램

각각의 IP 데이터그램은 인터넷을 통하여 다른 경로를 택할 수 있어서 각각의 IP 데이터그램이 그 목적지에 도달하는데 소요되는 시간이 다를 수 있다. 만일, 근원지 호스트의 전달 계층 프로세스가 여러 IP 데이터그램을 송신한다면, IP 데이터그램들은 송신된 순서와는 다른 순서로 다른 쪽 종단 시스템에 도달 할 수도 있다.

(3) 중복된 IP 데이터그램

중복된 IP 데이터그램도 역시 수신될 수 있다. 예를 들면, 송신측 전달 계층 프로세스는 송신한 IP 데이터그램이 수신되었는지를 판단하기 위하여 타이머를 활용할 수 있다. 만일, 송신측 전달 계층 프로세스가 확인 신호를 수신하기 전에 타이머가 만료되면 송신측 전달 계층 프로세스는 다시 IP 데이터그램을 송신한다. 어떤 경우에는 확인 신호가 운반되고 있는 도중에 타이머가 만료됨으로써 중복된 IP 데이터그램이 목적지에 도착하게 된다.

2) IP 데이터그램 형식

[그림 7.15]는 IP 데이터그램의 형식을 도식화하였고, IP 데이터그램 헤더의 필드에 대하여 기술하였다.

- 버전(version) : 데이터그램은 생성한 IP의 버전을 식별한다. 현재의 IP 버전은 4이다. 버전 번호가 4가 아닌 데이터그램은 폐기한다.
- 헤더 길이(header length) : 바이트로 나타낸 IP 헤더의 길이를 나타낸다. 4비트이므로 헤더의 길이는 60바이트까지 제한된다.
- 서비스 유형(type of service) : 데이터그램에 기대되는 ToS(Type of Service)를 지시하는 8비트 코드이다.

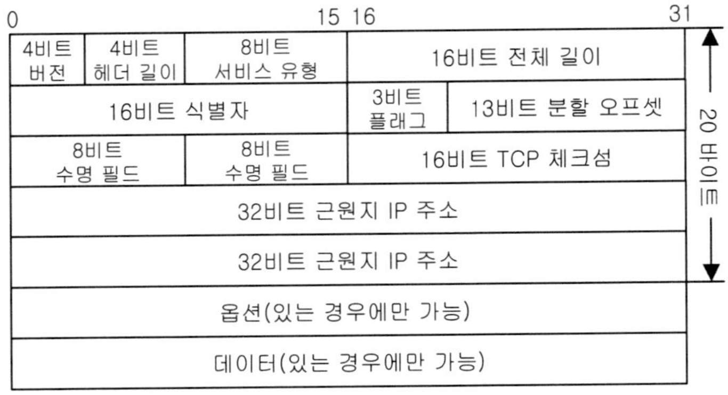

[그림 7.15] IP 데이터그램과 IP 헤더 필드 형식

- **전체 길이(total length)** : 바이트로 나타낸 헤더와 데이터 필드를 포함한 전체 데이터그램의 길이이다.
- **식별자, 플래그, 단편 오프셋(identification, flags, fragment offset)** : 필요한 세그먼트의 처리 및 재조립에 사용되는 필드이다.
- **수명(time of live)** : 데이터그램이 폐기되기 전 인터넷에 얼마동안 존속할 수 있는지를 지시하는 값이다. 이 값은 데이터그램을 처리하는 각 라우터에 의해 감소된다. 만일, 데이터그램이 목적지에 도달하기 전에 이 값이 0이 되면 데이터그램은 폐기된다.
- **프로토콜(protocol)** : 데이터그램과 관련된 상위 계층 프로토콜을 식별한다.
- **헤더 체크 섬(header checksum)** : 전송 도중 헤더가 손상되지 않았음을 보장하기 위하여 수신된 패킷 내 IP 헤더 자체의 데이터를 검사하는데 사용된다.
- **근원지 및 목적지 인터넷 주소(source and destination internet address)** : 근원지 및 목적지 호스트를 식별하는 주소 필드이다. 근원지 및 목적지 인터넷 주소는 전송되는 패킷을 따라 IP로 보내지며, IP에 의한 경로 배정에 사용된다.

3) IP 연결 프로토콜

일반적으로 IP의 사용자는 TCP/IP 전달 계층에서 실행되고 있는 프로토콜(TCP, UDP, ICMP, IGMP 등)들 중 하나에 의해 구현되는 상위 계층 데이터 전달 서비스이다. 전달 계층 프로세스가 IP로 내려 보내는 데이터 단위를 IP 데이터그램이라고 한다. 어떤 경우에는 IP 데이터그램을 패킷이라고도 한다.

IP의 기능은 IP 데이터그램을 근원지 호스트로부터 목적지 호스트로 전달하는 것이다.

4) IP 메커니즘

IP 프로토콜은 IP 데이터그램을 근원지 호스트에서 목적지 호스트로 전달하는 데 있어 경로 배정과 분할화의 2가지 중요한 프로토콜 메커니즘을 사용한다.

(1) 경로 배정

IP는 인터넷상의 모든 호스트와 라우터에서 동작하는 기능인 분산 경로 배정 알고리즘을 실행한다. IP 경로 배정 기능은 IP 데이터그램이 정확한 목적지 호스트에 도달하는데 경유하여야 하는 라우터의 개수에 관계없이 각각의 IP 데이터그램을 근원지 호스트로부터 목적지 호스트까지 전달하는데 책임이 있다. 또한, 인터넷을 통해 IP 데이터그램이 전달되는 동안 IP 데이터그램이 거쳐야 할 그 다음 홉을 결정하여야 한다.

(2) 분할화

개개의 통신망에는 전송 프레임의 크기에 상한선이 있다. 예를 들면, Ethernet LAN은 프레임의 데이터 부분을 1,500바이트로 제한한다. 여기서, IP 분할화(segmentation) 기능은 큰 데이터그램을 특정 네트워크의 최대 프레임의 길이에 적합한 세그먼트로 분할하는 책임이 있다. 목적지 호스트의 IP 프로세스는 원래의 IP 데이터그램을 복원하기 위하여 세그먼트들을 재조립한다. 분할화 프로세스를 TCP/IP에서는 단편화(fragmentation)라고도 한다.

요약

1. 인터넷(Internet)이란?

- 다양한 네트워크 종류와 다양한 컴퓨터가 연결되어 있는 전 세계적인 네트워크의 네트워크이다.
- 인터넷 내 통신을 하기 위해서는 TCP/IP 프로토콜을 이용한다.
- 인터넷의 특징 - 정보의 전자화, 저렴성 및 대중성, 용도의 무한성, 개방성 및 자율성, 실시간/양방향의 멀티미디어 네트워크
- 인터넷의 서비스 - 전자 우편, FTP, 텔넷, 유즈넷, 고퍼, 아키, WAIS, WWW

2. 인터넷 주소 체계

- TCP/IP 프로토콜의 IP 계층에서 사용되는 식별자를 인터넷 주소(internet address) 또는 IP 주소(IP address)라고 한다.
- IP 주소는 4바이트(32bits), 다섯 가지의 클래스(A, B, C, D, E)가 있으며, 두 부분(Netid와 Hostid)으로 구성된다.
- IP 주소의 변환 방법에는 ARP와 RARP 두 가지 방법이 있다.
- 호스트 네임을 IP 주소로 바꾸고 IP 주소를 호스트 네임으로 바꿔주는 기능이 필요하게 되었다.

3. TCP/IP 프로토콜의 개요

- TCP/IP는 5개의 계층 구조로 되어 있으며, 현재 가장 널리 사용되고 있는 통신 프로토콜이다.
- 5 계층 - 물리 계층, 데이터 링크 계층, 네트워크 계층, 트랜스포트 계층, 응용 계층

연습문제

1. 인터넷의 정의에 대해 서술하시오.

2. 인터넷의 역사를 연도별로 나열하시오.

3. 인터넷의 특징을 나열하시오.

4. 인터넷의 서비스의 종류를 나열하시오.

5. TCP/IP에 대해 설명하시오.

6. IP 주소 체계에 대해서 설명하고, 그것의 표현 예를 그림으로 나타내 보시오.

7. IP 주소 구조에서 사용되는 5개의 클래스에 대해 서술하시오.

8. ARP와 RARP의 차이점을 설명하시오.

9. ARP(Address Resolution Protocol)의 동작 과정을 그림으로 표현하시오.

10. RARP(Reverse ARP)의 동작 과정을 그림으로 표현하시오.

11. DNS의 개념에 대해 서술하시오.

12. DNS의 동작 원리를 그림으로 표현하시오.

13. DNS의 동작 절차를 단계별로 설명하시오.

14. DNS의 메시지 구조에 대해 설명하시오.

15. 전송 제어 프로토콜(TCP)에 대해 서술하시오.

16. 인터넷 프로토콜(IP)에 대해 서술하시오.

[제 8 장]

무선 및 이동통신

공간 활용에 이점을 갖고 있는 무선통신 기술의 개념과 종류에 대해 이해하고, 이동통신 기술의 활용, 특히 셀룰러 통신의 특징에 대해 학습한다.

8.1 무선통신 기술

무선통신은 자유공간(free air space)을 매체로 하여 정보 신호를 주파수 자원에 할당하여 전송하는 방식으로서, 지난 수십 년간 다양한 용도와 기술 형태로 이용되어 왔으나 주파수 자원의 한계 때문에 국내외 규정에 의해 사용 목적에 따른 자원의 사용을 제한하여 왔다.

무선통신은 과거의 사용 기술과 현재와 미래의 새로운 기술에 모두 기반을 두고 발전되고 있으며, 종류로는 셀룰러(cellular), 적외선(infrared), 마이크로웨이브(microwave), 패킷 무선 데이터(packet data over radio), PCS(Personal Communication Service), 위성(satellite), SMR(Specialized Mobile Radio), 확산 대역(Spread Spectrum Radio), 양방향 무선(two-way radio) 등이 있다.

무선통신 시스템은 자유공간을 통해 정보를 전파시키며, 다음과 같은 장점들을 가지고 있다.

- 케이블 등을 설치하지 않고 공중을 이용하여 강이나 호수를 지나갈 수 있는 편리성으로 설치비가 저렴하다.
- 케이블을 설치하면 비용이 비싸고 유지보수가 어려워 산간지역에서 전송상의 장애를 공중을 통해 뛰어넘을 수 있다.
- 통신회사의 유선 통신망을 연결하지 않고 직접 기본적인 상호연결이 가능하다.
- 회선의 연결이 없이 이동성이 보장되고 이동 지역마다 접속이 가능하다.

8.1.1 적외선 방식

적외선은 주파수 대역이 1,013~1,014Hz 범위로 마이크로웨이브에 비하여 높기 때문에 전파 특성이 다르다. 적외선은 이미 우리 주변에서 TV, VTR 등의 가전제품의 원격 제어(remote control) 장치에 널리 활용되고 있으며 높은 주파수가 요구되는 초고속 전송에 가장 적합한 전송 방식이다.

적외선 방식의 장점으로는 높은 주파수로 인하여 전송 속도 및 속도 개선의 잠재력이 풍부하다는 점과 송수신에 사용되는 각종 소자가 주로 반도체이기 때문에 처리 속도가 빠르다는 것이다. 아울러, 사용 환경 주변에 적외선 대역의 전파를 발생하는 기기가 거의 없어 간섭이 적고 통신기기 자체가 가볍고 작으며, 전력 소모가 적다는 장점도 가지고 있다.

적외선 방식의 단점은 가시광선처럼 장애물을 통과하지 못한다는 것이다. 또한, 사방으로 산란되면서 신호가 급격히 감소하기 때문에 장애물이 없는 곳에서만 사용할 수 있다. 따라서 가급적 높은 천장이 필요하며 다른 방식보다 운용 범위가 좁다.

적외선 방식은 5㎞ 이상의 빌딩간 거리에 사용되는 직접 적외선 방식과 넓은 공간의 사무실 벽과 천장 등의 반사를 이용하는 반사(diffuse) 방식, 반사를 이용하지 않는 가시선 방식과 같은 간접 적외선 방식이 있다.

반사 방식은 광 전력이 발사되어 여러 번의 반사를 거쳐 전달되는 방식으로 송신기와 수신기 사이의 가시 경로(line-of-sight path)가 필요 없다는 장점을 지니고 있다. 그러나 다중 경로 전파로 인해 속도에 제약이 따른다.

다중 경로로 인한 분산에서 야기되는 속도의 제한을 피하기 위해 제안된 방식이 가시선 방식이다. 이 방식의 기본 원리는 천장에 부착된 적외선 송수신 장치로 빔(beam)을 송신하고 장치로부터 반사되는 빔을 수신하는 것이다.

8.1.2 마이크로웨이브 방식

마이크로웨이브 주파수 대역은 스펙트럼 상에서 라디오파와 적외선의 중간에 위치하고 있다. 일반적으로 고주파를 사용하면 저주파보다 넓은 대역폭을 쓸 수 있으므로 10Mbps 정도의 성능을 지니는 LAN을 구현할 수 있다. 보통 18GHz나 19GHz 주위의 주파수 대역을 사용하는 마이크로웨이브 LAN은 미국의 연방 통신 위원회(FCC : Federal Communications Commission)나 영국의 통산성이 요구하는 가장 높은 주파수 대역에서 동작한다.

대부분의 경우 마이크로웨이브는 전자기적 스펙트럼 상에서 높은 주파수를 사용하기 때문에 직진성 기반의 기술이다. 그럼에도 불구하고, 이 대역을 사용하는 전자기적 장비가 거의 없어서 간섭이 없다는 장점이 있다.

마이크로웨이브 주파수대에서는 사무실 또는 공장에서 움직이는 사람이나 장비에 의한 신호의 블로킹으로 인하여 신호의 끊김 현상이 발생하기 쉽다.

이 방식을 이용할 경우 가장 문제가 되는 것은 신호가 송신측에서 수신측까지 여러 경로를 통하여 전달되는 다중 경로의 문제점이다. 다중 경로란 여러 개의 송신 신호가 공중에서 여러 갈래의 경로를 거쳐 수신 안테나에 수신됨을 의미한다. 여러 신호들이 서로 다른 경로를 거쳐 수신되면 서로 다른 진폭 감쇠와 위상 변화를 겪게 된다.

이 다중 경로에는 두 가지 종류가 있다. 하나는 지역적 분산(local scattering)으로서 수신기 주위의 가구나 칸막이 벽 등에서 산란되는 것인데, 이로 인해 발생하는 것이 신호의 페이딩(fading) 현상이다. 페이딩이란 신호들이 수신시 합쳐지면 시간 변화에 따라 신호 세기가 송신 신호와 다르게 변하게 되는 것을 말한다. 즉, 수신기에 도달하는 신호들 사이의 위상 차이 때문에 페이딩이 생기게 되는 것이다.

8.1.3 확산 대역 방식

확산 대역 방식은 장거리 무선 데이터 통신에서 발생하는 다중 경로 문제를 해결하기 위해 제안되었으며 1940년대부터 연구가 시작되었다. 확산 대역 방식은 전송하고자 하는 정보를 보내는데 필요한 대역폭에 비해 훨씬 넓은 대역폭으로 신호를 송신하고, 수신 측에서는 원래의 정보 대역폭으로 수신된 신호를 복원하는 방식으로, 이 협대역 신호와 광대역 신호간의 변복조가 이 방식의 핵심 기술이다.

확산 대역 방식은 다음과 같은 장점을 가지고 있다.

- 사용자를 적절히 할당하여 스펙트럼을 공유함으로써 다중 접속이 가능하다.
- 원래의 정보 대역폭에 비해 넓은 대역폭을 사용한다.
- 전력 스펙트럼 밀도가 낮기 때문에 신호 은닉이 가능하여 보안성을 높여준다.
- 다른 사용자의 고의적인 전파 간섭에 대해 강하다.
- 다중 경로 효과로 인하여 지연된 신호에 대한 자체 방어가 가능하다.

이런 확산 대역 기술은 보통 직접 시퀀스 확산 대역(DSSS : Direct Sequence Spread Spectrum) 방식과 주파수 도약 확산 대역(FHSS : Frequency Hopping Spread Spectrum) 방식으로 분류할 수 있다.

8.1.4 다중 접속 방식

무선통신의 대표가 되는 셀룰러 이동통신은 주파수 재활용 기술의 방법에 따라 주파수 분할 다중 접속(FDMA), 시분할 다중 접속(TDMA), 코드 분할 다중 접속(CDMA)으로 나뉜다.

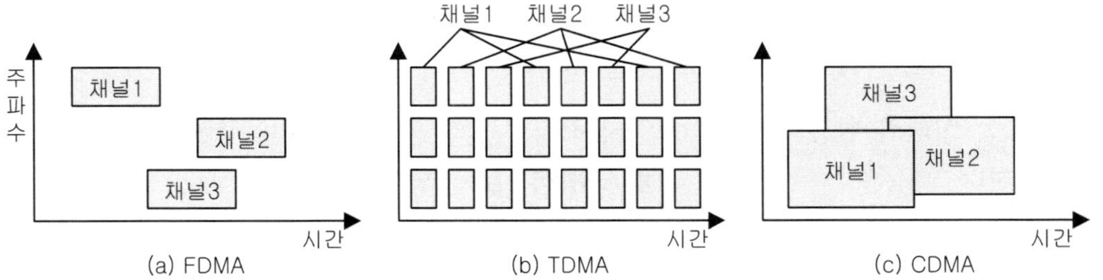

[그림 8.1] 다중 접속 방식의 비교

1) FDMA(Frequency Division Multiple Access)

FDMA 방식은 아날로그 방식의 이동 통신에서 사용되는 방식으로 주파수 대역을 좁은 폭의 채널로 분할하여 각각의 채널을 독립적으로 사용하는 방식이다. 이 방식은 모든 사람이 같은 언어를 사용하고 이야기를 나눌 수 있도록 작은 구역으로 나눈 각각의 대화실에 차례를 기다렸다가 들어가서 이야기 하는 것으로 비유할 수 있다.

수신측에서는 대역 통과 필터를 거친 신호만을 통과시키므로 상호 교란을 제한 할 수 있다. FDMA에서는 채널 간 간섭을 피하기 위해 각 통신 보호 대역을 두고 있다. 이 방법의 스펙트럼 효율은 스펙트럼 변조 효율과 주파수 재사용률에 의해 결정된다. 주어진 주파수 대역을 30KHz 짜리 채널로 나누면 변조 효율은 30KHz의 대역 당 하나의 호(call)가 된다.

2) TDMA(Time Division Multiple Access)

TDMA 방식은 시간 축에서 여러 개의 단위 시간 구간(슬롯)으로 나누는 방식이다. 즉, 각자 자기에게 할당된 시간 구간을 다른 사용자의 시간 구간과 겹치지 않도록 하는 다중 통신 방식이다. 이 방식에서는 하나의 슬롯이 하나의 채널에 대응되며, 같은 언어를 사용하지만 FDMA 방식과는 다르게 모든 사람이 한 방에 모여서 이야기를 한다.

그러나 모든 사람이 동시에 이야기를 하는 것이 아니라 각각 이야기 하는 시간을 정해서 자기에게 할당된 시간 동안에만 이야기를 하는 것과 같다. 마치 이야기를 하는 시간이 단절되어 대화에 지장이 있을 것 같지만, 잘게 쪼갠 시간이 워낙 작아서 전혀 느낄 수 없기 때문에 실제로는 대화하는데 지장이 전혀 없다.

TDMA 방식을 사용하는 이동 통신망의 경우, 일반 통화자들이 TDMA에서는 슬롯 간 간섭을 피하기 위해 각 슬롯 간 보호 간격을 두고 있다

TDMA는 통상 FDMA 방식에 의해 분할된 하나의 주파수 채널을 다시 시간 축에서 분할하는데, 양방향 전송의 다중화를 구현하는 방식에 따라 이를 다시 FDD(Frequency Division Duplex)와 TDD(Time Division Duplex)의 두 가지로 나눈다.

FDD는 서로 다른 반송파 주파수, 즉 별개의 채널을 사용하여 양방향 전송을 가능하게 한다. 다시 말해서, 서로 다른 두 개의 주파수 채널을 양방향 전송 경로로 사용하되 각 방향의 채널을 다시 TDMA 방식으로 사용자를 다중화 하는 것이다.

반면, TDD는 하나의 반송파 주파수를 사용하되 시간적인 간격을 이용하여 양방향의 다중화를 가능하게 한다. 즉, 하나의 채널을 TDMA 방식으로 양방향 분할하고 다시 각 방향에 대하여 TDMA로 사용자를 분할하는 것이다. 따라서 단말기의 하드웨어 복잡도를 줄일 수 있지만, 송신과 수신 시간을 달리하여 이루어지기 때문에 이 전환에 따른 부가의 지연이 발생한다.

3) CDMA(Code Division Multiple Access)

CDMA 방식은 여러 사용자가 주파수와 시간을 공유하면서 각 사용자에게 의사 랜덤 시퀀스(pseudo random sequence)를 할당함으로써 각 사용자는 송신 신호를 확산(spread)하여 전송하고, 수신부에서는 송신측에서 사용한 것과 동일한 의사 랜덤 시퀀스를 발생시켜 동기를 맞추고 수신된 신호를 역 확산(despreading)하여 신호를 복원하는 방식으로 그 특성상 군사용으로 많이 이용되어 왔다.

CDMA 방식은 여러 사람이 같은 장소에 모여서 동시에 이야기를 하지만 서로 다른 언어를 사용

하기 때문에 자신의 언어로 이야기 하는 내용만 알아들을 뿐이고, 다른 사람이 이야기 하는 것은 단지 잡음으로만 느끼는 것과 같다.

또한, CDMA 방식은 동일한 주파수 스펙트럼 내에서 동시에 전송되는 다수의 호에서 각각의 호를 구별하기 위해 고유한 코드를 부여한다. 이 경우 수신기가 올바른 코드 번호만 유지하고 있다면 모든 호 가운데서 원하는 호만을 선택, 접속함으로써 통화가 이루어지게 된다.

CDMA 이동통신은 전송하고자 하는 정보를 고속의 2진 데이터를 이용하여 대역 확산시키는 방식으로, 사용자들은 동일한 광대역 주파수 채널을 공유하므로 주파수나 시간 영역에서 보면 다중 접속 신호들은 서로 겹쳐 있는 것처럼 보이지만 각 사용자는 서로 다른 확산 코드를 이용하여 구분되는 것이다.

CDMA는 다음과 같은 장점을 가지고 있다.

- 시스템의 포화상태로 인한 통화 단절 및 혼선이 적다.
- 실내 또는 실외에서 넓은 서비스 권역을 제공한다.
- 반사파나 다중파의 간섭이 심한 산악 지형 또는 혼잡한 도심 지역에서도 품질이 우수하다.
- 배경 잡음을 방지하고 감쇄시킴으로써 우수한 통화 품질을 제공한다.
- 셀 간의 핸드오프를 유연하게 제공하는 소프트 핸드오프 기술을 이용하여 핸드오프 실패 시에 발생하는 통화 단절과 간섭을 최소화 한다.

CDMA 방식은 대역 확산 유형의 사용 형태에 따라 DS(Direct Sequence) CDMA 방식과 FH (Frequency Hopping) CDMA 방식으로 구분된다.

DS-CDMA 방식에서는 협대역 데이터 신호가 광대역 부호 신호에 의해 복조되어 각 신호는 순간적으로 넓은 대역을 점유하게 되어 다중 경로 신호를 격리시킨다. 이에 반해, FH-CDMA 방식에서는 협대역 데이터 신호가 넓은 대역에 걸쳐 다른 주파수로 잘려지며 각 신호는 순간적으로 좁은 대역을 점유하게 된다.

8.2 이동통신 기술

고도 정보화 사회로 진행되는 과정에서 인터넷의 사용 증가와 더불어 이동성의 요구에 따른 이동통신 정보 서비스는 급속히 발전되고 있는 추세이다.

이동통신이란 고정체와 이동체 간의 통신 또는 이동체 상호간의 통신을 의미한다. 일반 전화(고정망) 가입자가 자동차, 항공기, 선박, 사람 등의 이동체와 무선 매체를 통해 통신하며, 전파를 송수신하기 위한 통신 설비가 이동체라는 것이 그 특징이다.

일반적으로, 이동통신은 넓은 서비스 지역을 여러 개의 무선 지역(zone)으로 분할하여 각 무선 지역에 기지국을 설치하고, 이동국과 기지국 간에 무선으로 통신한다. 여기서, 기지국은 무선 제어국 등을 통해 고정망에 연결하며 기지국을 통한 이동국은 일반 공중 전화망의 가입자나 다른 기지국의 이동국에 접속하여 통신한다.

이동통신 서비스의 대표적인 것들로는 셀룰러 전화(cellular phone), 개인 휴대통신 서비스(PCS), 코드리스 전화(CT : Cordless Telephone), 주파수 공용 통신(TRS : Trunked Radio System), 무선 호출(radio paging), 무선 가입자망(WLL), 무선 데이터 통신(radio data communication), 위성 이동통신(satellite mobile communication) 등이 있다.

서비스 측면에서 살펴보면, 이동통신은 기존의 셀룰러 및 무선 호출, 코드리스 전화는 물론 유선망, 초고속망, 위성과 연계하여 음성, 팩스 등의 데이터 및 동영상 등의 다양한 멀티미디어 서비스를 사용자 요구에 따라 2Mbps까지의 전송 속도로 제공하고, 국제 로밍 서비스도 제공하는 완전한 이동성을 보장하는 범세계적인 개인통신 서비스를 실현하는 것이다.

8.2.1 셀룰러 통신

1) 개념

셀룰러 망에서는 전체 서비스 영역을 작은 크기의 셀(cell)로 나누어 통신 서비스를 제공한다. 셀은 일반적으로 통신 서비스가 이루어지는 하나의 단위를 말하며, 각 셀의 중앙에는 그 셀에 속한 단말들을 서비스해 주는 하나의 기지국이 존재한다. 셀들은 그 크기에 따라 매크로 셀(macro cell), 마이크로 셀(micro cell), 피코 셀(pico cell) 등으로 나누어진다.

셀룰러 통신의 기본적인 통신 회선 구성은 [그림 8.2]에서 나타내었다.

수 ㎞ 간격의 기지국 0, 1, 2, 3, 4, 5가 [그림 8.2]에서와 같이 배치될 때 각 이동 단말을 관할할 셀의 기지국은 자동적으로 선택된다. 기지국은 어떤 주파수를 써서 이동 단말과 통신할 것인가를 결정한다. 각 기지국은 이동 교환국과 유선 채널로 연결되고 이동 교환국은 다시 공중 전화망과 연동되어 일반 유선 전화 가입자와 접속됨으로써 이동 단말과 일반 전화 가입자 또는 이동 단말과 이동 단말 사이에서 일반 전화 서비스가 이루어지는 것이다.

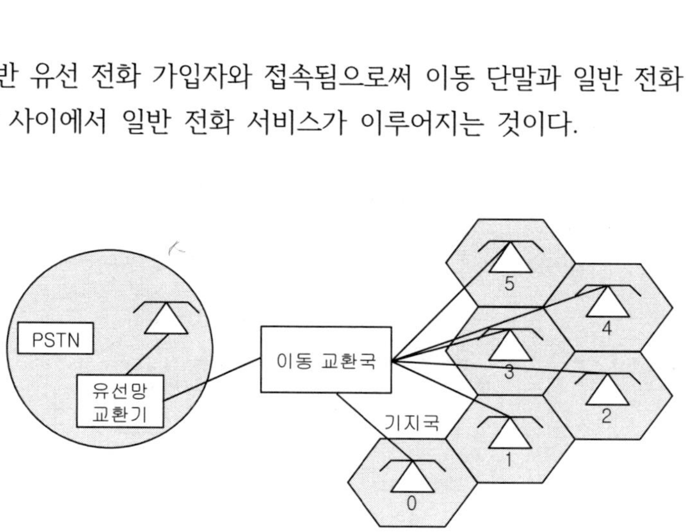

[그림 8.2] 셀룰러 통신의 기본 구성

셀룰러 망을 비롯한 이동통신망 설계시 최우선적인 고려 사항은 제한된 주파수 대역으로 보다 많은 가입자를 수용하기 위한 주파수 이용 효율의 극대화이다. 이를 위한 방법으로 다음과 같은 것들을 들 수 있다.

- 하나의 채널이 차지하는 점유 대역을 가능한 좁게 하는 협대역 기술을 사용한다.
- 효율적인 다중 접속 기술을 사용하여 하나의 무선 영역 내에서 다수의 이동 단말이 복수의 무선 채널을 공유함으로써 무선 채널의 이용률을 높인다.
- 한 셀에서 사용하는 채널들은 간섭을 주지 않을 만큼 충분히 떨어진 다른 셀에서 재사용하는 비율을 높인다.
- 기지국의 셀 반경을 작게 한다. 하지만 도심 지역의 경우 셀의 크기를 너무 축소하면 잦은 핸드오프(handoff)가 발생한다는 문제점이 있다.

2) 구조

셀룰러망의 일반적인 구조는 [그림 8.3]에서처럼 이동국, 기지국, 이동교환기(MSC), 가입자 위치 등록기(HLR), 방문자 위치 등록기(VLR), 인증센터(AC : Authentication Center), EIR(Equipment Information Register), 기타 부가 서비스 시스템 등으로 구성된다.

구성 요소별 주요 내용과 역할은 다음과 같이 요약할 수 있다.

- **이동국(mobile station)** : 서비스 영역에서 이동하는 무선 가입자 단말기로서 기지국과 무선 채널을 사용하여 통신하며, 제어 장치와 송수신 장치 및 안테나 장치 등으로 구성된다.
- **기지국(base station)** : 이동국과 이동 교환기 사이에 위치하여 이동국과의 무선 전송과 교환국과의 유선 전송에 적합하도록 신호를 변환시켜 준다. 이동국의 신호 강도를 측정하여 이동 교환기가 이동국의 이동 상황을 파악하도록 도와준다.

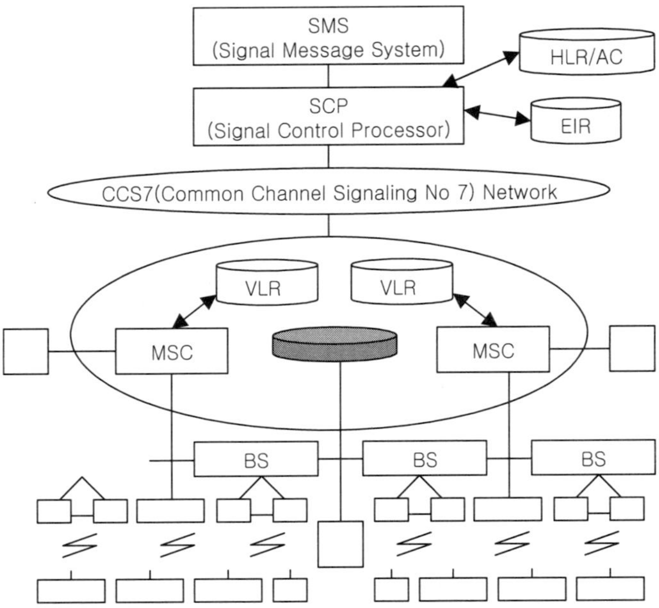

[그림 8.3] 셀룰러 통신망의 구조

- 이동 교환기(MSC : Mobile Switching Center) : 이동 교환기는 공중 전화망 등과 이동통신 망간의 접속을 연결해 주는 역할을 수행하고, 각 기지국에 할당된 채널을 관리 통제하는 중앙 제어 역할을 수행한다. 과금 및 이동국 감시 기능과 신호 처리 기능을 수행한다.
- 가입자 위치 등록기(HLR : Home Location Register) : 이동국에 대한 과금정보 등에 관한 정보는 HLR에 등록된다.
- 방문자 위치 등록기(VLR : Visitor Location Register) : 이동국의 위치를 망측에 등록함으로서 어디에 위치하더라도 착신 가능하도록 실현하며, 이동국에서 전원을 넣게 되면 그 이동 단말의 위치가 망에 등록된다. 위치 등록을 위해 서비스 사업자가 마련하는 데이터베이스를 VLR이라 한다.

셀룰러망의 주요 기능을 보면 무선 자원관리, 이동성 관리, 호 처리 관리, 부가 서비스, 망 운용 및 관리로 나눌 수 있다. 유선 통신망 소요 기능과 비교할 때, 셀룰러 망에서는 무선을 이용한다는 점 그리고 사용자가 이동한다는 점 때문에 무선 자원 및 이동성 관리를 위한 기능이 추가된다.

일반적으로, 무선 자원 관리와 관련된 기능으로는 셀 주파수 채널 관리, 무선 채널의 설정/유지/해제, 무선 채널의 비화, 제어 채널의 관리, 시스템 정보 방송, 무선 호출 등을 들 수 있다.

각 셀에 주파수를 할당하는 방식은 사용 주파수가 정해져 있는 고정 할당 방식과 사용가능한 모든 주파수 채널을 가지고 있어 전파 환경이나 트래픽 이용 상황에 따라 역동적으로 채널이 할당되는 동적 할당 방식으로 나눌 수 있다. 고정 할당 방식은 동적 할당 방식에 비해 채널 설정을 빨리 할 수 있고, 장치 구성이 간단하나 주파수 할당 계획이 필요하여 셀의 구축, 변경이 어렵고 스펙트럼 이용 효율은 떨어진다.

최근에는 이 두 방식을 결합한 자동 할당 방식이 제안되었다. 자동 할당 방식에서는 각 셀에서의 간섭량의 측정 결과를 이용, 주파수 할당을 자동으로 하여 운용 환경에 따라 수시로 주파수 계획을 용이하게 변경할 수 있다.

3) 위치 관리

위치 관리(location management)는 크게 위치 추적(mobile tracking)과 위치 파악(mobile locating) 과정으로 나눌 수 있으며, 위치 추적은 다시 위치 등록과 위치 갱신 과정으로 구분할 수 있다.

위치 등록(location registration)은 단말기가 새로운 망으로 이동할 때, 자신의 존재를 알리기 위해 등록하는 과정을 말한다. 위치 등록을 위해서 이동국은 자신에 대한 식별이나 인증을 위해 영구적으로 부여된 번호를 사용한다. 위치 갱신(location update)은 등록된 이동국의 이동에 따라 위치 정보를 새롭게 갱신해 나아가는 과정이다.

위치 파악은 호 설정 시에 착신 호를 전달하기 위해 이동국이 접속된 교환국을 찾아내는 과정이다. 일반적으로, 위치 파악 과정은 호 설정 전에 별도로 이루어지거나 호 설정 과정의 일부분으로서 수행될 수도 있다.

셀룰러 망은 유선망과는 달리 단말기가 이동성을 가진다. 따라서 망이 이동국의 위치에 관계없이 착신 호를 수용하기 위해서는 이동국의 위치 정보를 유지해야 한다. 위치 관리는 기능을 축소하지 않으면서도 신호 트래픽 부하에 의해 망 자원을 낭비하지 않고, 망이 확장되더라도 그 성능을 유지할 수 있어야 한다. [그림 8.4]는 셀룰러 통신망에서 위치 등록 과정을 나타낸 것이다.

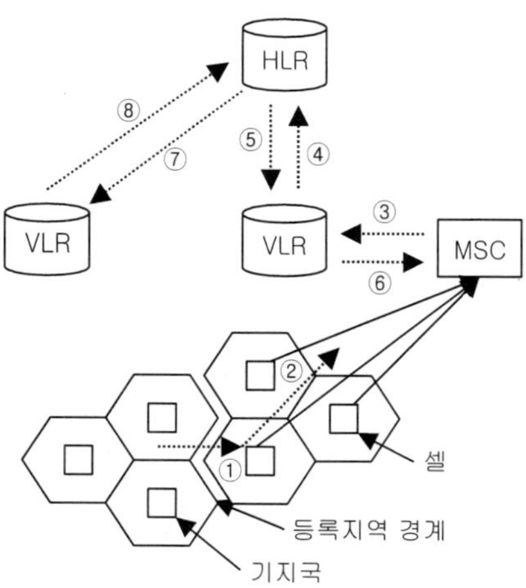

[그림 8.4] 셀룰러 통신망에서의 위치 등록 과정

① 이동국이 새로운 등록지역(RA : Registration Area)으로 이동했을 때 가장 가까운 기지국으로 위치 갱신 메시지를 보낸다. 이 과정은 이동 단말기가 기지국으로부터 주기적으로 전파되

는 등록 지역의 신원을 확인하여 이의 변경이 있을 때 제어 채널을 통해 위치 등록을 요구함으로서 이루어진다.

② 기지국은 수신한 메시지를 MSC에게 전달한다.

③ MSC는 수신한 MIN에 기초하여 가입자 단말기와 로밍 단말기를 구별할 수 있으며, 방문자 위치 등록기(VLR)를 갱신하여 이동 단말기 서비스 영역 내에 있음을 알린다.

④ VLR은 가입자 위치 등록기(HLR)로 위치 등록 메시지를 보내어 데이터베이스를 갱신하도록 한다.

⑤ HLR은 이동 단말기에 대한 인증 절차를 거친 후 새로운 VLR의 신원을 기록하고 VLR에게 등록 확인 메시지와 가입자의 사용자 프로 파일을 보낸다.

⑥ VLR은 MSC에게 등록 확인 메시지를 보낸다.

⑦ HLR은 이전 VLR에게 등록 해제 메시지를 보낸다.

⑧ 이전 VLR은 이동 단말기에 대한 기록을 삭제하고 HLR로 해제 확인 메시지를 보낸다.

[그림 8.5]는 셀룰러 통신망에서 호 설정을 위한 위치 파악 과정을 나타낸 것이다.

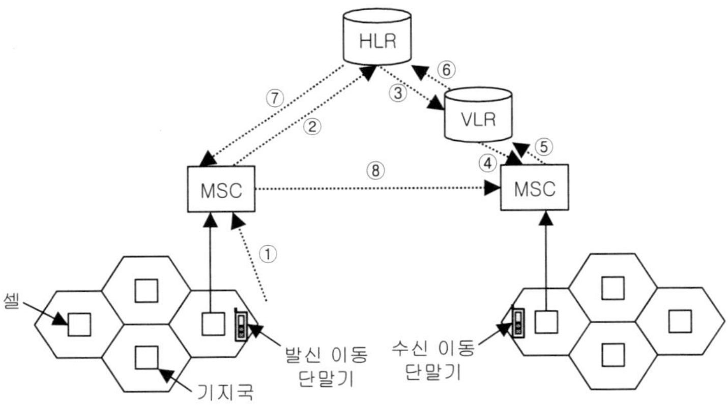

[그림 8.5] 호 설정을 위한 위치 파악 과정

① 호를 발신하는 이동국은 기지국을 통해 홈 이동교환기(MSC)에게 초기화의 신호를 보낸다.

② 홈 MSC는 가입자 위치 등록기(HLR)에게 이동국의 위치 정보를 요구하는 메시지를 보낸다.

③ HLR은 인증 절차를 거친 후 방문자 위치 등록기(VLR)에게 라우트 요청 메시지를 보낸다.

④ VLR은 이동 단말기를 서비스하고 있는 MSC에게 라우트 요청 메시지를 보낸다.

⑤ MSC는 이동국이 위치한 셀을 찾아서 단말기에 임시지역 디렉토리 번호(TLDN : Temporary Local Directory Number)를 할당한다. 여기서, TLDN은 단말기의 임시 주소로서 단말기의 현재 MSC로 연결을 설정하는데 사용된다. MSC는 이러한 TLDN을 VLR로 보낸다.

⑥ VLR은 이 TLDN을 HLR로 전송한다.

⑦ HLR은 TLDN을 송신측 이동 단말기의 홈 MSC에게 보낸다.

⑧ 송신측 MSC가 수신측 MSC로 호 설정 요구를 함으로서 발신 단말기는 공중전화망(PSTN)을 통해 수신측 MSC로 연결을 설정할 수 있다.

4) 로밍 서비스

이동국이 계속 이동하다 보면 등록지역 이외의 지역, 즉 서비스 관리지역을 달리하는 시스템의 서비스 지역으로 이동하게 된다. 여기서, 이동국이 지역 및 국경을 초월해서 어디서든지 통신을 할 수 있는 것을 로밍(roaming)이라 한다.

다시 말해서, 로밍 서비스란 이동통신 사업자간에 협정을 통해 기지국을 공유하면서 자사 고객이 자신의 이동 단말기를 이용하여 해당 여행지 및 타 국가로의 통신이 가능하도록 하는 서비스를 의미한다.

국내의 예를 들면, PCS 휴대전화 사업자들 간에 각각 독립적인 서비스 망을 구축하여 운영하고 있는데, 회사에 따라 서비스가 잘 되고 잘 되지 않는 지역이 나타날 수 있다. 이런 경우 업체들 간에 서로 제휴하여 어떤 회사에 가입하든 상호간의 서비스 망을 서로 연결하여 서비스의 품질과 영역을 확대하여 로밍 서비스를 제공한다면 어느 곳에서나 품질 좋은 서비스를 제공받을 수 있어 매우 편리할 것이다.

로밍은 서로 다른 사업자의 서비스 지역에서도 통신을 가능하게 하여 다른 사업자의 기지국 장비를 그대로 사용할 수 있어 중복 투자를 막는 효과를 가져 온다.

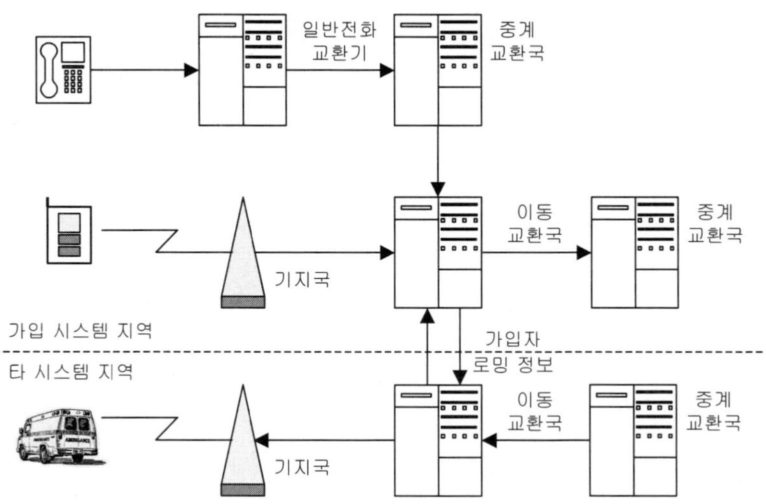

[그림 8.6] 자동 로밍에 의한 호 접속 서비스의 예

여기서, 이동국과 기지국간의 무선 부분에 관한 인터페이스를 무선 접속(air interface)이라 하

며 그 표준화는 매우 중요하다. 다른 서비스업자의 영역에서도 같은 휴대전화기(이동국)를 사용하여 통신할 수 있는 로밍을 실현하기 위해서도 표준화는 매우 중요하다.

무선 접속은 전파의 주파수, 변복조 방식, 접속 제어 방식 및 신호 접속 방식 등의 요소로 구성된다. 이들 방식이 같다면 다른 사업자의 HLR을 상호 접속하는 것만으로도 로밍을 실현할 수 있다.

앞에서 표현한 [그림 8.6]은 자동 로밍에 의한 호 접속 서비스를 설명한 것이다.

5) 핸드오프

설정된 채널이 사용 중 품질에 이상이 생기면 다른 채널로 절체를 하여 품질을 유지하여야 한다. 핸드오프(handoff)는 가입자가 셀 경계를 지나면서 신호의 세기가 작아지거나 간섭이 발생하여 통신 품질이 떨어져 현재 사용 중인 채널을 끊고 다른 채널로 절체 하는 것을 의미한다. 현재 서비스를 받고 있는 셀 내에서 발생하는 회선 절체를 셀 내 핸드오프(intra-cell handoff)라고 하는데, 이것은 특정 채널의 품질이 저하될 경우에 일어난다.

반면, 이동 단말이 일단 호를 설립하여 통화중에 다른 셀로 이동하더라도 통화 단절 없이 서비스 기지국이 자동으로 바뀌어 연속적인 통신을 가능하도록 하여야 하는데 여기서 관할 기지국의 자동 전환을 셀 간 핸드오프(inter-cell handoff)라고 한다. 이러한 핸드오프는 통화에 지장을 주지 않으면서 이루어져야 한다. 셀 간 핸드오프 기능은 모든 이동 통신망에서 필수적으로 요구되는 기능이다.

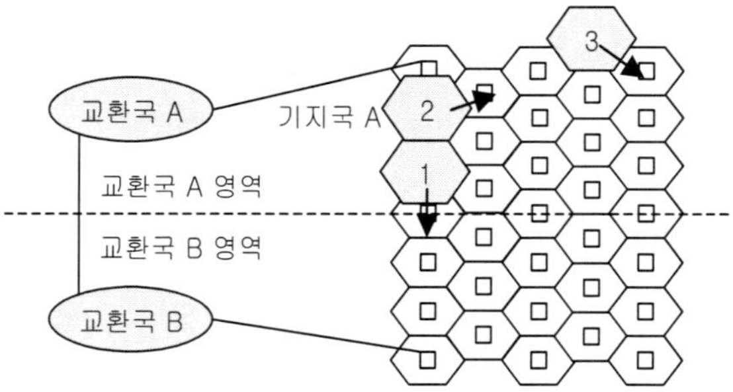

[그림 8.7] 핸드오프의 개념

핸드오프의 종류에는 핸드오프 시에 사용할 채널을 먼저 확보하여 연결한 후 현재 사용 중인 채널의 연결을 끊는 소프트 핸드오프(soft handoff)와 반대로 먼저 사용 중인 채널을 끊은 후에 사용할 채널을 연결하는 하드 핸드오프(hard handoff)가 있다.

소프트 핸드오프는 품질 면에서는 우수하나 핸드오프 시간동안 두 채널의 연결을 유지하고 있어야 하므로 채널 이용 효율의 저하를 가져온다.

(1) 소프트 핸드오프

이동통신 시스템에서 이동국이 통화중일 경우, 동일 CDMA 주파수를 갖는 다른 셀 영역 근처로 접근할 때 이동국은 새로운 셀의 파일럿 신호 세기가 충분히 높음을 감지하여 이 사실을 현재의 셀에 알린다. 그러면, 새로운 셀은 이동국에게 통화 채널을 열어준다.

이때, 이동국은 동시에 두 개의 셀과 통화 채널을 사용하여 통화를 하게 된다. 이동국은 똑같은 트래픽 데이터를 두 개의 셀로부터 수신하게 되며, 이 중 좋은 데이터를 사용한다.

이동국의 새로운 셀로 자꾸 가까워지면 이전의 셀에서 전해오는 신호는 점점 약해지며, 이 신호의 세기가 일정 레벨 보다 낮아지면 이동국은 이 사실을 두 셀에 알린다. 이전 셀은 그 이동국에 대한 통화 채널을 끊게 되며, 이동국은 상태가 양호한 새로운 셀과 통화를 하게 된다.

이러한 핸드오프를 소프트 핸드오프라 하고, 셀 간에서 일어나는 핸드오프이므로 셀 간 핸드오프라고 한다.

이러한 핸드오프는 핸드오프 도중에 통화 채널이 끊어지지 않으므로 사용자는 핸드오프가 된다는 사실조차 모르게 되며, 만일 이동국이 데이터 통신을 행하고 있었다면 통화의 단절이 없으므로 높은 품질의 서비스를 제공한다.

지금까지의 설명은 이동국이 두 셀 간에 있을 때를 가정한 것이지만 만일, 셀이 3개의 셀 경계에 있다면 그 경우에도 그대로 적용된다. 이때는 이동국이 동시에 3개의 통화 채널을 가지게 된다.

소프트 핸드오프의 단점은 동시에 통화 채널을 2개 혹은 3개를 필요로 한다는 사실이다. 이것은 통화 채널의 낭비라고도 볼 수 있으나 CDMA는 원래 고용량 시스템이므로 채널을 희생하는 대신 고품질의 서비스를 제공한다. 또한, 시스템에 따라서 핸드오프 전용 채널을 둘 수도 있다.

[그림 8.8]은 소프트 핸드오프의 예를 나타낸 것이다.

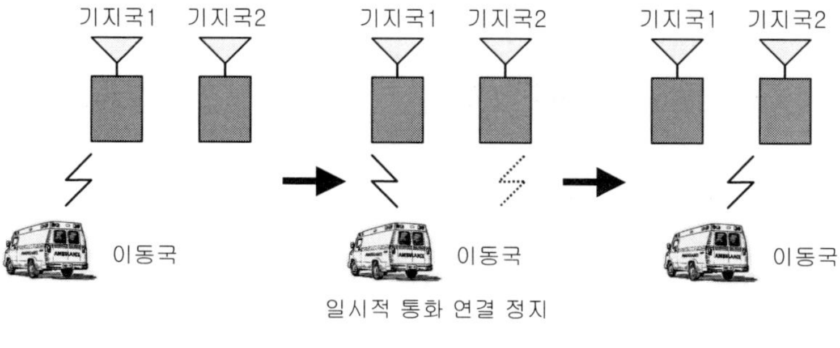

[그림 8.8] 소프트 핸드오프의 예

(2) 하드 핸드오프

기지국에서는 항상 역방향 음성 채널을 사용하여 이동국으로부터 수신 신호 강도를 감시한다. 이때, 수신 신호 강도가 통화 채널 전환 레벨까지 떨어지면 기지국은 이동 전화 교환기에 통화 채널 전환을 요청한다.

이때, 통화 채널이 자동으로 바뀌는 동안의 통화 단절 시간은 약 15ms 이하로서 이러한 짧은 시간동안 기지국과 이동국 간에는 디지털 메시지 교신을 수행한다. 또한, 통화중인 가입자는 순간 통화 두절 상태를 거의 감지하기 어렵다.

만일, 통화 채널 전환이 필요하지 않을 경우 통화 채널 전환을 요청하면 그것은 통화 채널 전환 요청에 대한 결정을 너무 일찍 한 것이다. 또한, 통화 채널 전환이 실패했다면 그것은 통화 채널 전환을 너무 늦게 한 것이다.

따라서 하드 핸드오프에서는 통화 채널 전환을 적절한 시간에 요청하여 그것을 반드시 성공시킬 수 있는 방안을 강구해야 한다.

[그림 8.9]는 하드 핸드오프의 예를 나타낸 것이다.

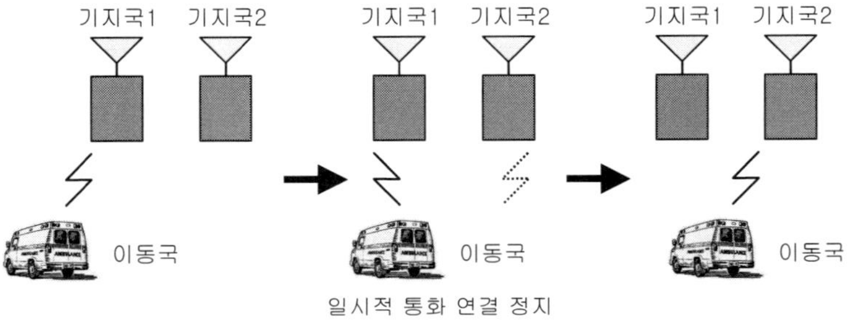

[그림 8.9] 하드 핸드오프의 예

요 약

1. 무선통신 기술의 개념과 종류

- 자유공간(free air space)을 매체로 하여 정보 신호를 주파수 자원에 할당하여 전송하는 방식이다.
- 적외선은 주파수 대역이 1,013~1,014Hz 범위로 높은 주파수가 요구되는 초고속 전송에 가장 적합한 전송 방식이다.
- 마이크로웨이브 주파수 대역은 스펙트럼 상에서 라디오파와 적외선의 중간에 위치하고 있다.
- 확산 대역 방식은 전송하고자 하는 정보를 보내는데 필요한 대역폭에 비해 훨씬 넓은 대역폭으로 신호를 송신하고, 수신 측에서는 원래의 정보 대역폭으로 수신된 신호를 복원하는 방식이다.
- FDMA 방식은 아날로그 방식의 이동 통신에서 사용되는 방식이다.
- TDMA 방식은 시간 축에서 여러 개의 단위 시간 구간(슬롯)으로 나누는 방식이다.
- CDMA 이동통신은 전송하고자 하는 정보를 고속의 2진 데이터를 이용하여 대역 확산시키는 방식이다.

2. 이동통신 기술의 개념과 종류

- 이동통신은 고정체와 이동체 간의 통신 또는 이동체 상호간의 통신을 의미한다.
- 셀룰러 망에서는 전체 서비스 영역을 작은 크기의 셀(cell)로 나누어 통신 서비스를 제공한다.
- 셀룰러망의 일반적인 구조는 이동국, 기지국, 이동교환기, 가입자 위치 등록기, 방문자 위치 등록기, 인증센터, EIR, 기타 부가 서비스 시스템 등으로 구성된다.
- 로밍 서비스란 이동통신 사업자간에 협정을 통해 기지국을 공유하면서 자사 고객이 자신의 이동 단말기를 이용하여 해당 여행지 및 타 국가로의 통신이 가능하도록 하는 서비스를 의미한다.
- 핸드오프(handoff)는 가입자가 셀 경계를 지나면서 신호의 세기가 작아지거나 간섭이 발생하여 통신 품질이 떨어져 현재 사용 중인 채널을 끊고 다른 채널로 절체 하는 것을 의미한다.

연습문제

1. 무선통신 기술의 종류를 나열하시오.

2. 확산 대역 방식의 개념과 장점을 서술하시오.

3. 다중 접속 방식 중 FDMA에 대해 서술하시오.

4. 다중 접속 방식 중 TDMA에 대해 서술하시오.

5. 다중 접속 방식 중 CDMA에 대해 서술하시오.

6. 이동통신 서비스의 종류들을 나열하시오.

7. 셀룰러 통신의 개념에 대해 서술하시오.

8. 셀룰러 통신망의 구성 요소에 대해 설명하시오.

9. 셀룰러 통신에서 위치 관리(location management)에 대해 서술하시오.

10. 셀룰러 통신망에서의 위치 등록 과정을 그림으로 표현하고 설명하시오.

11. 로밍 서비스에 대해 서술하시오.

12. 핸드오프(handoff)의 개념에 대해 서술하고, 두 가지 종류에 대해 설명하시오.

제 9 장

무선 LAN과 WPAN

무선 LAN 기술과 WPAN 기술에 대해 알아본다. 우선적으로 무선 LAN 기술이 무엇인지 이해하기 위해 무선 LAN과 WPAN의 구조와 동작, 구성 방식, 표준화 기술 등에 대해 학습한다.

9.1 무선 LAN 기술

9.1.1 무선 LAN의 개요

무선 LAN 기술은 일정 범위 내의 사용자로 하여금 어느 곳에서든지 사전에 물리적인 연결 없이도 네트워크의 접속이 가능하도록 하는 새로운 LAN 기술을 의미한다. 다시 말해서, AP(Access Point)가 설치된 곳의 일정 거리 내에서 다수의 컴퓨터 기기가 무선으로 연결된 상태의 LAN이다.

또한, 무선 LAN 기술은 전자기파 기반의 FHSS(Frequency Hopping Spread Spectrum) 기술이나 DSSS(Direct Sequence Spread Spectrum) 기술, 혹은 OFDM(Orthogonal Frequency Division Multiplexing) 변조 기술 등을 사용하여 제한된 지역 내에 있는 장치나 기기끼리의 상호간 데이터 통신을 할 수 있도록 한다. 무선 LAN은 무선 주파수를 이용하므로 물리적 회선은 필요 없으나, PDA나 노트북 컴퓨터에는 무선 LAN 카드가 장착되어 있어야 한다.

현재의 무선 LAN을 이해하기 위해 무선 LAN 기술의 진화과정에 대해 알아보자. 1970년 미국 하와이 대학교에서 무선 주파수를 사용하는 네트워크 시스템인 ALOHANET을 개발하였다. 1979년에는 F. Gfeller와 U. Bapst에 의해 적외선을 사용한 실험적인 LAN의 결과가 보고되었고, 1980년 P. Ferret은 IEEE 국제 전자통신협회에서 무선 데이터 통신을 위한 단일 코드의 확산 분광 무선 주파수에 대한 실험 결과를 발표하였다.

1985년 5월 미국 연방 통신위원회(FCC)는 이와 같은 분광 기술의 응용과 활용을 위해 ISM (Industrial Scientific and Medical band) 주파수 대역을 선언하였다. 1991년에 개최된 무선 LAN IEEE 워크숍은 무선 LAN 기술 발전을 촉진하는 계기가 되었고, 이후 IEEE 802 위원회의 무선 LAN에 대한 표준화 활동도 활발히 진행되었다.

1999년 9월 미국 무선 LAN 협회인 WECA가 표준으로 정한 IEEE 802.11b와 호환되는 제품에 와이파이 인증을 부여한 뒤 무선 LAN 기술은 더욱 더 급속하게 발전하게 되었다.

9.1.2 무선 LAN의 구조

일반적으로 무선 LAN의 구조에서 기본 단위는 여러 개의 단말(노드)로 구성된 BSS(Basic Service Set) 이다. 무선 LAN은 Ad-hoc과 하부구조(infrastructure)의 두 가지 유형으로 분류된다.

Ad-hoc 망은 [그림 9.1]과 같이 단일 BSS만으로 된 네트워크로서 이동성이 높은 단말기들 사이의 일시적인 연결을 지원하는데, PDA의 보급과 함께 중요성이 급속도로 커지고 있다. 즉,

Ad-hoc 방식은 AP와 같은 장치의 사용 없이 무선 장치들을 직접 연결하여 구성한다.

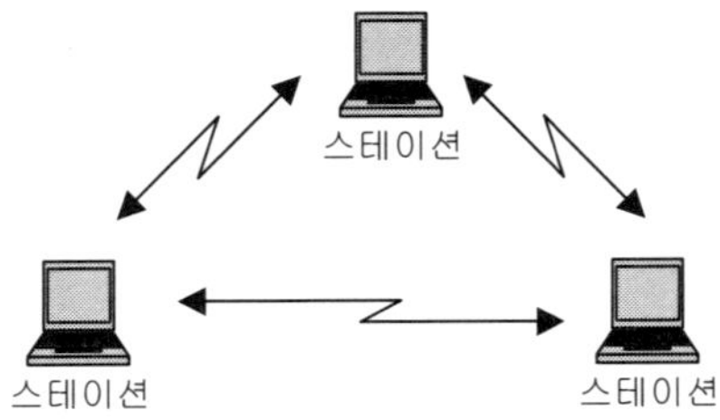

[그림 9.1] 단일 BSS에서의 ad-hoc 망 구성의 예

Ad-hoc 방식과 비교하여, 하부 구조 망에서는 [그림 9.2]와 같이 각 BSS들 간의 연결을 위해서 BSS 마다 AP를 사용한다.

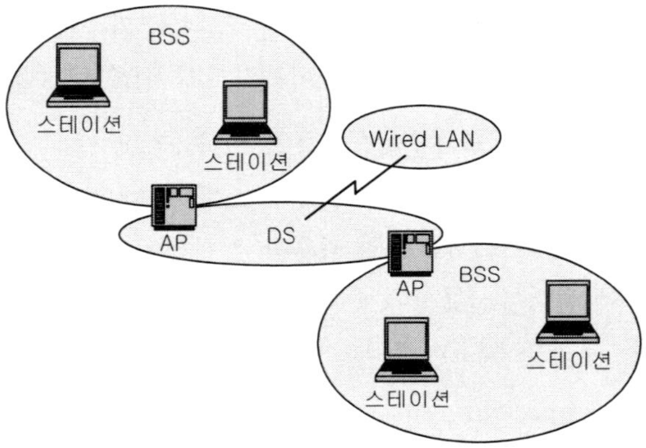

[그림 9.2] 다중 BSS에 의한 ESS의 구성 예

다시 말해서, 유선 LAN과 연결되어 있는 서버와 접속하기 위해 무선 접속 장치인 PAU(Portable Access Unit) 또는 WAP(Wireless Access Point)라는 장치를 사용한다. 이때, 한 개의 PAU 수렴 반경을 초과하여 유효 범위가 넓어지면 다수 개의 PAU를 이용하여 무선 LAN에 접속하게 된다.

[그림 9.2]에서 보면, 하나의 BSS는 AP에 의해 관리된다. BSS는 셀룰러 시스템의 셀과 유사하며, AP는 기지국과 같은 역할을 한다. AP는 DS(Distribution System)라 불리는 무선망으로 연결되어, 전체가 하나의 ESS(Extended Service Set)를 형성한다. ESS 내의 모든 노드 간에는 연결이 보장되므로 ESS를 하나의 큰 논리적인 BSS로 볼 수도 있다.

즉, LLC 레벨에서 ESS는 단일 IBSS(Independent Basic Service Set)로 동작하며, LLC에 투명하게 BSS에서 다른 BSS로 이동이 가능하다. 한편, 관문국인 'portal'을 통해 다른 네트워크로 접속도 가능하다. 일반적으로 노드들은 AP를 통하여 프레임을 전송하나 노드들 간에 직접 전송도 가능하다.

무선 LAN과 관련된 다양한 기술적 사항들에 대한 내용은 다음의 [그림 9.3]에 요약해 놓았다.

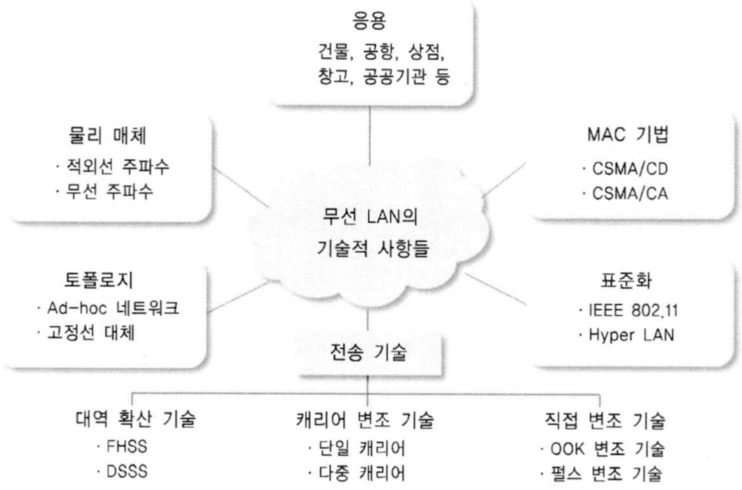

[그림 9.3] 무선 LAN의 기술적 사항들

이런 내용들을 바탕으로, 다음의 [표 9.1]은 무선 LAN과 유선 LAN의 장단점을 비교하여 나타낸 것이다.

[표 9.1] 무선 LAN과 유선 LAN의 장단점 비교

구분	무선 LAN	유선 LAN
장점	- 레이아웃 변경이나 확장시 허브나 케이블링 작업이 불필요함 - 응용 범위가 광범위함 - 원거리 네트워크 구축이 가능함 - 네트워크 구축시 공사비용과 설치시간이 절감됨 - 로밍 기능 부여로 이동하며, 작업 가능함 - 유지보수 비용이 발생하지 않음 - 원거리 통신 속도는 유선 LAN과 비슷함	- 제품 가격이 무선 LAN보다 저렴함 - 근거리 통신 속도는 무선 LAN에 비해 빠름 (1~3ms)
단점	- 제품 가격이 유선 LAN보다 고가임 - 인터넷 이용시 최소 1개의 유선이 필요함 - 근거리 통신 속도는 유선 LAN에 비해 느림 (7~8ms) - 주파수 자원이 한정됨 - 신뢰성과 보안성이 유선 LAN에 비해 떨어짐	- 레이아웃 변경이나 확장시 허브나 케이블링 작업이 필요함 - 응용 범위가 적고 설치 시 애로 지역이 많음 - 원거리 네트워크 구축이 불가능함 - 네트워크 구축시 설치비용이 추가되고 설치 시간이 많이 걸림 - 다른 장소로 이동시 케이블링 작업이 사전에 이루어져야 함 - 유지보수 비용이 많이 발생함

9.1.3 무선 LAN의 전송 기술

무선 LAN의 개념을 기반으로 무선 LAN에서 사용하는 전송 기술에 대해 알아본다. 여기서는 무선 LAN의 표준 프로토콜인 IEEE 802.11을 대상으로 서술한다. 특성상 물리 계층과 MAC 계층으로 구분하여 설명한다.

1) 물리 계층

물리 계층은 각 비트를 신호로 변환하는 것에 대한 명세를 정의하는데, 이는 적외선 주파수에 대한 명세와 무선 주파수에 대한 명세로 구분된다.

이때, 물리 계층은 802.11 FHSS, 802.11 DSSS, 802.11a OFDM, 802.11b HR-DSSS, 802.11g OFDM의 5개 기술 표준으로 나누어진다.

- 802.11 FHSS: 2.4 GHz ISM 주파수 대역 내에서 전송 신호를 만드는 기법이다.
- 802.11 DSSS : 2.4 GHz ISM 주파수 대역 내에서 신호 생성을 위한 표준 기법이다.
- 802.11a OFDM : 5 GHz ISM 주파수 대역 내에서 신호 생성을 위한 직교 주파수 분할 다중화 방식이다.
- 802.11 HR-DSSS : 2.4 GHz ISM 주파수 대역 내에서 신호 생성을 위한 고속의 DSSS 방법으로 CCK(Complementary Code Keying) 부호화 방식을 제외하고는 DSSS와 동일하다. CCK는 칩 기호(chip symbol)라고 하는 8개의 CCK 기호로 부호화하는 방식이다.
- 802.11g OFDM : 2.4 GHz ISM 주파수 대역 내에서 OFDM을 이용하는데, 54Mbps 데이터 전송률을 정의한다.

2) MAC 계층

MAC 계층은 물리 계층에 대한 지원 기능, 접근제어 기능, 프레임에 대한 단편화 기능, 프레임 암호화 기능, 로밍 기능 등을 수행하는 계층이다.

IEEE 802.11에서는 무선 LAN에 접근하는 방법으로 CSMA/CA(Carrier Sense Multiple Access with Collision Avoidance) 기법을 정의한다. 이 기법은 이미 6장에서 학습한 CSMA/CD 기법과 유사하다.

(1) CSMA/CA 기법

CSMA/CA 기법의 동작에 관해 다음의 [그림 9.4]를 통해 알아보도록 하자.

[그림 9.4]에서, A 단말기와 C 단말기는 기지국 B의 신호 감지 범위 내에 있음을 알 수 있다. 하지만, A 단말기는 C 단말기의 신호감지 범위 밖에 있고, C 단말기 또한 A 단말기의 신호감지 범위 밖에 있다.

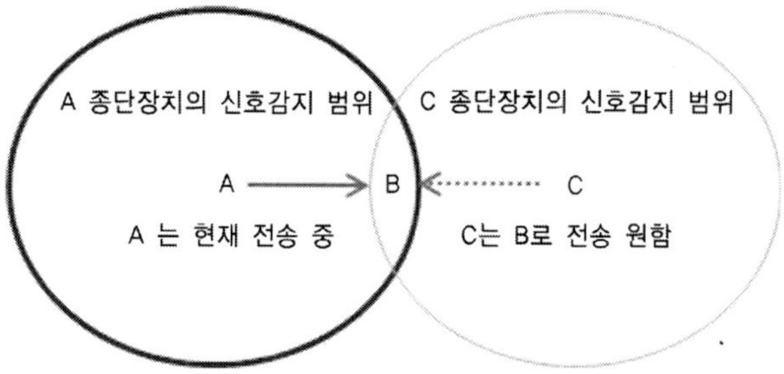

[그림 9.4] CSMA/CA : 숨겨진 단말 문제

만일, A 단말기가 기지국 B와 데이터를 교환하고 있는데, C 단말기가 기지국 B로 데이터 전송을 하고자 한다고 가정하자.

① 먼저 기지국 B가 A 단말기로 데이터를 전송하는 경우, C 단말기는 기지국 B의 신호를 감지할 수 있으므로 C 단말기는 무선 미디어의 사용이 가능해질 때까지 기다릴 것이다.

② 그러나, A 단말기가 기지국 B로 데이터를 전송하는 경우, C 단말기는 A 단말기의 신호를 감지할 수 없으므로 무선 미디어가 사용 가능한 상태라고 판단하여 데이터를 전송할 것이다.

③ 즉, 필연적으로 데이터 충돌이 발생하게 된다.

이처럼 데이터 충돌이 발생하게 된 이유는 C 단말기 입장에서 A 단말기는 숨겨진 상태이기 때문이다. 따라서, 이러한 문제를 '숨겨진 단말 문제'라고 말한다.

CSMA/CA는 '숨겨진 단말 문제'를 해결하기 위해 RTS(Request To Send)와 CTS(Clear To Send)라는 신호를 사용한다.

이제 A 단말기가 기지국 B로 데이터를 전송하는 경우를 다시 생각해 보자.

① A 단말기는 무선 미디어를 살핀다.

② 만일, 미디어가 사용 가능한 상태(clear)라면, A 단말기는 기지국 B로 RTS 라는 짧은 메시지를 보낸다.

③ 기지국 B가 A 단말기와 데이터를 주고받을 준비가 되면 CTS 신호를 A 단말기로 보낸다.

④ C 단말기는 이 CTS 신호를 감지할 수 있다.

⑤ C 단말기는 CTS 신호의 정보로부터 데이터 전송이 지속될 것인지를 예상하여 NAV(Network Allocation Vector) 시간을 계산한다.

⑥ C 단말기는 NAV 시간을 설정하여 데이터 충돌이 일어나지 않게 한다.

이와는 반대의 경우를 생각해 보자. 다음의 [그림 9.5]에서처럼 B 단말기와 C 단말기는 서로 신호감지 범위 내에 있다고 하자.

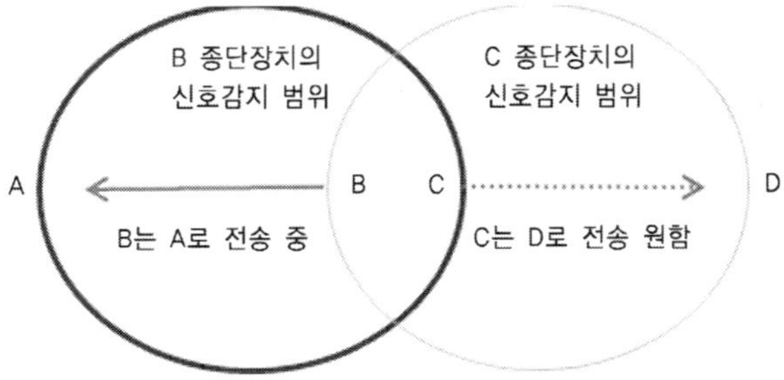

[그림 9.5] CSMA/CA : 노출된 단말 문제

① B 단말기가 A 단말기로 데이터를 전송하고 있다.

② D 단말기는 현재 데이터의 전송과 수신이 가능한 상태이고, C 단말기는 D 단말기로 데이터를 전송하고자 한다.

③ 그러나, C 단말기는 B 단말기의 신호를 감지할 수 있으므로 전송을 하지 못하게 된다.

이러한 이유는 C 단말기 입장에서 B 단말기가 노출된 상태이기 때문이다. 따라서, 이러한 문제를 '노출된 단말 문제'라고 말한다.

일반적인 경우에 대해 생각해 보자. 다음의 [그림 9.6]에서처럼, 송신 스테이션에서 수신 스테이션으로 데이터를 전송하고자 한다.

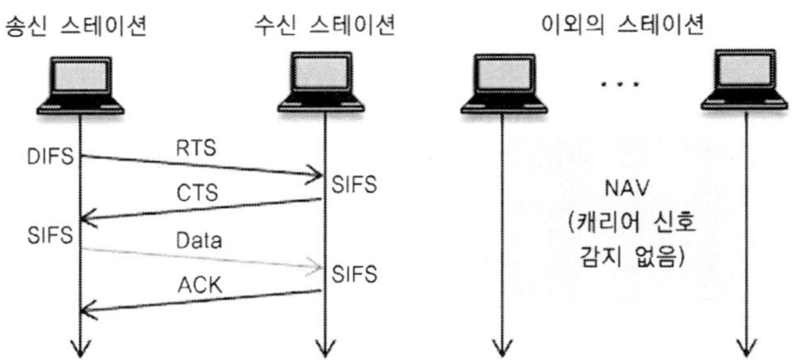

[그림 9.6] CSMA/CA의 동작

① 송신 스테이션은 무선 미디어의 상태를 확인하여 사용 가능한 상태라고 판단되면, 수신 스테이션에게 RTS 메시지를 전송한다.

② 수신 스테이션이 데이터를 전송할 수 있는 준비가 완료되면, CTS 신호를 송신 스테이션으로 전송한다.

③ 이때, RTS 혹은 CTS 신호를 감지한 다른 모든 스테이션들은 RTS 혹은 CTS 신호에 포함된 정보로부터 데이터 전송 지속 시간을 예상하여 NAV 시간을 계산하고, NAV 타이머를 설정하여 그 시간 동안 미디어 사용을 제한한다.

이러한 순서로 데이터 충돌을 방지하는 기법이 CSMA/CA 이다.

(2) MAC 계층의 기능

일반적인 MAC 계층은 DCF(Distributed Coordination Function)와 PCF(Point Coordination Function)의 두 가지 기능을 갖는다.

DCF는 IEEE 802.11의 가장 기본적인 미디어 접근 제어 기능으로 CSMA/CA 방식으로 동작한다. 각 DCF 노드(단말)는 전송할 데이터가 있을 경우, NAV와 캐리어 신호를 감지하여 미디어의 상태를 확인하다. 따라서, DIFS(Distributed Inter Frame Space) 기간 동안 미사용 상태일 경우 즉시 프레임을 전송하고, 그렇지 않을 경우 백 오프(back off) 프로세스를 수행한다.

DCF에 따라 동작하는 각 무선 노드는 전송할 데이터가 있으면 무선 채널에 대한 캐리어 신호를 감지한다.

PCF는 중앙집중형 채널 접근 제어 기능으로, CF(Contention Free) 프레임 전송을 제공한다. CF 프레임 전송이란 폴링(polling) 절차를 채택하여 경쟁 없이 전송한다는 의미를 포함한다. PCF는 시간제한 서비스를 지원하기 위해 설계되었으며, 제한적으로 고품질 서비스를 제공할 수 있는 선택적 기능이다. 폴링은 차례로 기회를 주어 경쟁을 하지 않고 채널에 접근하는 방식이다.

PCF는 PIFS(Point Inter Frame Space)라고 하는 짧은 프레임 사이의 간격을 사용하여 DCF 보다 더 높은 우선순위를 갖도록 한다. 짧은 프레임 간격을 사용한다는 것은 대기하는 시간이 짧다는 것을 의미한다.

3) 프레임 구성

무선 LAN의 데이터 프레임은 다음의 [그림 9.7]에서처럼 제어 영역, 기간 영역, 주소 영역, 순서 제어 영역, 프레임 본체, FCS 영역 등으로 구성된다.

2byte	2byte	6byte	6byte	6byte	2byte	6byte	0~2,312byte	4byte
FC	D	주소 1	주소 2	주소 3	SC	주소 4	프레임 본체	FCS

프로토콜 버전	유형	부 유형	DS 쪽으로	DS 부터	More 플래그	재시도	전력관리	초과 데이터	보안성	예약
2bit	2bit	4bit	1bit	1bit	1bit	1bit	1bit	1bit	1bit	1bit

[그림 9.7] 무선 LAN의 프레임 구성

[표 9.2] 프레임 제어(FC) 영역의 세부 영역

영역	의미
프로토콜 버전	현 버전은 0
유형	정보의 유형 : 관리(00), 제어(01), 데이터(10)
부 유형	각각의 부 유형 정의
DS 쪽으로	4개의 주소 영역과 연동하여 다시 정의됨
DS 부터	4개의 주소 영역과 연동하여 다시 정의됨
More 프래그	1로 설정되면 단편(fragments)이 더 있음을 의미
재시도	1로 설정되면 재전송 프레임을 의미
전력관리	1로 설정되면 전력관리 모드임을 의미
초과 데이터	1로 설정되면 전송 데이터가 더 있음을 의미
보안성	WEP(Wired Equivalent Privacy) 1로 설정되면 암호화되었음을 의미
예약	추후 사용을 위해 예약됨

- 프레임 제어(FC : Frame Control) 영역 : 이 영역은 [표 9.2]에서처럼, 여러 개의 세부 영역으로 나누어진다.
- 기간(D : Duration) 영역 : NAV 값 설정 시 사용되는 전송 기간과 관련된다.
- 주소 영역 : 각각 6byte 길이의 4개 주소 영역(주소 1, 주소 2, 주소 3, 주소 4)으로 구성된다.
- 순서 제어(SC : Sequence Control) 영역 : 흐름 제어에 사용되는 프레임의 순서 번호가 부여된다.
- 프레임 본체 영역 : 0~2,312byte 길이로 구성되며, FC 영역의 유형에 따른 정보의 내용이 들어간다.
- FCS(Frame Check Sequence) 영역 : CRC-32 오류 검출 방식으로 오류를 검출한다.

또한, 프레임은 다음의 [그림 9.8]에서처럼 RTS, CTS 또는 ACK의 제어 프레임으로 구분된다.

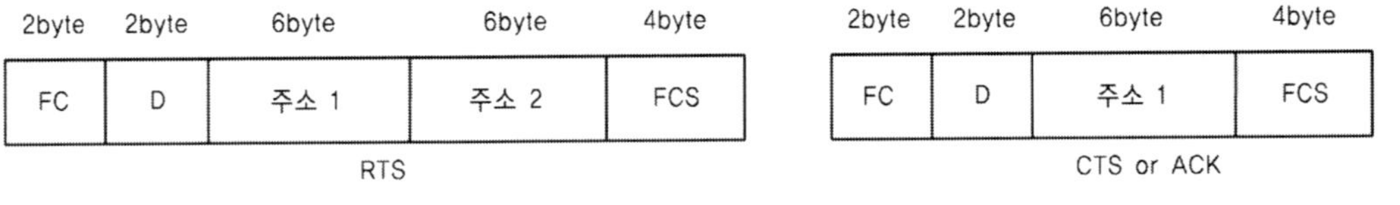

[그림 9.8] 제어 프레임의 유형

여기서, FC의 부 영역의 값이 '1011'이면 RTS 프레임을 의미하고, '1100'이면 CTS 프레임을 의미하며, '1101'이면 ACK 프레임을 의미한다.

9.1.4 무선 LAN의 표준화

1) 무선 LAN 표준 제정

IEEE 802 위원회의 무선 LAN 표준화 활동은 주로 물리 계층의 무선 전송속도를 향상시키는데 주력했던 성장 단계를 넘어, 무선 데이터의 보안과 무선 네트워크의 관리 등 보다 다양한 응용을 위한 성숙 단계를 거쳐서 지속적인 발전을 거듭하고 있다.

IEEE 802.11 워킹그룹에서는 무선 LAN과 관련된 표준안을 제정하고 있다. 이 그룹에서는 아래의 [표 9.3]과 같이 여러 개의 태스크 그룹으로 나뉘어 각 기술 이슈에 대한 표준을 연구하고 있다. 1997년에 제정된 IEEE 802.11 표준은 4GHz 대역의 주파수를 사용하여 1.2Mbps의 전송 속도를 제공하며 Ad-hoc 모드와 하부 구조 모드의 두 가지 동작 모드를 모두 지원한다. IEEE 802.11에서는 주파수 호핑 대역 확산, 직접 대역 확산, 적외선 물리 계층 프로토콜로 사용한다.

[표 9.3] IEEE 802.11 워킹 그룹의 무선 LAN 표준화 현황

태스크 그룹	특 징
802.11a	- 5GHz 밴드를 이용함 - 54Mbps의 속도를 제공함 - FDM 방식, 멀티미디어 지원 - 주파수 간섭이 상대적으로 적음
802.11b	- 2.4GHz 밴드를 이용함 - 11Mbps의 속도를 제공함 - DSSS 방식, MAC 구조 기반 - 802.11a 보다 넓은 유효 범위 지원
802.11e	- 보안 기능을 향상시켰으며 QoS 강화를 위해 MAC 지원기능 채택 - IP 전화와 비디오와 같은 초고속 서비스에 QoS를 제공함
802.11f	- AP간의 로밍 기능을 향상시킴
802.11g	- 2.4GHz 밴드를 이용함 - IEEE 802.11b와 비슷하나 속도를 20Mbps로 향상시킴
802.11h	- IEEE 802.11a에 전파 간섭을 방지하는 DFS와 TCC 기능을 추가함
802.11i	- 무선 LAN의 보안 기능 향상 - AES 채택
802.11n	- 2.4/5GHz 밴드를 이용함 - 600Mbps의 속도를 제공함 - OFDM 방식 - 70m의 유효 범위
802.11ac	- 5GHz 밴드를 이용함 - 1,300Mbps의 속도를 제공함 - 256-QAM 변조 방식 - MU-MIMO 기술 추가

2) 무선 LAN 기술 표준

IEEE 802.11 무선 LAN의 기술 표준에는 [표 9.3]에서 살펴본 것처럼 다양한 버전이 있다. 최초의 무선 LAN 표준안으로 802.11-1997이 있으나, 실제로 널리 인정받은 표준안은 1999년 9월 발표되었던 IEEE 802.11b라고 할 수 있다.

여기서는 대표적인 무선 LAN 기술 표준 버전들의 특징에 대해 간략하게 설명하고자 한다.

- IEEE 802.11a

  5GHz UNII(Unlicensed National Information Infrastructure) RF 주파수 대역에서 동작하는 물리 계층과 MAC 계층의 표준 규격으로, 1999년 9월에 발표되었다. OFDM 방식을 이용하여 6~54Mbps 사이의 데이터 전송이 가능하다.

- IEEE 802.11b

  기존 2.4GHz 대역을 사용하는 무선 LAN의 낮은 전송률을 보완한 규격으로, 1999년 9월에 발표되었다. CCK 변조 방식을 이용하여 물리 계층에서 5.5~11Mbps 사이의 데이터 전송이 가능하다.

- IEEE 802.11g

  2.4GHz 대역에서 OFDM 방식을 사용하는 규격으로, 2003년 6월에 발표되었다. 기존의 IEEE 802.11b와 공존하면서 IEEE 802.11a의 높은 전송률이 가능하게 되었다.

- IEEE 802.11n

  다양한 응용 프로그램 사용의 증가로 인해 무선 LAN 환경에서 사용자 체감속도의 개선이 요구되었고, 이에 따라 사용자의 실제 전송률이 100Mbps 이상이 될 수 있도록 하는 새로운 규격으로 2009년 10월에 발표되었다.

- IEEE 802.11e

  음성 통신이나 화상 통신, 스트리밍 등과 같은 실시간 서비스의 QoS를 위한 표준이다. 이는 기존 채널접근 방식인 DCF와 PCF를 향상시킨 EDCA(Enhanced Distributed Channel Access)와 HCCA(HCF Controlled Channel Access) 등을 규정하고 있다.

- IEEE 802.11h

  유럽 내 5GHz 비면허 구간에서의 동작을 위한 규격이다. 본 규격은 채널의 에너지 측정과 보고, DFS(Dynamic Frequency Selection), TPC(Transmit Power Control) 등을 정의하고 있다. 5GHz 구간을 사용하는 위성통신이나 데이터 통신과의 간섭을 줄이는 것을 주목적으로 한다.

- IEEE 802.11i

  MAC에서의 보안을 위한 표준이다. 기존의 데이터 보안을 위해 사용되던 WEP(Wired

Enquivalent Privacy) 방식의 문제점을 보완하여 AES 암호를 채택하여 사용한다.

- IEEE 802.11j

일본에서 사용이 가능하게 된 4.9~5GHz의 주파수 구간에서의 동작을 정의한 표준으로, 새로운 채널로 변경을 하거나 채널 폭을 조정하는 것을 허용하였다. 이는 IEEE 802.11-2007 표준으로 통합되었다.

- IEEE 802.11k

무선 LAN의 무선 자원에 대한 정보를 측정하고 보고하는 방법을 정의하는 표준이다. 본 규격은 기존에 내부 정보로만 사용되던 무선 자원에 대한 정보를 AP 등에 전달하는 방법을 정의하고 있다.

- IEEE 802.11p

차량 간의 통신이나 지상의 다른 기기 간의 통신을 위한 표준으로, 2010년 10월에 발표되었다. 최대 200km/h로 이동하는 차량에 대한 데이터 통신을 정의한다.

- IEEE 802.11r

동일한 네트워크 내 단말이 움직이는 환경에서 셀 간의 이동을 정하는 표준으로, 단말들이 셀을 이동할 때에도 VoIP 등의 서비스를 안정적으로 제공할 수 있도록 보다 빠른 BSS의 천이를 정의한다.

- IEEE 802.11s

무선 LAN 환경에서 WDS(Wireless Distribution System)를 이용하여 AP 간 무선 LAN으로 통신을 하는 메쉬 네트워크의 구성을 목표로 2011년 6월에 최종 수정되었다.

- IEEE 802.11u

무선 LAN과 외부 네트워크의 연동을 정의한 표준이다. 이 규격은 IETF, 3 GPP, 3 GPP2와 같은 외부 네트워크와 무선 LAN이 상호 간에 연동하는 경우에 사용할 수 있는 인터페이스를 제공하며, 2011년 2월에 발표되었다.

- IEEE 802.11v

수집된 정보를 이용하여 무선 네트워크를 관리하는데 중점을 두며, 2011년 2월에 표준화가 발표되었다.

- IEEE 802.11w

악의가 있는 공격으로부터 안전하지 못하다는 취약점을 갖고 있는 IEEE 802.11i의 단점을 극복하기 위해 2009년에 발표된 표준이다.

- IEEE 802.11y

미국 전역에서 사용이 허가된 3,650~3,700MHz 대역에서 무선 LAN이 동작할 수 있는 방법을 정의한다. 이러한 주파수 구간은 무선 LAN 단말 이외에도 다른 기기들이 사용되는 영역이므로 DFS, TPC, 다른 전송장치의 감지 등의 기술들이 추가로 필요하다.

- IEEE 802.11ac

  IEEE 802.11n을 기반으로 2013년 12월에 발표된 IEEE 802.11의 개정 버전이다. 802.11n에 비해 5GHz 대역에서 광대역 채널을 포함하고, 256-QAM 변조 방식과 MU-MIMO 기술을 추가하였다.

9.2 WPAN 기술

WPAN은 다양한 종류의 전자 기기들과 같은 휴대용 기기들을 지원하기 위해 설계된 개인 영역의 무선 네트워크이다. 이를 위해, 홈 네트워크 및 WPAN에 대한 개념을 이해하고 IEEE 802.15 WPAN 기술의 종류와 특성에 대해 이해한다.

9.2.1 무선 네트워크 기술

1) WPAN의 개념

최근 홈 네트워크 및 유비쿼터스 네트워크에 대한 관심이 높아지면서, 10km 내외의 짧은 거리에서 사용하는 근거리 개인 무선 네트워크에 대한 해결 방안으로 WPAN 기술이 크게 각광받고 있다.

WPAN(Wireless Personal Area Network)은 무선 미디어를 이용하는 무선 개인 영역 네트워크를 의미한다. 다시 말해서, PC, PDA, 무선 프린터, 저장 장치, 무선 전화기 등 다양한 종류의 휴대용 전자 기기들을 지원하기 위해 설계된 개인 무선 네트워크이다.

일반적으로 WPAN 기술은 속도의 차이를 기준으로 저속의 무선 센서 네트워크 기술과 고속의 미디어 데이터 전송 기술로 구분된다.

- 저속 WPAN 기술

  무선 센서 네트워크에 주로 응용되어 사물에 내재되거나 부착 또는 착용할 수 있는 소형, 경량, 저비용, 저전력 및 간편한 휴대성의 특성을 갖춘 센서 노드들 간의 네트워크 기능을 제공한다.

- 고속 WPAN 기술

  저속 WPAN 기술의 특성을 포함하고, PC 주변기기, 가전 기기, 이동성 기기 간의 고속 데이터 전송을 가능하게 하는 기술을 말한다. 이 기술을 사용하면 HD급 영상도 손쉽게 전송할 수 있다.

WPAN 기술에 대한 표준으로는 IEEE 802.15.1 블루투스 기술이 있다. 이 기술은 현재 상용화되어 MP3, 헤드셋 등 블루투스 기능을 탑재한 다양한 제품들이 출시되고 있다.

또 다른 WPAN 기술 표준에는 IEEE 802.15.2 주파수 공존 기술, IEEE 802.15.3 UWB 기술, IEEE 802.15.4 지그비 기술, IEEE 802.15.5 메쉬 네트워킹 기술에 대한 표준 등이 있다.

다음의 [그림 9.9]는 IEEE 802.15 WPAN 기술의 특성과 데이터 전송률을 중심으로 한 전개 과정을 나타낸 것이다.

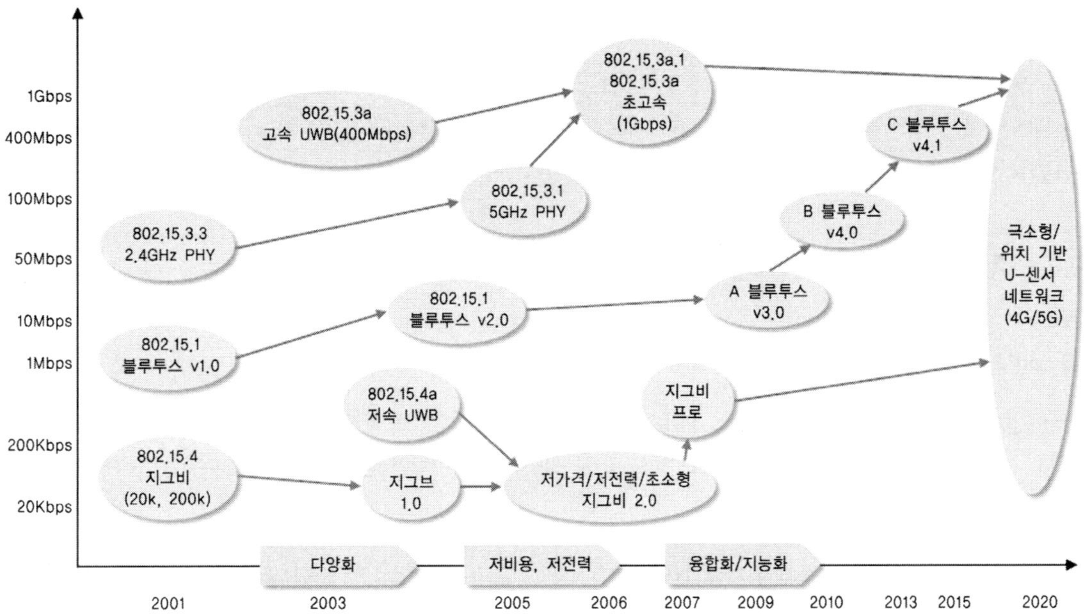

[그림 9.9] WPAN 기술의 전개 과정

2) 지그비 기술

지그비(ZigBee)는 무선 센서 네트워크와 같은 응용 분야에서 초단거리 무선 데이터 통신 기술로 광범위하게 사용되고 있는 기술이다. 지그비 기술은 별도의 배선 작업이 필요 없는 사용상의 편리성과 더불어 저비용, 하나의 칩셋에 의한 구성, 배터리를 탑재하고도 1년 혹은 2년 정도 사용할 수 있을 정도의 저전력성 등과 같은 속성을 갖고 있다.

다시 말해서, 지그비 기술은 저비용과 저전력성의 특성을 갖춘 무선 메쉬 네트워크 표준이라고 할 수 있다. 메쉬 네트워크를 사용하는 이유는 높은 신뢰성과 보다 광범위한 범위를 제공하기 때문이다.

IEEE 802.15.4/LR-WPAN 표준 규격의 지그비 기술은 WPAN 또는 블루투스에서 고려하지 못했던 아주 낮은 전력 소모와 저렴한 비용의 산업용, 가정용, 의학용 응용을 목표로 하는 표준이 됨은 물론, 홈 네트워크와 유비쿼터스 환경에 적용 가능한 최적의 기술로 주목받고 있다.

3) 무선 네트워크 기술의 비교

WPAN 기술이 앞에서 살펴본 무선 LAN 기술과 비교하여 어떤 차이점이 있는지 알아보자.

- 무선 LAN은 노트북 컴퓨터와 같은 휴대용 장치들로 구성되나, WPAN에서처럼 저전력성과 이동성의 특성은 갖추진 못한다.
- 유효 범위 측면에서 보면, 일반적인 무선 LAN의 경우 100mW의 전송 전력을 사용했을 때 대략 100m가 된다. 즉, 무선 LAN은 무선 장치에 의한 전력 소모가 커서 휴대용 장치들이 고정된 장소에서 사용됨을 전제로 설계되었다.
- 이에 비해, WPAN은 1mW의 전력으로 10m 정도의 유효 범위를 갖고, 주로 배터리를 사용하며, 전력 소모가 낮다.
- WPAN은 Ad-hoc 네트워크처럼, 네트워크의 생성이나 장치들 간의 연결 설정이 신속하게 이루어지고, 개별 장치를 중심으로 하는 좁은 범위에서 동작하며, 동작 시간 또한 비교적 짧다.

이처럼 WPAN 기술은 하나 혹은 다수의 장치들과 연결하여, 저전력성과 QoS를 효과적으로 만족시키는 네트워크 구성을 가능하게 한다.

현재까지 개발된 무선 데이터 통신 기술은 전송 유효 범위 및 활용되는 응용 분야에 따라 일반 사용자들에게 널리 보급된 3G/4G 셀룰러 무선 WAN 기술, 무선 MAN 기술(휴대 인터넷 기술), 무선 LAN 기술 그리고 WPAN 기술 등으로 구분된다.

다음의 [그림 9.10]은 이러한 무선 네트워크 기술들의 특성을 데이터 전송률, 비용, 복잡도, 전력 소모 등의 측면에서 비교하여 나타낸 것이다.

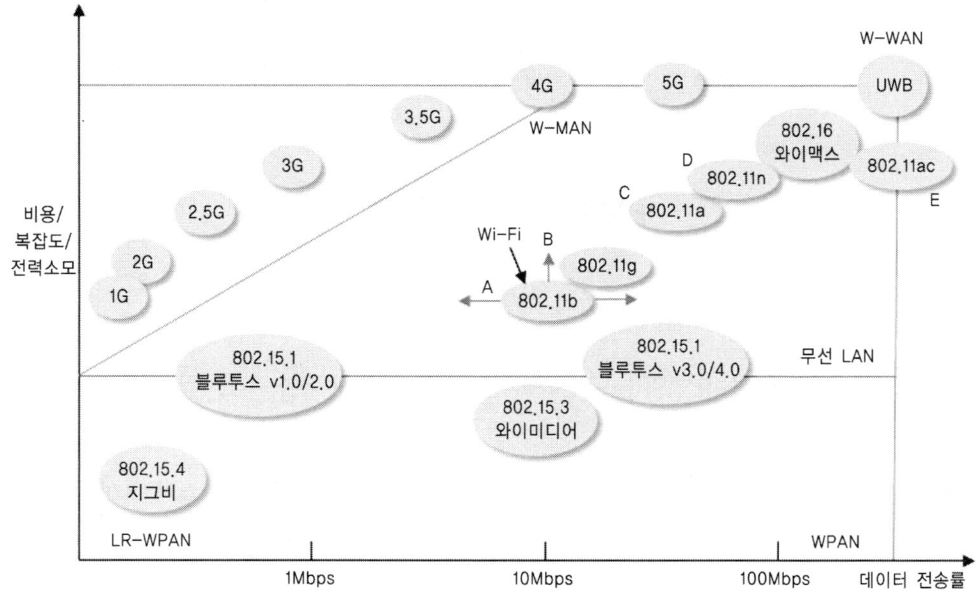

[그림 9.10] 무선 네트워크 기술의 특성 비교

9.2.2 블루투스 기술

1) 블루투스의 개념

블루투스(Bluetooth)의 개념은 1994년 에릭슨 사의 실험실에서 휴대전화와 그 주변장치를 연결하는 저비용 무선 인터페이스를 연구하기 시작하면서 세상에 알려지기 시작했다.

WPAN의 개념을 도입한 블루투스에 대한 표준화는 블루투스 SIG(Special Interest Group)가 결성된지 1년 후인 1999년에 이르러 표준화가 완료되었다. 블루투스는 ISM 주파수 대역인 2,400~2,483.5MHz를 사용하며, 타 시스템과의 주파수 간섭 현상을 최소화하기 위해 2,402~2,480MHz 대역에서 79개 채널을 사용한다.

블루투스는 피코넷(piconet)이라는 개념을 사용하는데, 피코넷이란 하나의 주 디바이스와 7개까지의 종속 디바이스로 구성된 기본 네트워크 단위를 말한다.

다음의 [그림 9.11]은 피코넷을 기본단위로 하는 중앙 집중형 블루투스 구조를 나타낸 것이다.

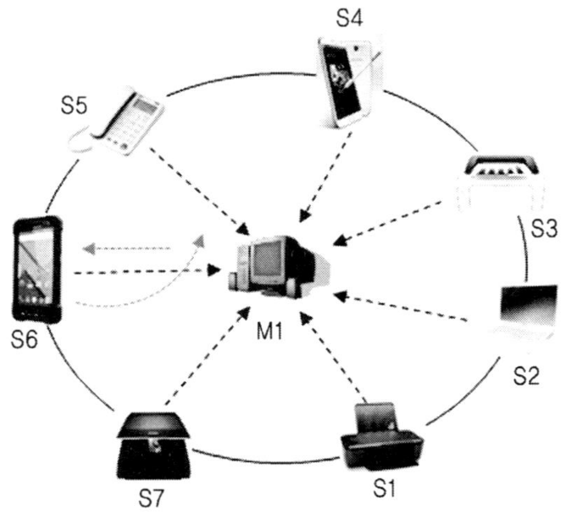

[그림 9.11] 피코넷의 구성

[그림 9.11]에서, 종속 디바이스 S6는 주 디바이스 M1을 통해서만 종속 디바이스 S4와 데이터 전송이 이루어짐을 알 수 있다.

피코넷은 최대 7개까지의 종속 디바이스로 구성되므로, 단일 디바이스 수가 7개를 넘게 되면 여러 개로 확장되어 구성된다. 이러한 개념으로 구성된 네트워크를 스캐터넷(scatternet)이라 한다.

다음의 [그림 9.12]는 3개의 피코넷으로 구성된 스캐터넷의 구성을 보여주는데, 이때 B12, B13, B23과 같은 디바이스는 브리지 역할을 수행한다.

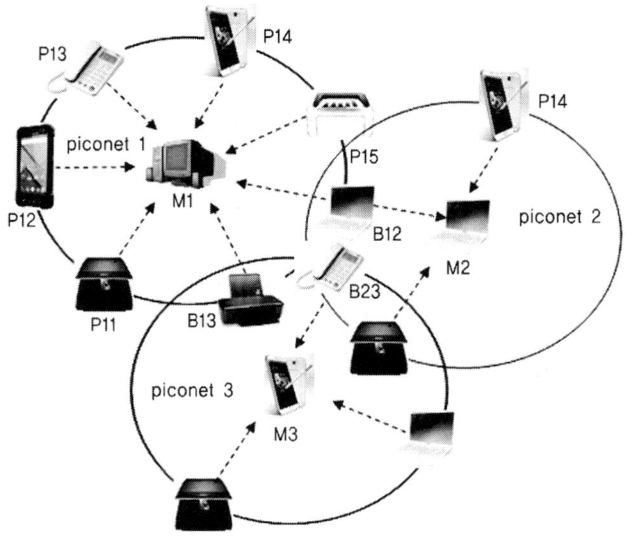

[그림 9.12] 스캐터넷의 구성

2) 블루투스 프로토콜의 구조

다음의 [그림 9.13]은 블루투스 프로토콜의 계층 구조를 호스트 측과 블루투스 디바이스 측으로 구분하여 나타낸 것이다.

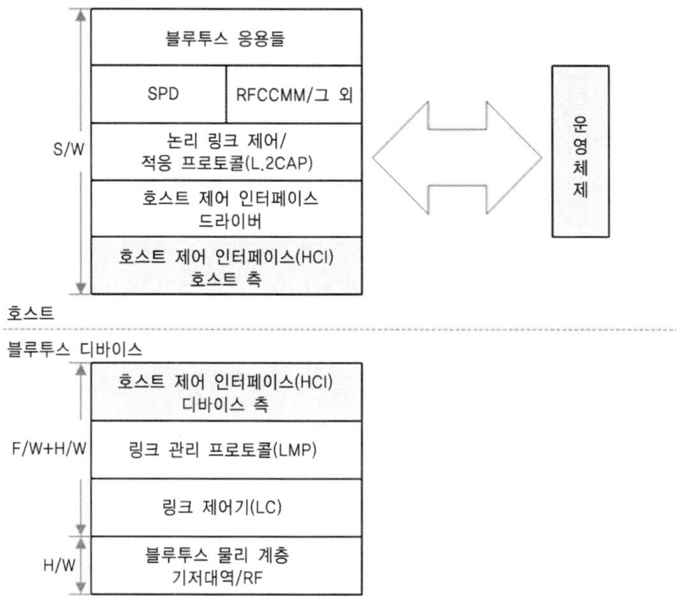

[그림 9.13] 블루투스 프로토콜의 계층 구조

[그림 9.13]에서, 호스트 측의 각 계층에는 호스트 측 HCI 계층, 호스트 제어기 및 인터페이스

드라이브 계층, L2CAP 계층, SDP/RFCOMM 계층, 블루투스 응용 계층 등이 있다. 블루투스 디바이스 측의 각 계층은 기저대역과 RF로 구성되는 블루투스 물리 계층, 링크 제어 계층, 링크 관리 프로토콜 계층, 블루투스 측 HCI 계층 등으로 구분된다.

각 계층의 기능을 간략하게 정리해 보면 다음과 같다.

- 블루투스 물리 계층 : 블루투스 프로토콜 계층 구조의 최하위 계층으로, 블루투스 무선 영역에서의 기술적 특성을 정의한다. ISM 대역인 2.4GHz 대역에서 동작하고, 이진 FSK 변조 방식을 사용한다.
- 링크 제어 계층 : 기저대역 프로토콜 기능, 미디어 접근 기능, 링크 제어 기능 등을 제어한다.
- 링크 관리 프로토콜 계층 : 서로 다른 디바이스에서 링크 관리 기능을 수행한다. 즉, 링크의 설정, 링크 제어 및 구성, 인증, 데이터 암호화, 저전력 모드 관리 등의 기능을 수행한다.
- 호스트 제어 인터페이스 계층 : 기저대역 제어기와 링크 관리 프로토콜 사이의 명령 인터페이스를 제공한다.
- L2CAP 계층 : 기저대역 프로토콜에 대한 링크 기능을 제공한다. 상위 레벨 프로토콜에 다중화 기능, 패킷의 단편화와 재조립, QoS 등의 기능을 제공한다.
- SDP/RFCOMM 계층 : SDP(Service Discovery Protocol)는 휴대용 블루투스 디바이스에서 어떤 서비스가 이용 가능한가를 알 수 있게 하는 기능을 제공한다. RFCOMM(RF communication)은 케이블 대체 프로토콜로서, L2CAP 상에서 가상의 직렬 포트를 구성하여 직렬 포트에 대한 대리 시행 기능을 수행한다.
- 블루투스 응용 계층 : 블루투스의 대표적인 응용으로는 이동 전화와 통신이 가능한 핸즈프리 헤드셋이 있으며, 무선 마우스, 무선 키보드, 무선 프린터 등에 응용된다.

3) UWB 기술과의 비교

블루투스는 낮은 데이터 전송률과 저가 및 저전력의 특성을 가지고 있다. 이에 비해, UWB는 멀티미디어 기기들의 고속 무선 데이터 접속을 지원하는 기술로, 480Mbps의 높은 데이터 전송률을 보장하며 다양한 이동성 응용 디바이스들 사이의 접속을 지원하는 기술이다.

UWB 기술은 초기에는 군사적 목적으로 활용되어 왔으나, 2002년 2월 FCC(Federal Communications Commission)가 상업적 용도로의 활용을 승인하였다. 대표적인 응용 사례로는 항공기 충돌예방 장치, 차량 충돌방지 장치, 지하 탐사 레이더, 고정밀 위치추적 시스템 등이 있다.

UWB는 블루투스의 약 20배 정도의 저전력을 사용하며, 480Mbps 정도의 데이터 전송이 가능하다. 따라서, 블루투스 보다 비트 당 낮은 전력을 이용하면서도 고속으로 데이터를 전송할 수 있다. 하지만, 블루투스의 동작 범위가 100 미터 정도인 것에 비해 UWB는 3~10미터 범위 내에서 동작한다는 점을 감안하면 UWB는 매우 협소한 범위 내에서 고속 데이터 전송 지원이 가능하다고 말할 수 있다.

이에 비해, 블루투스는 동작 범위가 더 확장되고 저전력을 이용하지만 상대적으로 저속 데이터 전송을 지원한다. 이처럼 블루투스와 UWB 기술은 서로 상이하면서도 상호보완적인 기술인 것이다.

다음의 [표 9.4]에서는 여러 가지 근거리 무선 네트워크 기술의 특징을 정리하여 비교하였다.

[표 9.4] 무선 네트워크 기술의 특징 비교

구분	지그비	무선 LAN	블루투스	무선 USB
최대 데이터 전송속도	20~250Kbps	600Mbps	24Mbps	53~480Mbps
통신거리	10~100m	35~100m	1~100m	3~10m
네트워크 구성	P2P 메쉬	Point To Hub	P2P 성형	Point To Point
동작 주파수	2.4GHz	2.4/5GHz	2.4GHz	3.1~10.6GHz
전력소모	낮음	높음	중간	낮음
보안성	AES-128	-	키 사용/암호화	-
네트워크 형성 시간	30ms	3~5sec.	10sec.	-
표준화 시기	2003/2006	2009년 9월	2010년 6월	2010년 9월

9.2.3 무선 인터넷 기술

1) 와이브로의 개념

와이브로(WiBro : Wireless Broadband)는 무선 광대역 인터넷 기술을 말하며, 휴대형 단말기를 통해 언제, 어디서나 정지 및 이동 중에도 고속으로 인터넷에 접속하여 필요한 정보나 멀티미디어 콘텐츠를 이용할 수 있도록 하는 기술이다. 모바일 와이맥스(WiMAX)는 IEEE 802.16e의 기술 표준을 토대로 장비의 상호 호환성을 확보하기 위한 국제 표준으로서, 이 중 와이브로가 대표적인 기술 표준이다.

와이브로 기술이 출현하게 된 배경에 대해 알아보자. 무선으로 인터넷을 즐길 수 있는 데이터 통신 기술은 초고속 인터넷의 보급과 함께 점차 확산되었고, 1999년 IEEE에 의해 IEEE 802.11b 표준으로 채택한 와이파이 기술이 등장했다. 이 기술은 10Mbps 전송 속도와 2.4GHz의 대역을 지원하는 고속 유선 인터넷을 무선으로 사용할 수 있도록 하였다. 또한, 인터넷 속도가 10Mbps 이상을 돌파하면서 1999년 9월에는 5GHz 대의 6~54Mbps의 전송 속도를 갖는 OFDM 방식의 IEEE 802.11a가 발표되었다.

와이파이를 사용하면 가정과 사무실은 물론 실외에서도 무선으로 인터넷을 즐길 수 있지만, 휴대전화처럼 이동 중 사용은 곤란하다. 또한, 서비스 가능 지역 역시 매우 제한적이다. IEEE 802.11g의 무선 인터넷은 802.11b에 비해서 데이터 전송 속도는 빠르나, 100Mbps 이상을 지원하는 유선 초고속 인터넷의 성능에는 미치지 못한다. 802.11g의 최대 속도는 54Mbps까지 가능하나, 실제로는 무선 AP 반경 2~3m 내에서 장애물이 없을 경우에 20~30Mbps 정도에 불과하다.

이처럼 와이파이의 최대 단점은 유효 범위가 협소하고, 이동 중에 사용하기에는 제한적이라는 점이다. 따라서, 넓은 지역에서는 무선 광대역 네트워크를 구축하기 위한 새로운 무선 데이터 통신 기술이 요구됨에 따라 IEEE 802.16 규격이 나오게 되었는데, 이것이 와이맥스 표준이다.

와이맥스는 고정 무선 서비스 기술과 이동 무선 서비스 기술(모바일 와이맥스)로 구분되며, 기존의 와이파이에 비해 그 기능과 범위가 확장된 개념의 기술이다. 실제 와이맥스의 서비스 범위는 45km까지 확대되며, 전송 속도 또한 365Mbps까지 가능해 와이파이에 비해 우수한 성능을 보인다.

다음의 [그림 9.14]에서보는 것처럼, 와이브로는 2.3GHz 주파수 대역을 이용하여 120km/h 이상 이동 시에도 끊김 없는 무선 인터넷 서비스의 제공이 가능하다.

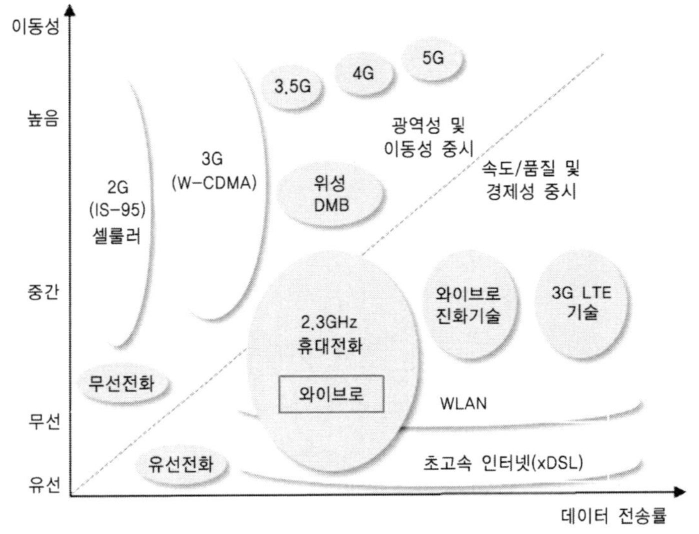

[그림 9.14] 와이브로 기술의 비교

앞의 [그림 9.14]에서, 와이브로 서비스의 데이터 전송률은 무선전화 보다 높고, 이동성은 무선 LAN 보다 높다는 것을 알 수 있다. 와이파이는 이동성 측면에서 무선 LAN 보다는 다소 높은 보행 수준의 준이동성(nomadic mobility)을 보장한다. 그리고, 전송 속도 면에서도 기술 방식에 따라 다르지만 평균 10Mbps~25Mbps 대의 인정적인 속도를 제공함으로써 원활한 무선 인터넷이 가능하다.

2) 와이브로 서비스

와이브로 서비스의 특징으로는 빠른 전송 속도와 이동성, 저렴한 요금, 다양한 콘텐츠 등을 들 수 있다. 와이브로는 최대 25Mbps 정도의 전송 속도가 가능하여, 3.5G HSDPA(High Speed

Downlink Packet Access) 보다도 데이터 전송에 다소 유리하다.

물론, 넷스팟과 같은 무선 LAN이나 기존 CDMA를 이용해 무선 인터넷을 사용할 수 있으나, 무선 LAN을 사용하는 경우 도달거리가 짧기 때문에 이동 중일 때나 혹은 AP로부터 멀어지게 되면 원활한 서비스가 이루어지지 못한다. 이에 비해, 와이브로는 이동 중에도 무선 인터넷의 사용이 가능하다.

와이브로 서비스는 크게 미디어 서비스, 데이터 서비스, 통신 서비스 등으로 구분된다.

- 미디어 서비스 : 웹 미디어, VOD, 주문형 음악, 게임, P2P 서비스 등
- 데이터 서비스 : 전자학습(e-learning), 전자뱅킹(e-banking), 웹 탐색 등
- 통신 서비스 : 웹 메시지 서비스, 비디오 폰 서비스, 이메일 서비스 등

3) LTE 기술과 HSDPA 서비스

W-CDMA(Wideband CDMA)의 진보 기술인 LTE(Long Term Evolution) 기술은 무선 데이터 통신 기술 표준으로 GSM/UMTS(Global System for Mobile communications/Universal Mobile Telecommunication System) 표준의 진화된 버전이다. LTE의 목표는 새로운 DSP(Digital Signal Precess) 기술을 사용하여 무선 데이터 네트워크의 용량과 속도를 증가시키는 것이다.

LTE의 사양은 다운 링크에서 최대 300Mbps에 이르는 전송률 제공이 가능하고, 업 링크에서 75Mbps의 최대 전송률을 제공한다. 또한, QoS, 멀티캐스트 및 브로드 캐스트 스트림 서비스 등을 지원한다. 향후, LTE-TDD(Time Division Duplex)와 호환되도록 개발된다면 5G 이동 네트워크에서 다시 한 번 두각을 나타낼 것으로 전망된다.

HSDPA는 하향 고속화 패킷 접속 방식을 갖는 비동기식 3.5G 이동 데이터 통신 서비스로서, W-CDMA의 진화된 형태이다. 이는 기존의 비동기 IMT-2000 표준의 진화 단계에 위치하며, 획기적인 전송률 향상과 더불어 IP 멀티미디어 서비스 제공에 보다 효율적이다.

와이브로가 전송 속도와 가격 면에서 비교우위를 점하고 있으며 인터넷 접속 중심으로 진화하는데 비해, HSDPA는 이동성과 범위 측면의 이점을 앞세워 무선 데이터 서비스를 제공하지만 음성 중심으로 진행된다.

또한, 와이브로가 대도시 인구 밀집지역을 중심으로 대용량 서비스가 가능한 것에 비해, HSDPA는 소용량이지만 서비스 범위를 전국으로 확대할 수 있다는 점에서 와이브로의 단점을 보완할 수 있는 최적의 기술이다.

다음의 [표 9.5]는 앞에서 설명한 무선 인터넷 기술들의 특징을 비교하여 나타낸 것이다.

[표 9.5] 무선 인터넷 기술의 특징 비교

구분	와이파이	와이브로	와이맥스	HSDPA
기본 표준	802.11n	802.16e	802.16d	GSM/UMTS
채널 대역폭	20MHz/40MHz	8.75MHz/10MHz	1.25MHz/20MHz	5MHz
사용 주파수	2.4/5GHz	2.3~2.4GHz	10~66GHz/ 2~11GHz	1,885~2,025MHz(Up link) 2,110~200MHz(Down link)
변조 방식	OFDM/MIMO	OFDMA/MIMO	MIMO/SOFDMA	CDMA/FDD/MIMO
용도	무선 인터넷	무선 광대역 인터넷	3G 데이터	3G 데이터
최대 전송속도	600Mbps	25Mbps	75Mbps/ 365Mbps	21Mbps
최대 전송거리	70m(실내)/ 250m(실외)	1km	45km	-

요 약

1. 무선 LAN 기술

- 무선 LAN 기술은 일정 범위 내의 사용자로 하여금 어느 곳에서든지 사전에 물리적인 연결 없이도 네트워크의 접속이 가능하도록 하는 새로운 LAN 기술을 의미한다.
- 무선 LAN은 Ad-hoc과 하부 구조(infrastructure)의 두 가지 유형으로 분류된다.
- 무선 LAN의 표준 프로토콜인 IEEE 802.11을 대상으로 서술한다. 특성상 물리 계층과 MAC 계층으로 구분하여 설명한다.
- 물리 계층은 각 비트를 신호로 변환하는 것에 대한 명세를 정의하는데, 이는 적외선 주파수에 대한 명세와 무선 주파수에 대한 명세로 구분된다.
- MAC 계층은 물리 계층에 대한 지원 기능, 접근제어 기능, 프레임에 대한 단편화 기능, 프레임 암호화 기능, 로밍 기능 등을 수행하는 계층이다.
- 일반적인 MAC 계층은 DCF(Distributed Coordination Function)와 PCF(Point Coordination Function)의 두 가지 기능을 갖는다.
- 무선 LAN의 데이터 프레임은 제어 영역, 기간 영역, 주소 영역, 순서제어 영역, 프레임 본체, FCS 영역 등으로 구성된다.
- IEEE 802.11 무선 LAN의 기술 표준에는 다양한 버전이 있다.

2. WPAN 기술

- WPAN은 다양한 종류의 전자 기기들과 같은 휴대용 기기들을 지원하기 위해 설계된 개인 영역의 무선 네트워크이다.
- WPAN 기술은 속도의 차이를 기준으로 저속의 무선 센서 네트워크 기술과 고속의 미디어 데이터 전송 기술로 구분된다.
- 지그비(ZigBee)는 무선 센서 네트워크와 같은 응용 분야에서 초단거리 무선 데이터 통신 기술로 광범위하게 사용되고 있는 기술이다.
- 블루투스(Bluetooth)의 개념은 1994년 에릭슨 사의 실험실에서 휴대전화와 그 주변장치를 연결하는 저비용 무선 인터페이스를 연구하기 시작하면서 세상에 알려지기 시작했다.
- 블루투스는 피코넷(piconet)이라는 개념을 사용하는데, 피코넷이란 하나의 주 디바이스와 7개까지의 종속 디바이스로 구성된 기본 네트워크 단위를 말한다.
- 블루투스 프로토콜의 계층 구조를 호스트 측과 블루투스 디바이스 측으로 구분하여 나타낸다.
- UWB 개념은 멀티미디어 기기들의 고속 무선 데이터 접속을 지원하는 기술이다.

- 와이브로는 무선 광대역 인터넷 기술을 말하며, 휴대형 단말기를 통해 언제, 어디서나 정지 및 이동 중에도 고속으로 인터넷에 접속하여 필요한 정보나 멀티미디어 콘텐츠를 이용할 수 있도록 하는 기술이다.
- HSDPA는 하향 고속화 패킷 접속 방식을 갖는 비동기식 3.5G 이동 데이터 통신 서비스이다.

연습문제

1. 무선 LAN의 필요성에 대해 설명하고, 현재 해결해야 할 문제점들에 대해서도 설명하시오.

2. 무선 LAN의 구조에 대해 그림으로 표현하시오.

3. 무선 LAN과 유선 LAN의 장단점을 비교하여 설명하시오.

4. 무선 LAN 기술 중 FHSS 기법에 대해 설명하시오.

5. 무선 LAN 기술 중 DSSS 표준에 대해 설명하시오.

6. CSMA/CA 기법 중 '숨겨진 단말 문제'란 무엇인지 설명하시오.

7. IEEE 802.11a와 802.11b의 차이점에 대해 설명하시오.

8. WPAN 기술이란 무엇인지 설명하시오.

9. WPAN 기술이 무선 LAN 기술과 비교했을 때 어떠한 차이가 있는지 비교하여 설명하시오.

10. 지그비 기술의 특성에 대해 서술하시오.

11. 블루투스에서 사용되는 피코넷이란 무엇인지 설명하시오.

12. 블루투스 프로토콜 계층구조를 호스트 측과 블루투스 디바이스 측으으 구분하여 순서대로 열거하시오.

13. 블루투스 기술과 UWB 기술의 특징을 비교하여 설명하시오.

14. 블루투스 기술의 고유 기능 중 하나인 SDP에 대해 설명하시오.

15. 와이브로 기술의 개념에 대해 설명하시오.

16. HSDPA와 와이브로 기술과의 연관성에 대해 설명하시오.

제 10 장

최신 네트워크 기반 기술

4G/5G 네트워크의 개념 및 특성, 핵심 기술 그리고 MANET과 USN 응용 기술에 대해 이해한다. 또한, 초고속 광대역 통합 네트워크의 개념 및 특성을 이해하고, 클라우드 컴퓨팅과 빅데이터 응용 기술 등에 대해 학습한다.

10.1 네트워크 응용 기술

10.1.1 이동통신 기술의 진화

이동통신 기술을 서비스에 따라 세대별로 구분해 보면 다음과 같다.

- 1세대 : 미국 AMPS(Advanced Mobile Phone System)를 중심으로 한 최초의 아날로그 이동통신 서비스
- 2세대 : TDMA, GSM, IS-95, CDMA 망을 사용하는 디지털 이동 단말에서 사용하는 서비스
- 3세대 : IMT-2000, W-CDMA, CDMA 2000 기술 기반의 글로벌 로밍, 멀티미디어 서비스
- 3.5세대 : 3세대의 다운로드를 개선시킨 W-CDMA, HSDPA, WiBro 기술 기반의 서비스
- 4세대 : 이동 단말 하나로 시간과 장소에 구애받지 않고 개인화 된 모바일 멀티미디어 서비스를 유·무선 AP에 관계없이 제공받는 형태의 서비스
- 5세대 : 기존의 다양한 네트워크 기술을 융합하고 수용하는 형태의 서비스

최근의 무선 전송 기술은 2세대 디지털 이동전화 시장의 폭발적인 증가와 더불어 3세대 이동통신인 IMT-2000 서비스의 상용화로 이어지며 급속도로 발전하였다. 또한, 인터넷이 각 가정에서 일반화 되면서 무선 이동통신을 통해 인터넷에 접속하고자 하는 사용자 수가 크게 증가하였다. 특히, 최근의 네트워크는 주로 다양한 멀티미디어를 제공하는 형태로 변화해가고 있다.

또한, 3세대 이후의 이동통신 네트워크는 유선과 무선이 통합되는 개념으로 발전하여 유·무선 네트워크, 위성통신 네트워크, 무선 LAN, 디지털 방송 네트워크 등 다양한 네트워크들을 서로 유기적으로 연동하여 사용자가 어디에 있든지 고품질의 멀티미디어 서비스가 가능하게 되었다.

현재의 4세대 이동통신 네트워크 기술과 향후 5세대 네트워크 기술은 이동성의 증가, 초고속/초연결/대용량 데이터 전송 기술, 융합 기술의 형태로 새로운 서비스를 창출할 것으로 예상된다.

10.1.2 이동통신 기술과 4G/5G 네트워크

와이브로 에볼루션은 2006년 6월 KT가 상용화한 무선 초고속 인터넷 서비스인 와이브로 기술을 한층 진화시킨 4세대 이동통신 기술이다. 와이브로 에볼루션은 다운로드 시 최대 전송속도가 149Mbps에 달하여 기존 와이브로의 4배 이상으로 속도가 향상되었다.

와이브로 에볼루션이 상용화된 시점으로부터 3년이 지난 2013년 5월 삼성전자는 첨단 5세대 이동통신 환경에서 데이터를 송·수신할 수 있는 핵심 기술을 세계 최초로 개발하였다. 이는

28GHz의 초고주파 대역에서 1Gbps 이상의 전송속도와 최대 2km에 이르는 전송거리를 달성한 것이다. 이어서, 2014년 6월 중국 상하이에서 열린 '모바일 아시아 엑스포 2014'에서 SK 텔레콤이 전송속도 3.8Gbps 데이터 전송 시연에 성공하였다.

국제전기통신연합(ITU)은 차세대 네트워크 기술에 대해 "4세대 이동통신 기술이란 60km 이상의 고속에서도 100Mbps 이상, 정지 중에는 1Gbps급 속도를 제공할 수 있는 무선통신 기술"이라고 정의하고 있다. 이 정의에 따르면, 4세대 이동통신 서비스는 이동 중에는 초속 2Mbps인 WCDMA 속도의 50배, 정지 중에는 유선 초고속 인터넷 속도의 10배 이상이 가능해진다.

5세대 인프라는 새로운 기술의 탄생이라기보다는 기존의 다양한 네트워크 기술의 융합 및 수용의 형태가 될 것으로 전망하고 있다. 이미 완료가 되었거나 진행 중에 있는 4G LTE 기술, 소형 셀 기술, 와이파이 등 LTE 진화 기술과 이종 네트워크 간 결합 및 최적화 기술 그리고 가상화와 클라우드 기술이 필수적인 핵심 기술이 될 것으로 보고 있다.

따라서, 5G는 4G 이동통신 네트워크 보다 수백 배나 빠른 차세대 네트워크로, 최대 전송속도는 수십 Gbps에 달하여 초고화질 영화 파일도 1초 이내에 전송이 가능해 질 것으로 예측된다.

10.1.3 4G/5G 네트워크 서비스의 특징 및 활용

1) 네트워크 서비스의 특징

4G 네트워크 서비스는 저속의 음성 및 패킷 데이터 통신 위주에서 차량 등을 통한 고속 이동 중에는 100Mbps, 정지 및 보행 수준의 저속 이동 중에는 보통 155Mbps에서 1Gbps까지의 데이터 전송속도를 제공하는 대용량의 고속 및 고품질 멀티미디어 서비스이다.

향후, 5G 네트워크 서비스는 4G 서비스 보다 수백 배나 빠른 초고속/초연결/대용량 데이터 서비스와 플랫폼, 융합 서비스의 형태가 될 것으로 예상된다. 세대별로 이동 멀티미디어 융합 서비스가 발전해가는 과정은 다음과 같다.

- 2세대 : 사람과 사람 간의 서비스, 즉 문자 메시지, 이동전화 서비스(음성)가 주를 이루었다.
- 3세대 : 멀티미디어 메시지, 비디오/음악 스트리밍 서비스, 위치기반 서비스 등과 같은 사람과 기기 간 통신 형태의 서비스가 제공되었다.
- 4세대 : 가상현실 서비스, 3D 게임, 센싱 등과 같은 사물과 사물 간이 교류하는 유비쿼터스 서비스로 발전되었다.
- 5세대 : 차세대 소형 셀 및 초광대역 기술의 발전으로 초고속/초저지연 전송 서비스, 융합 서비스로 진화했다.

4G 네트워크는 다양한 무선 멀티미디어 서비스를 제공하고, 하나의 무선 단말기가 인터넷, 무선 LAN, 위성 네트워크 및 무선 LAN 등에 접근할 수 있으며, 유선과 무선이 결합된 글로벌 네트워

크가 구축되어 복합적인 서비스를 제공한다.

즉, 인터넷 패킷 데이터의 증가와 더불어 비대칭적인 전송률을 가진 광대역 액세스 및 분배 네트워크를 포함한 복합적인 유·무선 플랫폼과 다른 주파수 대역 간에 로밍 서비스를 제공하고 있다. 또한, 초고속 패킷 무선전송 기술, 무선 LAN 기술 등을 중심으로 무선 멀티미디어 기술 발전이 진행되었다.

4G 네트워크는 기존 네트워크 보다 고속의 트래픽을 무선 구간에서 수용함으로써, 이동 환경에서의 무선 멀티미디어 서비스 이용이 가능해졌다. 따라서, 4G 네트워크를 이용해 언제나 원하는 지식 정보를 검색하고 활용할 수 있게 되었다. 또한, 초고속 무선 LAN, 휴대 인터넷 및 유선의 초고속 인터넷과 통합되어 고속의 전송속도와 높은 이동성을 갖는 4G 초고속 멀티미디어 네트워크 서비스로 발전하였다.

결론적으로, 유·무선 네트워크의 통합과 개인의 이동성 증가, 데이터 전송의 고속화 및 용량 증대 등의 개념이 4G 네트워크의 핵심적인 특성이라고 한다면, 초고속 전송속도와 융합, 기존의 다양한 기술의 수용 등은 5G 네트워크의 특성이라고 하겠다.

현재의 4G 서비스는 누구나(anyone), 언제나(anytime), 어디서나(anywhere), 어떤 서비스(any service)라도 이용 가능하도록 하는 4Any를 목표로 하여 개발되었다. 이는 유선통신, 무선 LAN, 위성 네트워크, 무선 네트워크 등을 결합한 유무선 통합(FMC : Fixed Mobile Convergence)이라는 특성을 갖는다.

FMC의 궁극적인 최종 목표는 통신과 방송 융합(DMB, IP-TV), 통신과 금융 융합(mobile banking), 통신과 교통 융합(telematics), 통신과 가전기기 융합(home networking), 유·무선 통합(무선 LAN과 이동통신), 디바이스 통합(복합 기능의 스마트폰), 콘텐츠 융합 등 복잡한 형태의 융합 서비스를 올인원 단말기로 제공하는 것이다.

향후, 5G 네트워크에서는 가상화 기지국과 모바일 클라우드를 겸비한 새로운 개념의 '융합-SNS'와 같은 더욱 진화된 형태의 첨단 서비스가 제동될 것으로 예상된다.

2) 네트워크 서비스의 활용

4G/5G 세대에는 인간의 감정과 행동을 자동으로 감지해서 행동하는 '지능형 컴퓨팅' 기술이 가능하게 되어 일상생활의 곳곳에 숨어있는 컴퓨터를 통해서 언제 어디서나 원하는 서비스를 제공받을 수 있게 된다. 4G/5G 서비스는 사용자가 다른 지역으로 이동하더라도 제공받는 서비스는 연속성을 갖게 되고, 가상 홈 서비스 또는 가상현실 서비스와 같은 가상 환경 서비스가 제공되는 무결성 서비스의 특징을 실현하게 된다.

다음의 [표 10.1]은 네트워크 서비스를 이동통신 서비스, 콘텐츠 유통, 모바일 전자상거래, 교육/행정/기업, 기타 활용 분야 등으로 구분하여 다양한 서비스의 활용 분야를 정리한 것이다.

[표 10.1] 네트워크 서비스 분야 비교

구분	서비스 활용 분야
이동통신 서비스	통신 서비스(MMS/IMS), 통신 인프라 구축 운용, 단말기 시장
콘텐츠 유통	콘텐츠 배포, 인터넷 검색, 모바일 인터넷 TV, VOD 음악, 네트워크 게임, 방송 서비스, 기업용 ASP, 데이터베이스, 정보 단말
모바일 전자상거래	전자상거래, 금융, 광고, 인증/결재 서비스
교육, 행정, 기업	원격 금융 업무, 모바일 뱅킹, 영업지원 시스템, 행정업무, e-learning, 예술 문화 서비스
기타 산업 활용	위치기반 서비스, 원격 진료, 공공교통, 화물수송, 창고관리, 보안, 응용 모바일 단말, 가상환경 서비스, 실감 미디어 서비스

현재 제공되고 있는 4G 서비스의 한 예로, 와이브로 서비스는 유비쿼터스 환경에서 광대역화, 이동성, 센서화를 접목하여 온 · 오프라인 상에서 사용자에게 보다 자유롭고 편리한 휴대 인터넷 서비스를 제공한다.

4G 서비스의 또 다른 예로 IP 미디어 서비스가 있다. IP 미디어 서비스란 개인형 방송-통신 융합 서비스의 발전으로 TV와 단말의 장점을 극대화시킨 새로운 서비스를 말한다. 모델 지향에 따라 양방향 인터넷 서비스 및 방송 서비스를 초고속 인터넷을 통해 가정 내 TV 단말로 제공하는 형태이다.

10.2 4G/5G 네트워크 기술

4G/5G 네트워크 관련 기술은 일반적으로 무선 주파수 기술, 액세스 네트워크 기술, 코어 네트워크 기술, 응용 기술 등 4개의 구성 요소로 구분된다.

- 무선 주파수 기술 : 사용 주파수의 효율적인 송·수신과 관련된 기술
- 액세스 네트워크 기술 : 사용자로 하여금 네트워크에 접속할 수 있도록 하는 기술로서, 셀 방식을 중심으로 메쉬 네트워크나 Ad-hoc 네트워크 등의 기술 포함
- 코어 네트워크 기술 : 통합 IP 개념이 적용된 핵심 네트워크 기술
- 응용 기술 : 사용자들이 4G/5G 단말기를 통해 이동통신 서비스를 이용할 수 있도록 해주는 모바일 플랫폼과 각종 응용 프로그램과 관련된 기술

4G/5G 네트워크의 핵심 기술에 대해 자세히 알아보도록 하자.

10.2.1 MIMO 기술

MIMO(Multiple Input Multiple Output)는 이동통신 환경에서 다수의 안테나를 사용하여 데이터를 교환하는 다중 안테나 신호처리 기술이다. 전송 시 신호의 페이딩 현상을 줄이기 위해서 다양한 수신 분기(diversity) 기법이 사용되어 왔다. MIMO 기술은 전송단에도 안테나를 두 개 달아 전송 측으로부터 분기 기법을 이용하는 방법이다.

관련 기술로는 STTD(Space Time Transmit Diversity), OTD(Orthogonal Transmit Diversity), TSTD(Time Switched Transmit Diversity) 등이 있다.

MIMO 기술은 전송 측에 N개의 안테나를 배열하고 수신 측에도 N개의 안테나를 배열하여 다양한 방법으로 신호를 보내면 N배의 전송률 증가를 낼 수 있는 기법이다. MIMO 기술은 OFDM 기술과 함께 사용될 경우 고속의 전송률과 전송 데이터를 대용량화 할 수 있는 멀티미디어 서비스에 이용 가능한 기술이다.

10.2.2 OFDM 기술

OFDM(Orthogonal Frequency Division Multiplexing)은 대역확산 기술을 사용하여 정확한 주파수에서 일정 간격 떨어져 있는 다수의 반송파에 데이터를 분산시키는 기술이다. 이때, 주파수 간격을 최소화하기 위해 자신 이외의 다른 주파수를 참조하는 것을 방지하고, 반송파 간의 성분 분리를 위한 직교성(orthogonal)을 부여하며, 이러한 직교성을 이용하여 전송 효율을 향상시

킨다.

즉, OFDM 기술은 데이터 열을 여러 개의 서브 채널로 동시에 전송하는 다중 반송파 전송 방식의 특별한 형태로 보는 것이다. 따라서, OFDM 기법은 고속의 원본 데이터 열을 다중의 채널로 동시에 전송한다는 측면에서는 다중화 기술의 개념이며, 다중의 반송파에 분할하여 전송한다는 관점에서는 일종의 변조 기술이 된다.

OFDM 기술의 장점은 주파수 효율성이 높다는 것이다. 즉, OFDM에서는 서브 채널이 주파수상에서 주파수 사용 대역의 효율성이 향상된다. 반면에, 단점은 위상 잡음 및 송·수신 간의 반송파 주파수 Offset에 민감하며, 이 경우 수신되는 부반송파 간의 직교성이 상실되면 신호 대 잡음비가 줄어들게 된다.

10.2.3 SDR 기술

SDR(Software Defined Radio)은 무선 이동통신 시스템에서 3G, 4G 이동통신을 통합하고 나아가 xDSL, CDMA, UMTS, 무선 LAN, 블루투스, 위성통신 등 다양한 통신 수단을 하나의 단말기에서 구현할 수 있도록 하는 개념으로서, 통합 네트워크의 구현을 위해서는 반드시 필요한 기술이다. SDR은 안테나 이후의 RF 영역을 포함한 대부분의 기능들이 프로그래밍이 가능한 고속 처리소자에 의해 구현된 소프트웨어 모듈에 의해 수행된다.

SDR 기술은 통신 시스템을 구성하는 기지국과 단말기에서 하드웨어로 RF를 지원하던 방식을 소프트웨어 형태로 바꿔주는 핵심 기술로서, 고정된 RF 하드웨어를 최소화하고 변환기(ADC)의 위치를 가능한 한 RF 영역으로 옮겨서 디지털 신호처리(DSP) 또는 유동적 하드웨어를 이용해 신호를 처리한다.

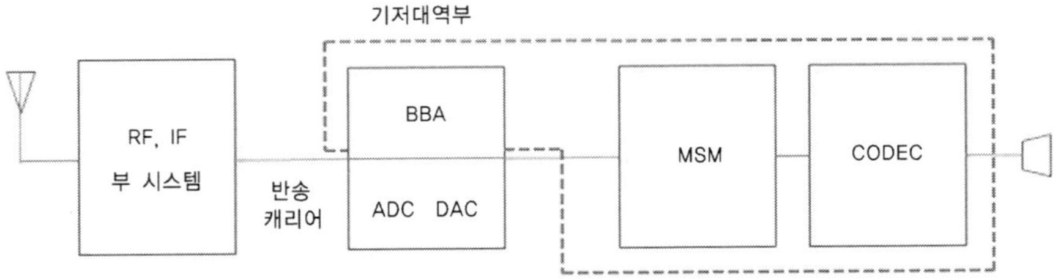

(a) 기존 단말기

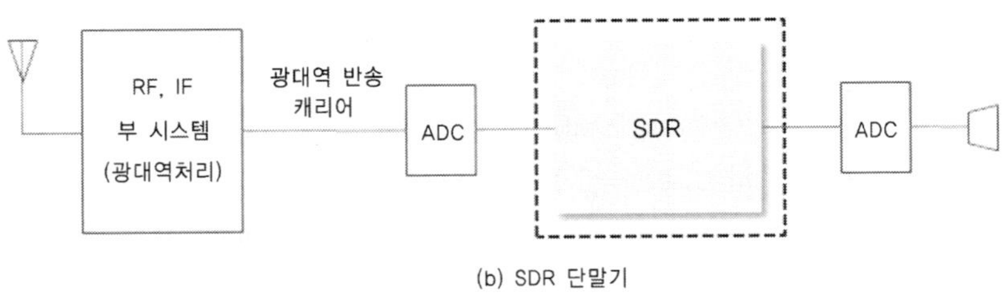

(b) SDR 단말기

[그림 10.1] SDR 기술의 개념도

앞에서 표현한 [그림 10.1]은 SDR 기술의 개념도를 기존 방식과 비교하여 나타낸 것이다. 여기서, BBA(Base-Band Assembly)는 기저대역 어셈블리이고, ADC(Analog-Digital Converter)는 아날로그-디지털 변환기, MSM(Mobile Station Modem)은 이동국 모뎀이다.

10.2.4 SDN 기술

최근 모바일 멀티미디어 데이터의 폭증과 데이터 트래픽의 동적 특성 변환에 효율적으로 대처하기 위한 사용자 응용 지향 스마트 기반 구조가 요구되고 있다. SDN(Software Defined Networking)은 이러한 사용자 응용 지향 스마트 기반 구조에 대한 요구에 부합하는 차세대 네트워크 기술이라고 할 수 있다. 즉, 구조적 유연성과 개방성을 제공하기 위해서 중앙집중형 제어 계층과 개방형 API 구조를 갖는다.

SDN은 AT&T 사의 'GeoPlex 프로젝트'로부터 등장하였으며, 오늘날 다양한 응용들의 높은 대역폭, 동적 특성에 적합하고, 관리 및 비용의 효율성과 적응성이 뛰어난 새로운 구조이다.

다음의 [그림 10.2]는 SDN의 구조를 나타낸 것이다.

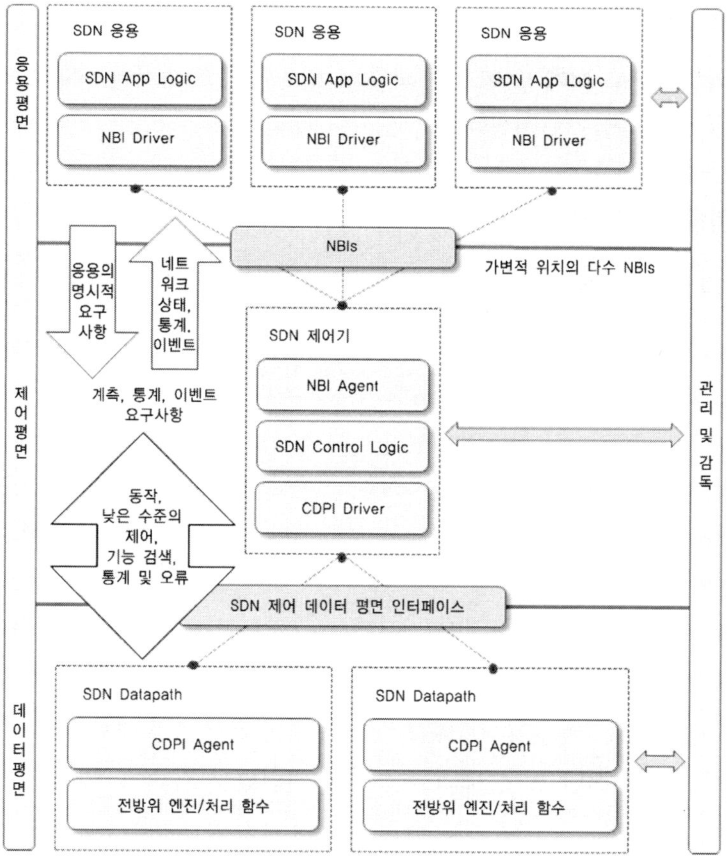

[그림 10.2] SDN의 구조

10.2.5 UWB 기술

UWB(Ultra Wide-Band)는 '초광대역' 또는 '무선 디지털 펄스'라고 불리는 차세대 무선통신 기술로서, GHz대의 주파수를 사용하면서도 초 당 수 천~수백만 회의 저출력 펄스로 이루어진다. UWB 무선 기술은 디지털 부호 정보를 나노초(10^{-9}초) 이하의 매우 짧은 폭을 가지는 임펄스 신호로 변환하여 무선으로 전송하는 기술로서 광통신과 같은 수백 Mbps의 초고속 통신이 가능하다. 보통 IEEE 802.11과 블루투스 등에 비해 전송속도와 전력소모 등에서도 유리하다.

이러한 UWB 기술은 무선 근거리 개인통신 네트워크는 물론 휴먼 인터페이스를 비롯하여 홈 네트워크, 무선 LAN 등의 구조에 유용하다. 그 밖에 자동차용 ITS(Intelligent Transport System) 통신, 산업 분야에서의 물류, 공장 기계 컨트롤, 자동차 충돌 방지, 산업용 거리 측정기, 초정밀 3차원 레이더, 보안감시, 재난구조 및 의료기기에도 광범위하게 활용될 것으로 예측된다.

UWB 기술의 특징을 정리하면 다음과 같다.

- 수 나노 또는 피코 초의 매우 좁은 펄스를 사용하므로, 광범위한 주파수 대역에 걸쳐 매우 낮은 스펙트럼 전력 밀도가 존재한다.
- 높은 보안성, 고속 데이터 전송 특성을 보이며, 정확한 거리 및 위치 측정이 가능한 높은 해상도를 제공할 수 있다.
- 다중 경로에 따른 영향을 적게 받고, 반송파를 사용하지 않고 기저대역에서 통신이 이루어지므로, 송·수신기의 구조가 간단해진다.

10.2.6 자율 네트워킹 기술

자율 네트워킹(autonomic networking)이란 인간의 개입을 최소화하면서 환경의 변화에 따라 네트워크 스스로 자율적인 관리 및 제어가 가능하도록 하는 기술이다. 이 후, 2001년 IBM이 자율 컴퓨팅(autonomic computing)이라는 개념을 제안하면서 다음과 같은 네 가지 자율 기능을 정의하였다.

- 자기 구성(self-configuration) : 설계 시 자율 시스템에게 "무엇을 해야 하는가"와 같은 상위 레벨의 목표만을 알려주고 이에 따라 스스로 자기 구성을 하게 되는데, 이때 "어떻게 실행하는가"는 자율 컴퓨팅 시스템에서 스스로 결정하도록 하는 기능이다.
- 자기 최적화(self-optimization) : 서비스의 성능이나 품질개선을 위해서, 어떠한 상황이 발생하기 전에 미리 시스템 자원의 사용을 최적화하도록 하는 기능이다.
- 자기 복구(self-heeling) : 시스템은 문제를 스스로 진단하여 문제해결을 시도해야 한다는 개념으로서, 무엇보다 자가 진단 및 문제해결 능력과 관련된 자기 복구 기능은 매우 중요하다.
- 자기 보호(self-protection) : 자율 시스템은 악의적인 공격으로부터 자신을 보호할 수 있어야 하며, 보안, 개인정보 보호, 데이터 보호를 위해 자율적으로 자신을 조율할 수 있어야 한다.

MAPE-K 자율 루프 모델은 IBM에서 제안한 자율 네트워킹의 실현을 위한 대표적인 참조 모델이다. 또한, 자기 구성과 자기 최적화 기능, 프로토콜 계층 간 정보 교환 설계 기능을 강조하는 자율 네트워킹의 한 예인 인지 네트워크(cognitive network)는 상태를 인지하고 계획하고 학습하면서 정해진 목표에 따라 실행이 가능하게 된다.

10.2.7 가상화 기술

가상화(virtualization) 기술이란 "물리적인 컴퓨터 자원의 특징을 다른 시스템, 응용 프로그램, 최종 사용자들이 자원과 상호작용하는 방식으로부터 감추는 기술"로 정의된다. 이런 가상화는 보통 플랫폼 가상화와 자원 가상화로 구분할 수 있다.

- 플랫폼 가상화 : 주어진 하드웨어 플랫폼 위에서 제어 프로그램을 통해 실행되는 형태이다.
- 자원 가상화 : 플랫폼 가상화의 기본 개념 출현 이후에 저장 크기, 이름 공간, 네트워크 자원과 같은 특정한 시스템으로 확장된 형태이다.

10.2.8 소형 셀 기술

소형 셀(small cell)이란 10m에서 1~2km에 이르는 유효 범위를 가지며, 인가 혹은 비인가 주파수 대역에서 동작하고, 안테나 당 10w급 이하의 저전력을 갖는 무선 액세스 노드를 의미한다. 소형 셀을 사용하는 이유는 건물 내부는 물론 건물 밖에서도 무선 서비스를 제공하기 위함이다.

소형 셀의 유형은 펨토 셀(femto cell), 피코 셀(pico cell), 마이크로 셀(micro cell)로 나눌 수 있으며, 소형 셀 네트워크는 분산 무선 기술에 의해 구현될 수 있다.

다음의 [그림 10.3]은 시스코 사의 소형 셀 솔루션을 나타낸 것이다.

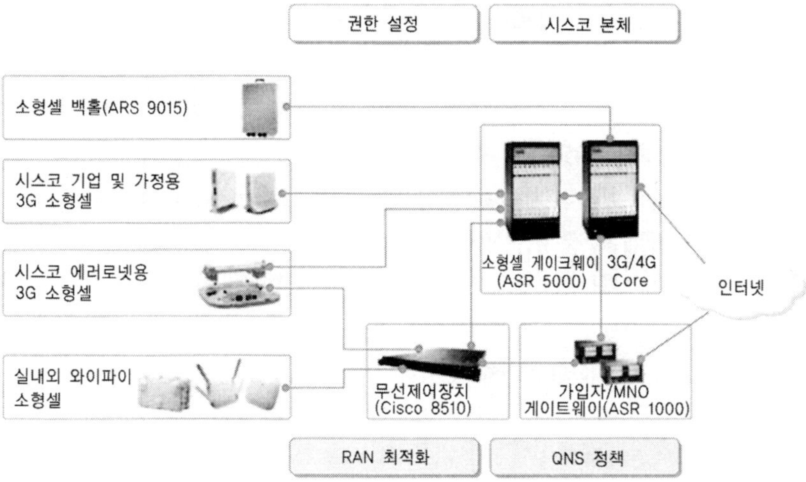

[그림 10.3] 소형 셀 구조의 예(시스코 솔루션)

[그림 10.3]에서, 종단에 시스코 3G 소형 셀들과 소형 셀 백홀이 위치하고, 본체, 소형 셀 게이트웨이 그리고 무선 제어장치 등으로 구성된다. 종단의 소형 셀은 자체적으로 소형 셀 기지국 기능을 탑재하고 있으며, 이와 같은 솔루션은 LTE 네트워크 소형 셀 기지국과 연계된다.

10.3 MANET 기술

10.3.1 MANET의 개념

MANET(Mobile Ad-hoc NETwork)은 고정된 기반 네트워크의 도움 없이 이동 노드들 간에 자율적으로 구성되는 네트워크이다. MANET의 이동 노드는 무선 인터페이스를 사용하여 이동 호스트 컴퓨팅 기능과 라우팅 기능을 동시에 갖는다.

MANET의 핵심 구성 요소는 이동 노드이다. 그런데, MANET의 이동 노드는 이동 호스트 기능과 라우팅 기능을 동시에 가지므로 기지국(BS)이나 AP와 같은 중재자를 필요로 하지 않으며, 다음의 [그림 10.4]의 (a)에서처럼 이동 노드들 간에 자체적으로 연결이 설정된다.

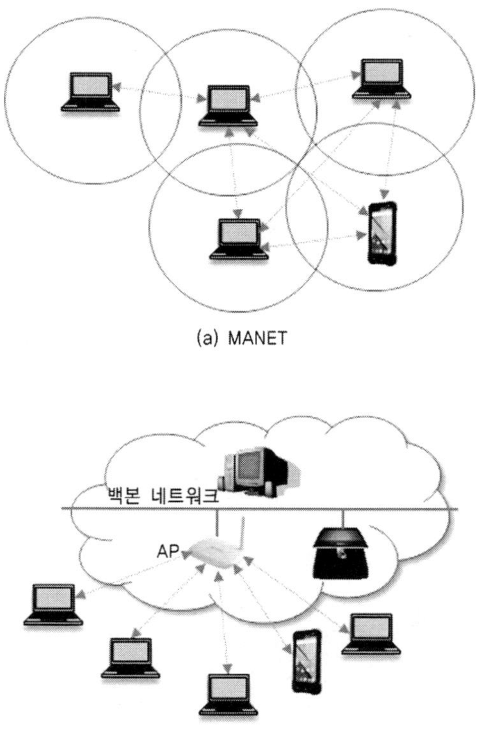

[그림 10.4] MANET과 기반 구조 네트워크

이러한 MANET의 특성은 이동 노드 간의 연결성, 전파 상태, 트래픽 및 사용자 이동 패턴에 따라 네트워크 토폴로지를 계속하여 변화시키고, 이는 곧 네트워크의 구성과 유지를 어렵게 하는 요인이 된다. 또한, 이동 노드는 전파 도달 거리가 제한되므로 중간 노드로서 데이터 전달 기능이 있고, 배터리를 사용하므로 에너지 공급이 일정치 않다.

MANET의 기반 구조 네트워크는 고정 게이트웨이 또는 AP를 중심으로 이동 노드들이 계층적으로 연결된 것으로, [그림 10.4]의 (b)에 나타내었다. 반면에, MANET의 이동 노드들은 [그림 10.4]의 (a)에서 보는 것처럼, 능동적으로 네트워크의 주체가 되며, 이들 노드 사이에는 자율적이며 유동적인 연결이 설정된다.

MANET의 특성들을 정리하면 다음과 같이 요약할 수 있다.

- 호스트 기능과 이동 Ad-hoc 라우팅 기능을 동시에 갖는 이동 노드의 특성이 있다.
- 동적인 네트워크 토폴로지 특성을 갖는다.
- 불안정한 링크 특성을 갖는다.
- 분산 운영 기능 특성을 갖는다.

MANET은 다음의 [그림 10.5]의 (a)와 같이 독립적인 구성이 가능하다. 그러나, 독립적으로 구성된 네트워크는 대등한 노드들끼리의 정보 교환이나 수정은 가능하지만, 기존의 인터넷 등과 같은 기반 네트워크에서 제공되는 다양한 콘텐츠나 서비스의 이용에는 어려움이 있다. 이런 경우 [그림 10.5]의 (b)에서처럼 MANET을 다른 기반 네트워크와 연동함으로써 해결할 수 있다.

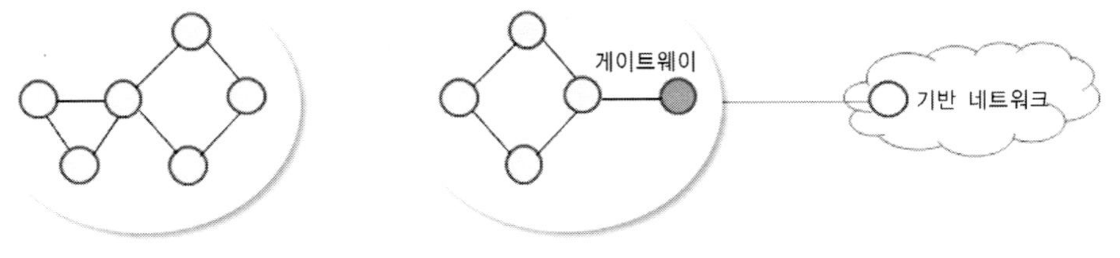

(a) 독립적으로 존재하는 경우　　(b) 기반구조 네트워크와 연동되는 경우

[그림 10.5] MANET의 형태

10.3.2 MANET의 주요 기술

1) 라우팅 기술

MANET은 이동 노드의 이동 패턴과 트래픽의 종류, 링크 품질 또는 전력 여유 상태 등에 따라서 토폴로지가 수시로 변하므로 특정 노드를 찾아가기 위한 경로의 설정과 유지가 어려워진다. 또한, 이동 노드들의 이동 패턴에 따라 직접적인 통신이 가능한 이웃 노드들의 집합이나 그룹이 함께 변하기 때문에, 각 노드는 주기적으로 자신의 존재를 알려서 직접적인 통신이 가능한 이웃

노드 또는 그룹의 정보를 항상 유지해야 한다.

그러나, 기존의 RIP(Routing Information Protocol) 또는 OSPF(Open Shortest Path First)와 같은 인터넷 라우팅 프로토콜들은 유동성이 적고 안정된 네트워크 환경에서 주기적인 라우팅 테이블 관리로 동작하기 때문에, MANET의 경우처럼 주기적인 메시지의 교환이 요구되는 경우에 대한 대처나 네트워크의 동적인 변화에 대한 신속한 대응이 곤란하다.

따라서, 기존의 라우팅 프로토콜을 그대로 적용하기에는 어려움이 따른다. 이런 이유로 MANET에서는 기존의 라우팅 프로토콜의 변형 또는 새로운 방식의 라우팅 프로토콜이 요구된다.

이동 Ad-hoc 라우팅 프로토콜은 테이블 관리 방식과 요구 기반 방식 그리고 이를 혼합한 하이브리드 방식으로 구분할 수 있다.

- 테이블 관리 방식 : 주기적으로 또는 네트워크 토폴로지가 변화할 때, 라우팅 정보를 발송함으로써 모든 노드가 항상 최신의 라우팅 정보를 유지하는 방식이다. DSDV, WRP, CGSR 등의 프로토콜이 여기에 속한다.
- 요구 기반 방식 : 트래픽이 발생하는 시점에서 경로를 탐색하는 방식으로, 테이블 관리 방식이 갖는 제어 메시지 오버헤드 문제를 해결한다. AODV 또는 DSR 등의 프로토콜이 여기에 속한다.
- 하이브리드 방식 : 테이블 관리 방식과 요구 기반 방식의 장점을 결합한 방식으로, ZRP 방식이 있다.

2) 무선 및 미디어 기술

MANET의 물리적 접속 규격과 관련된 무선 기술에는 노드 간 대등 통신 지원, 노드 간 전송 및 수신 주파수 사용, 다수 노드 간의 동일한 채널 공유, 적절한 무선 전송거리 및 전송속도 유지 등이 있다. MANET의 구성 시 무선 LAN과 블루투스 기술이 적용되는데, 그 이유는 전송거리 및 속도, 연결 설정 등을 고려할 때 다른 무선 접속 기술에 비해 유리하기 때문이다. 하지만, 이 경우 다중 접속으로 인한 전파장애와 2.4GHz 대역에서의 상호간섭 문제, 사용자 간 채널 사용에 있어서의 불평등 문제 등은 해결해야 할 과제이다.

데이터 전송을 하기 위한 미디어 접근 기법은 다수의 사용자가 무선 링크를 통해 하나의 채널을 공유함으로써 발생하는 충돌과 낭비를 줄이는 효율적인 다중접속 기술과 다수의 노드에 대한 공정한 자원의 분배, 열악한 무선 링크에서의 신뢰성 있는 패킷 전송 등을 요구한다.

3) TCP 성능 향상 기술

MANET을 구성하는 대부분의 노드는 이동성을 지원하기 위해 제한된 용량의 배터리를 에너지원으로 사용한다. 따라서, 일반적으로 노트북, PC나 PDA 또는 센서를 가진 이동장치 등의 이동 노드는 에너지를 안정되게 공급하기가 어렵다. 이와 같은 에너지의 제약은 라우팅 프로토콜 설계에 큰 영향을 준다.

MANET이 IP 기반 프로토콜에서 동작할 때 대부분의 IP 응용 프로그램들은 TCP에서 수행된다. MANET에서는 토폴로지의 동적인 변화로 인해 트래픽의 지연이나 유실이 크기 때문에 일반 유선 네트워크에 사용되는 TCP를 MANET에 그대로 사용할 경우 서비스의 안정적인 제공이 어렵고 네트워크 전체의 성능도 저하된다.

따라서, 핵결책으로 I-TCP, 고속 재전송 기법 등 무선 TCP를 이용하여 개선하는 방법이 있으며, 무엇보다도 성능에 영향을 주는 링크 계층의 안정화와 고효율 라우팅 프로토콜의 연구가 필요하다.

4) 보안성 기술

MANET은 무선 인터페이스를 사용하기 때문에 유선 네트워크에 비해 훨씬 더 많은 보안성 위험에 노출되어 있다. 기본적으로 Ad-hoc 네트워크의 보안 요구조건은 다른 네트워크에서 요구되는 것과 동일하나, MANET에서는 노드의 신분이 서로에게 불확실한 경우가 많다.

특히, 멀티 홉 방식에 의해 라우팅을 할 경우 악의적인 중간 노드에 의해 발생될 수 있는 데이터의 무결성 및 기밀성에 따른 문제가 있다. 또한, 미디어를 신뢰할 수 없는 상황에서 암호를 사용하므로 암호키에 크게 의존하게 된다.

10.3.3 MANET의 활용

MANET의 구성은 독자적이면서 유동성을 갖는다. 반면, 이동 노드 간 상호 데이터 통신에 의존하는 서비스에는 제한이 있다.

MANET은 재해 및 재난지역 또는 분쟁지역 등과 같이 기반 데이터 통신 시설이 미비하거나 설치가 용이하지 않은 지역 또는 통신 시설의 이용이 불가능한 지역 등에 적합한 특성을 갖고 있어서, 주로 군사용이나 긴급 구조, 센서 네트워크 또는 백업용 네트워크와 관련하여 연구가 진행되어 왔다.

그러나, 최근에는 회의장 또는 전시장에서 개인 간의 신속한 정보의 공유나 교환 또는 일시적인 네트워크의 구성이 필요한 경우와 그룹 통신, WPAN, 홈 네트워크 등 실생활에서의 MANET 응용에 대한 활용이 확대되고 있다.

MANET과 기존의 인터넷, 무선 LAN 또는 이동 네트워크와의 상호 연동 기술은 매우 중요하며, 이에 대한 다양한 연구 개발과 함께 광범위한 활용이 이루어지고 있다.

10.4 USN 응용 기술

10.4.1 USN의 개요

1) USN의 개념

USN(Ubiquitous Sensor Network)은 RFID와 무선통신 장치를 통해 사물과 온도, 습도, 오염 정도, 균열 등과 같은 환경 정보를 실시간으로 획득, 처리, 활용 가능하도록 하는 네트워크 시스템을 의미한다.

USN은 형태적으로 수동형에서 이력관리형, 센서/능동형, 네트워크형, 제어관리형과 같은 5단계의 발전 단계로 진화하고 있다.

2) USN의 구성 요소

USN의 구성 요소에는 보통 정보 제공 서버, 게이트웨이, 싱크 노드, 센서 노드 등이 있다. 다음의 [그림 10.6]은 이들 구성 요소를 중심으로 나타낸 USN의 개념도이다.

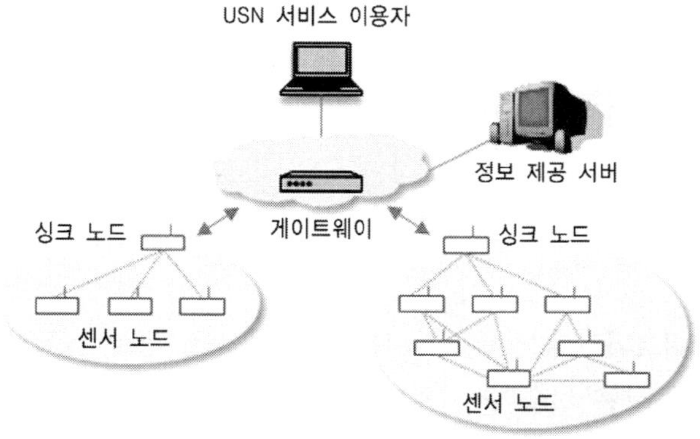

[그림 10.6] USN의 개념 및 구성 요소

[그림 10.6]에서, 정보 제공 서버는 다양한 분야에 각종 서비스 및 정보를 제공하며, 게이트웨이는 외부 네트워크와 통신하기 위한 중계 노드 역할을 수행한다. 싱크 노드는 센서 노드로부터 센싱 정보를 수집하며, 센서 노드는 센서, 컴퓨팅, 통신 모듈을 통해 환경 정보를 인지하여 전송하는 역할을 한다.

3) USN의 구현 기술

USN 구현 기술을 세분화하면, 센서 네트워크 기술, BcN 연동 기술, USN 미들웨어 기술, 응용 서비스 등으로 구분된다. 다음의 [그림 10.7]은 세분화된 USN 기술의 연관성을 나타낸 것이다.

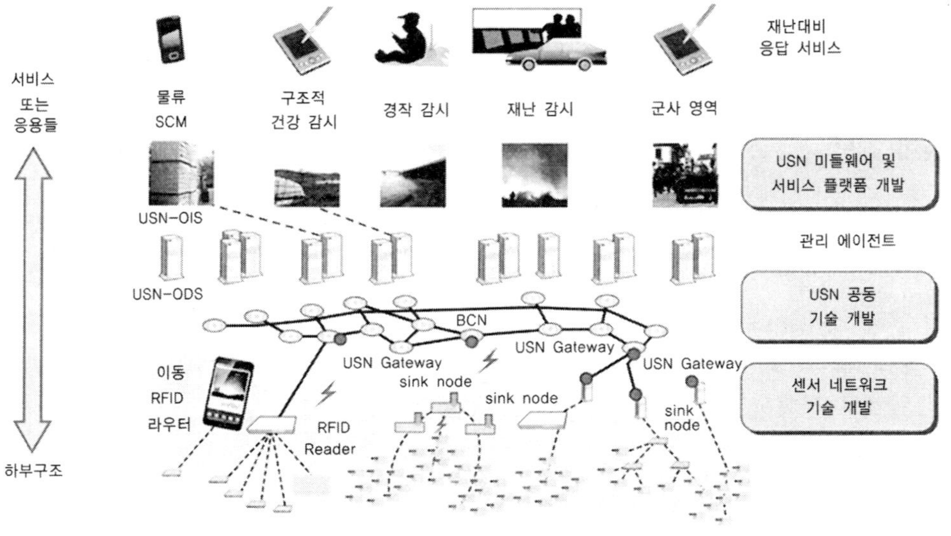

[그림 10.7] 세부적인 USN의 구현 기술

[그림 10.7]에서 세분화한 USN 구현 기술의 각 내용을 정리하면 다음과 같다.

- 센서 네트워크 기술 : 무선 센서 노드 간의 데이터 통신을 통해 정보자원을 수집하는 기술이다.
- BcN 연동 기술 : USN과 다른 네트워크와의 연동에 필요한 기술로서, 싱크 노드 발견(discovery) 기술 등이 이에 속한다.
- USN 미들웨어 기술 : 센서 네트워크에서 발생한 이벤트들의 효율적인 처리 및 관리를 위한 기술을 포함한다.
- 응용 서비스 : 센서 네트워크에서 수집된 정보를 바탕으로 상황 인식과 분석을 통해 사용자에게 관련 서비스를 제공하는 기술이다.

이외에도 USN을 구현하기 위한 관련 기술로는 RFID 기술, 기반 기술, 정보보호 기술 등이 있다.

- RFID 기술 : 사물에 부착된 RFID 태그의 정보 인식을 위한 태그와 리더기, RFID 미들웨어, 응용 서비스로 구현된다.
- 기반 기술 : 사물에 부착된 태그 및 센서를 식별하고, 정보를 효율적으로 처리하기 위한 코드 체계, USN 정보처리 기술 등으로 구현된다.
- 정보보호 기술 : RFID 및 센서를 통해 전달되는 정보의 사용자 관리 및 보안을 위한 접근제한 기술, 필수 정보전달 기술 등으로 구현된다.

10.4.2 USN의 기술적 특성

1) 센서 노드 기술

센서 노드는 센서의 설정을 통해 주변 환경 정보의 수집과 전송 기능을 담당하는 USN의 핵심적인 기술이다. 센서 노드 기술에서는 안테나, 배터리, 프로세서 등 구성 요소에 대한 소형화 기술이 중요하다. 센서 노드는 광범위한 환경에서 분산 배치되므로, 주기적인 전원 교환의 어려움 때문에 저전력 센서 노드 개발에 대한 필요성이 수반된다. 또한, 응용 서비스에 따른 노드 설치 환경을 고려할 때, 센서 노드의 소형화와 경량화에 대한 요구도 더욱 커진다.

다음의 [그림 10.8]은 센서 노드를 무선통신부, 제어부, 센서부, 전원부 등의 구성 요소로 구분하여 나타낸 것이다.

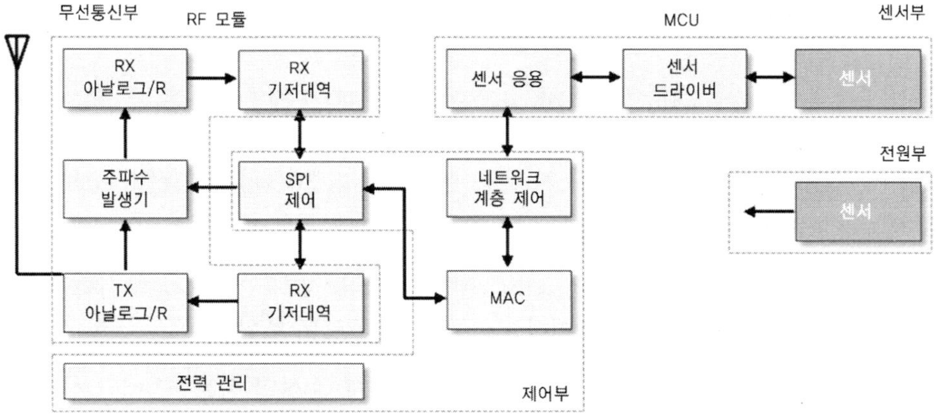

[그림 10.8] 센서 노드의 구성 요소

[그림 10.8]에서 표현한 각 구성 요소의 기능과 역할은 다음과 같다.

- 무선통신부 : RF(Radio Frequency) 모듈, 모뎀 등으로 구성되며, 송 · 수신 형태, 주파수 기능에 따라 다양한 형태의 구성이 가능하다.
- 제어부 : 센서 노드에 부착된 센서의 종류 및 사용 목적에 따라 제어 기능을 갖는 MCU(Micro Controller Uint)를 필요로 하며, MAC(Media Access Control)는 OS의 독립적인 스케줄러 관리 및 RF 모듈과 모뎀의 레지스터 설정 기능을 제공한다.
- 센서부 : 정량적인 환경 측정 정보를 검증하는 부분으로 센서 노드의 구성 요소이다.
- 전원부 : 센서 노드에 안정적인 전력을 공급하여 원활한 구동이 가능하도록 한다.

2) 미들웨어 기술

USN 미들웨어는 USN 응용 서비스와 센서 노드 중간에 위치하여 이들의 원활한 상호 동작을 지원한다. 다양한 USN 미들웨어가 응용 서비스를 지원하기 위해 센서 노드와 싱크 노드에 설치된다. 다음의 [그림 10.9]는 USN 미들웨어에 대한 개념적 구성도를 나타낸 것이다.

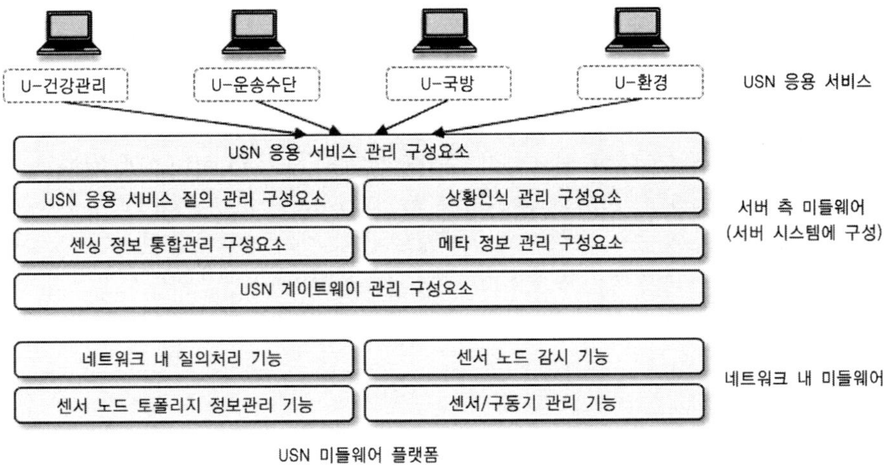

[그림 10.9] USN 미들웨어의 개념적 구성도

[그림 10.9]에서, 서버 측 미들웨어는 USN 응용 서비스의 다중 질의처리, 센싱 정보 및 메타 정보 관리, 지능형 이벤트 처리를 위한 신규 상황정보의 생성 등을 수행하는 요소들로 구성된다.

네트워크 내 미들웨어는 센서 노드와 싱크 노드의 질의처리, 센서 네트워크를 위한 토폴로지 정보관리, 센서 노드의 상태관리 등을 제어하는 소형 모듈들로 구성된다.

USN 미들웨어는 [그림 10.9]에서 보는 것처럼, 센서를 통해 수집된 정보 및 메타 정보를 관리하고, 센서의 위치 인식 및 보안 등의 다양한 기능들을 제공한다.

10.5 BcN 기술

10.5.1 BcN의 개념 및 특징

1) BcN의 개념

차세대 네트워크는 음성, 데이터, 영상을 포함하여 통신, 방송, 인터넷 등을 하나의 네트워크로 통합하여 다양한 서비스의 제공이 가능하도록 진화되고 있다. 국내에서는 차세대 네트워크에 관한 연구로서 초고속 광대역 통합 네트워크(BcN : Broadband Convergence Network)를 개발하여 구축하였다.

BcN은 통신, 방송, 인터넷이 융합된 품질보장형 광대역 멀티미디어 서비스를 언제 어디서나 끊김 없이 안전하게 광대역으로 이용할 수 있도록 하는 융합 네트워크이다. 다음의 [그림 10.10]은 BcN에 대한 개념도를 나타낸 것이다.

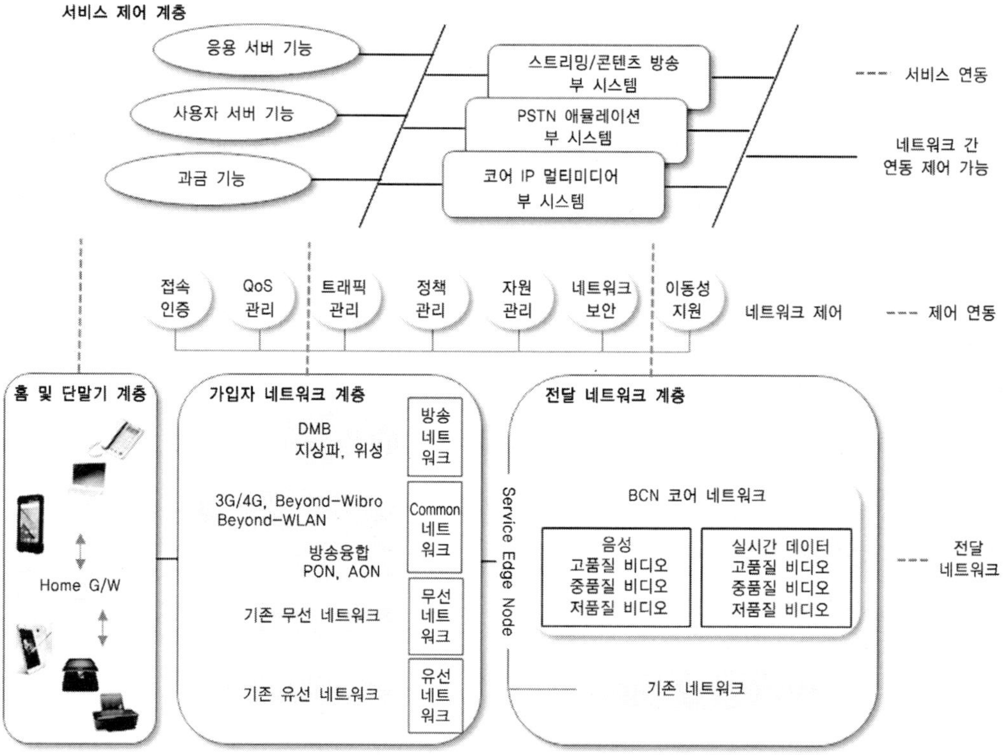

[그림 10.10] BcN의 개념도

2) BcN의 기능

BcN의 각 계층별 기능은 다음과 같다.

- 서비스 제어 계층 : 신규 서비스 도입에 용이한 개방형 서비스와 차별화된 서비스 품질 제어/서비스 사용 인증 기능을 제공한다.
- 네트워크 제어 계층 : 요청된 서비스에 따른 가입자 및 전달 네트워크 자원의 제어와 가입자 접속 인증 기능을 제공한다.
  - 전달 네트워크 계층 : 다양한 가입자 네트워크 접속에 대한 통합과 품질 보장형 서비스 경계 노드 및 라벨 스위치 중심의 BcN 코어 네트워크로 차별화된 품질 제공 및 세분화된 보안성을 제공
  - 가입자 네트워크 계층 : 방송·통신 융합 및 단대단 품질 보장을 위한 FTTH, HFC 고도화와 공통 액세스 노드를 통한 가입자 네트워크 통합 기능을 담당
- 홈 및 단말 계층 : 지능형 홈 서버와 유비쿼터스 네트워크의 홈 네트워크와의 인터페이스 기능을 수행한다.
- 네트워크 연동 부분 : 연동은 보통 전달 네트워크 연동, 네트워크 제어 연동, 서비스 연동으로 구분된다.
  - 전달 네트워크 연동 : 물리적인 측면에서 네트워크 기술 간의 연동
  - 네트워크 제어 연동 : 네트워크 자원에 대한 제어와 트래픽에 대한 인증, 보안, 사용자 정책 등을 관리
  - 서비스 연동 : 여러 서비스 제공 서버들을 활용하여 사용자에게 끊김 없는 서비스 제공을 보장

3) BcN의 특징

BcN의 특징을 정리하면 다음과 같다.

- BcN은 전화, 방송, 멀티미디어 콘텐츠, 가상회선 등의 종합 통신서비스 제공이 가능한 광대역 기반 구조 역할을 수행한다.
- 트래픽의 고속 처리와 흐름 기반 IP QoS 보장을 통한 차별화된 품질의 맞춤형 멀티미디어 서비스를 제공할 수 있다.
- 유선과 무선 접속 계층, 전달 및 응용 계층 등 네트워크 전체 계층에서의 보안이 보장된다.
- 홈 네트워크, 정보가전 등의 광범위한 IP 주소 수요를 충족하기 위하여 가입자 이용 환경에서부터 통합 전달 네트워크까지 전체 네트워크에 IPv6가 적용된다.

10.5.2 BcN의 구조

다음의 [그림 10.11]은 BcN의 구조를 나타낸 것이다.

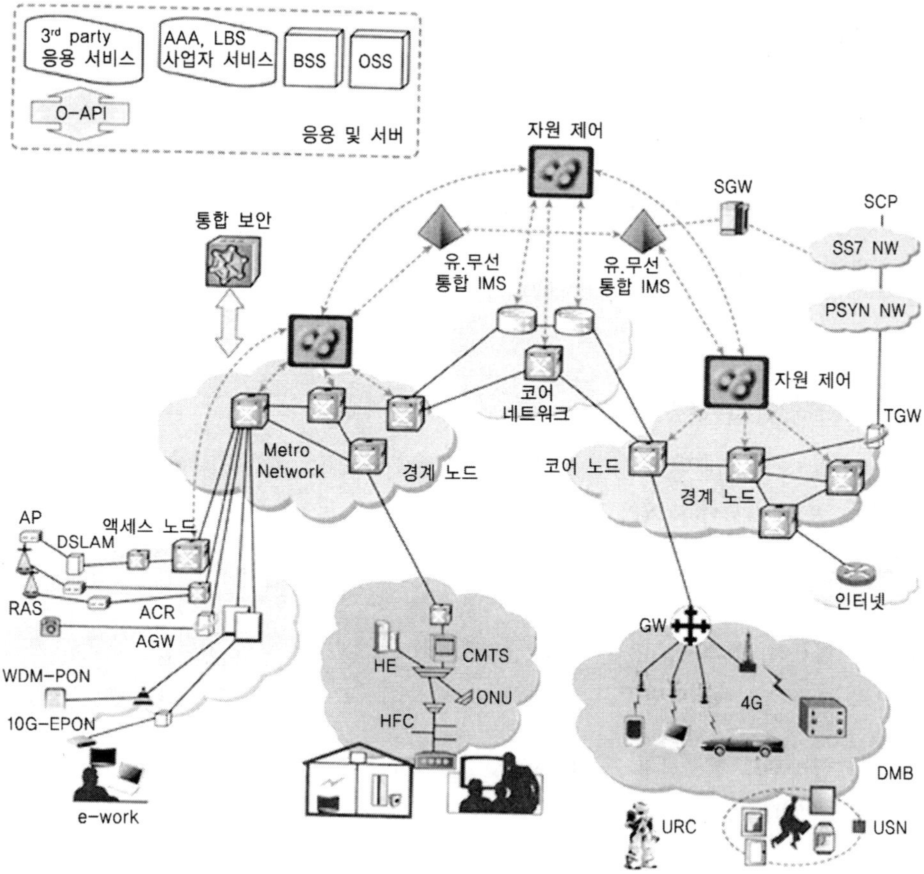

[그림 10.11] BcN 네트워크 구조

다시 말해서, BcN은 통신 · 방송 · 인터넷이 융합된 차세대 통합 네트워크로서, 전화 네트워크, 인터넷 네트워크, 이동통신 네트워크, 방송 네트워크 등을 통합하여 통신과 정보의 종합적인 유비쿼터스 환경을 제공하기 위한 네트워크 구조가 된다.

10.5.3 BcN 서비스

BcN 서비스는 다음의 [표 10.2]에서처럼 통합 및 융합화, 고품질화, 광대역화, 다기능화 등 BcN이 지원하는 기능을 활용하여 제공되는 서비스로 유 · 무선, 음성, 데이터, 방송 서비스 및 다양한 부가서비스로 구분된다.

[표 10.2] BcN 서비스의 분류

구분		1단계	2단계	3단계
BcN 기본 서비스	음성・데이터 통합	VoIP, 영상전화, MMoIP	B-Voice(광대역 VoIP), 고속 MMoIP	B-Voice(CD급 BoIP), 고초속 MMoIP
	유・무선 통합	WPBX, 유무선 연동 영상통화, W-CDMA(3G)	WiBro, W-CDMA(3G)	WiBro, W-CDMA 고도화
	통신・방송 융합	IP-TV, 네트워크 PCR 서비스	HD급 DTV, HD급 IP-TV, 양방향 지상파 DMB, 위성 DMB	실감형 멀티미디어 통화 (PC/유・무선 전화-HD급 DTV)
통합・융합 응용 서비스		양방향 데이터 방송(T-커머스, T-Gov, 고속 XoD, 텔레메틱스, 고신뢰성 VPN)	광대역 X-커머스, X-Gov, B-러닝, 광대역 XoD, U-헬스케어, U-워크서비스, 네트워크 기반 지능형 로봇 응용 서비스, QoS 기반 VPN	USN 서비스 본격 제공, QoS 기반 VPN

[표 10.2]에서 분류된 서비스의 내용을 특성별로 정리하면 다음과 같다.

- 통합・융합화 : 음성・데이터, 유・무선, 통신・방송 융합형 멀티미디어 서비스를 언제 어디서나 편리하게 이용 가능해야 함을 의미한다.
- 고품질화 : 고음질, 고화질의 멀티미디어 서비스를 단대단 혹은 1 대 1 QoS를 보장하여 전달함을 의미한다.
- 광대역화 : 가입자 당 50~100Mbps, 각 무선 기술에 따라 평균 1Mbps를 제공하며, 기지국 당 50Mbps 이상을 보장한다.
- 다기능화 : 보안, 개방형 API를 기반으로 RFID/USN, 홈 네트워크, URC 등 다양한 응용 서비스와 연계됨을 의미한다.

다음의 [그림 10.12]는 다양한 BcN 서비스를 BcN 기술, 서비스(콘텐츠) 제공자, 통신 및 방송 사업자, 서비스 이용자 등의 관점에서 살펴본 것이다.

향후, 보다 향상된 고품격 서비스의 제공을 위해서는 네트워크 고도화는 물론 통합・융합 응용 서비스별 서비스 플랫폼의 고도화 역시 필요하다. 또한, 개방형 API 기반의 소프트웨어 중심 서비스는 서비스(콘텐츠) 사업자 입장에서 중요한 부분을 차지하며, 콘텐츠산업 활성화를 위해서는 서비스 및 제어 계층에서 서비스 제공 기준으로 활용할 수 있는 기술 표준 모델이 요구된다.

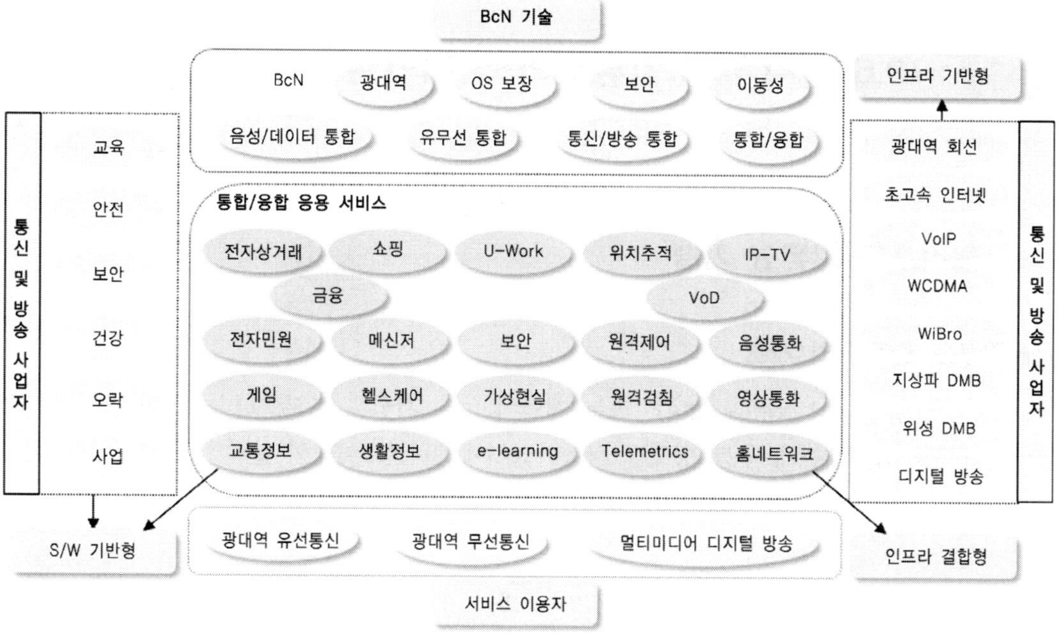

[그림 10.12] BcN 서비스의 분류

10.6 클라우드 컴퓨팅과 빅데이터 기술

10.6.1 클라우드 컴퓨팅 기술

1) 클라우드 컴퓨팅의 개념

클라우드 컴퓨팅(cloud computing)이라는 개념이 나온 시점은 불분명하다. 다만, 복잡한 네트워크 시스템을 나타내는데 구름 형태를 사용하였기에 이러한 이름이 붙여진 것으로 보여진다.

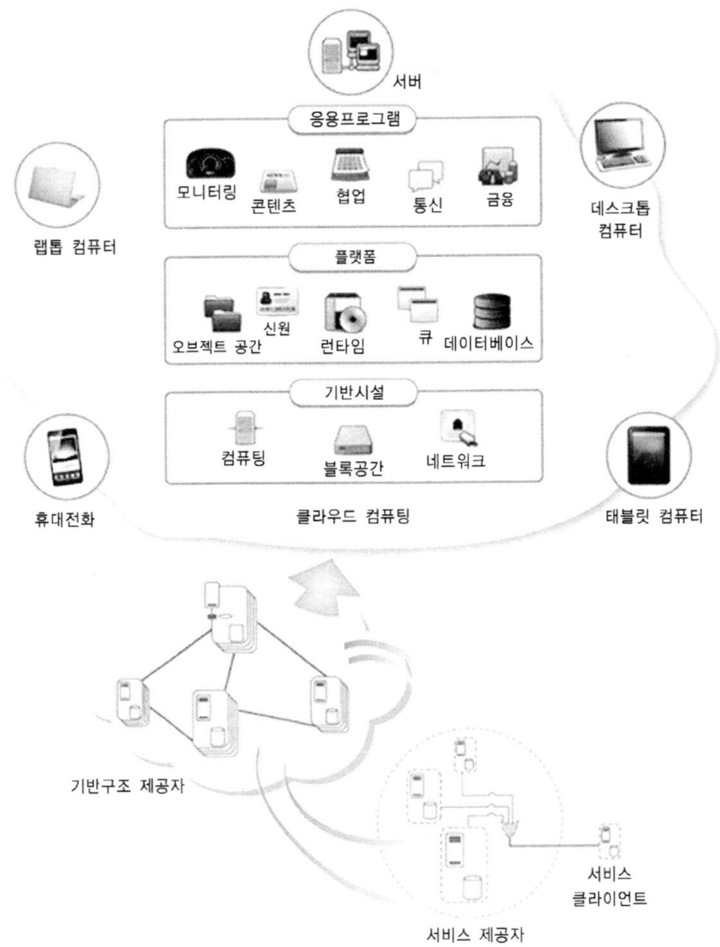

[그림 10.13] 클라우드 컴퓨팅의 개념도

앞에서 표현한 [그림 10.13]은 클라우드 컴퓨팅의 개념에 대한 이해를 돕기 위해 형상화하여 나타낸 것이다. '가상화'라는 이름으로 등장한 클라우드는 기업에서 IT 자원의 효율적인 운영과 예산 절감, 보안 등을 고려할 때 최적의 솔루션으로 각광받고 있다.

클라우드 컴퓨팅은 인터넷 기반의 컴퓨팅 기술을 의미한다. 인터넷상의 유틸리티 데이터 서버에 유용한 프로그램들을 저장해두고 필요할 때마다 컴퓨터나 휴대전화 등으로 불러와서 사용하는 웹 기반 소프트웨어 서비스인 것이다. 따라서, 클라우드 컴퓨팅의 형태를 보면 개인 단말기를 통해 주로 입출력 작업이 이루어지고, 정보 분석이나 처리, 저장, 관리, 유통 등 대부분의 작업은 '클라우드'라고 하는 제3의 공간에서 수행되는 컴퓨팅 환경임을 알 수 있다.

2) 클라우드 컴퓨팅의 서비스

클라우드 컴퓨팅의 기본적인 개념은 사용자들의 컴퓨팅 요구를 만족시키기 위해 인터넷을 이용한다는 것으로서, 'Google Apps'가 그 하나의 대표적인 예이다. Google Apps의 G-mail, 캘린더, 구글 드라이브, 행아웃, 구글 그룹스, 구글 플러스 등 다양한 응용 프로그램을 활용하면 손쉽게 클라우드 컴퓨팅에 의한 업무환경 실현이 가능하다.

또한, IaaS(Infrastructure as a Service)는 기반 구조로서의 서비스를 의미하며, 네이버에서 제공하는 N 드라이브가 대표적인 클라우드 컴퓨팅의 예이다. 이는 단순히 서버와 같은 네트워크 자원을 제공하면서 사용자가 디바이스에 제약 없이 접근하는 것을 허용한다.

PaaS(Platform as a Service)는 플랫폼으로서의 서비스를 의미하며, 사용자가 소프트웨어를 개발할 수 있는 환경을 제공해 주는데, 이 역시 'Google Apps'가 대표적인 예이다.

클라우드 서비스는 보통 공용 클라우드, 사설 클라우드, 하이브리드 클라우드로 구분된다.

- 공용 클라우드 : 아마존 웹 서비스와 같은 외부 서비스 제공자가 관리하며, 인터넷을 통해 접근하기도 하고, 일반적인 공적업무를 위해 이용된다.
- 사설 클라우드 : 서버, 저장장치, 네트워크 데이터, 응용 프로그램 등을 함께 묶어서 회사 내부의 이용자들이 공유할 수 있도록 하는 것이다.
- 하이브리드 클라우드 : 공용 클라우드와 사설 클라우드가 혼용되어 있는 서비스로서, 사설 클라우드를 구축하여 사용 중인 특정 기업이 클라우드 서비스 중의 일부를 공용 클라우드 업체로부터 서비스를 제공받으면서 동시에 사설 클라우드와 연동하여 사용하는 방식을 의미한다.

3) 클라우드 컴퓨팅의 특징

클라우드 컴퓨팅은 초기 구입 비용과 비용 지출이 적게 들고, 다양한 기기를 단말기로 사용하는 것이 가능하며, 서비스를 통해 유용한 사용자 환경을 구현할 수 있다는 점이 큰 장점이다. 또한, 사용자의 데이터를 안전하게 보관할 수 있음은 물론, 전문적인 하드웨어에 대한 지식이 없어도 쉽게 사용이 가능하다는 점에서 매우 유용한 기술이다.

그러나, 서버가 공격당하면 개인정보가 유출될 수 있으며, 서버의 데이터가 손상될 경우 데이터 손실 가능성이 있고, 사용자가 원하는 응용 프로그램을 설치하는 데에 제약이 있거나 새로운 응용을 지원하지 않는다는 점은 큰 단점이 된다. 또한, 통신 환경에 따라 서비스에 영향을 받으며, 개별 정보가 물리적으로 어디에 위치하고 있는지 알기가 어렵다는 것도 문제가 된다.

10.6.2 빅데이터 응용 기술

1) 빅데이터의 개념

빅데이터는 통상적으로 사용되는 데이터 수집 및 관리, 처리하는 소프트웨어의 수용 한계를 넘어서는 대량의 데이터를 의미한다. 즉, 단일 데이터의 크기는 수십 tera-byte에서 수 peta-byte에 이를 수 있으며, 그 이상의 크기가 될 수도 있다. 결국, 빅데이터란 기존 데이터베이스 관리 도구로 데이터를 수집, 저장, 관리, 분석 등의 처리 한계를 초과하는 대량의 정형 또는 비정형 데이터 집합 및 이러한 데이터로부터 가치를 추출하고 결과를 분석하는 기술을 종합적으로 의미한다.

빅데이터의 정의와 관련해서 가트너의 애널리스트인 D. Laney에 의한 '3V' 모델이 많이 인용된다. 그에 따르면, 데이터의 양(Volume), 데이터의 입출력 속도(Velocity) 그리고 데이터 종류의 다양성(Variety)이라는 세 개의 관점에서 데이터의 성격을 정의하고 있다. 최근에는 여기에 진실성(Veracity)이나 가변성(Variability)이라는 요소를 추가하여 '4V'로 정의하기도 한다.

다양한 종류의 대규모 데이터에 대한 생성, 수집, 분석, 표현을 그 특징으로 하는 빅데이터 기술의 발전은 다변화된 현대 사회를 더욱 정확하게 예측하여 효율적으로 작동하게 하고, 개인화된 현대사회의 구성원마다 맞춤형 정보를 제공하고 관리하고 분석까지 가능케 한다.

빅데이터 기술은 방대한 데이터 집합으로부터 일정한 법칙을 추론하여 결과와 행동을 예측하기 위해 통계적 추론과 비선형 시스템 식별의 개념을 일부 활용한다. 오늘날 빅데이터는 정치, 경제, 사회, 문화, 과학 기술 등 전 영역에 걸쳐 사회와 인류에게 가치 있는 정보를 제공할 수 있는 가능성을 제시하며, 그 중요성이 더욱 부각되고 있다.

그러나, 빅데이터는 수많은 개인들의 수많은 정보의 집합으로 정보의 유출에 따른 보안 문제와 사생활 침해라는 문제점을 안고 있어서 이에 대한 적절한 해법이 요구된다.

2) 빅데이터 처리 기법

빅데이터의 처리 기법은 보통 분석 기술과 표현 기술로 구분된다.

빅데이터 분석 기술로는 기존의 데이터 마이닝, 기계 학습, 자연언어 처리, 패턴인식 등이 사용된다. 대규모의 정형/비정형 데이터를 처리하는데 있어 가장 기본적인 분석 기반 구조로 'Hadoop'이 있으며, 데이터를 유연하고 더욱 빠르게 처리하기 위해 NoSQL 기술이 활용되기도 한다.

특히, 최근 소셜 미디어 등 비정형 데이터의 증가로 인해 텍스트 마이닝, 오피니언 마이닝, 소셜 네트워크 분석, 군집 분석 등과 같은 분석 기법들이 주목받고 있다.

각 기법에 대해 간략하게 정리하면 다음과 같다.

- 텍스트 마이닝 : 정형/비정형 텍스트 데이터에서 자연언어 처리 기술에 기반하여 유용한 정보를 추출 및 가공하는 기법이다.
- 오피니언 마이닝 : 소셜 미디어 등의 정형/비정형 텍스트의 긍정, 중립, 부정의 선호도를 판별하는 기법이다.
- 소셜 네트워크 분석 : 소셜 네트워크의 연결 구조 및 강도 등을 기반으로 사용자의 명성과 영향력을 측정하는 기법이다.
- 군집 분석 : 비슷한 특성을 가진 개체들을 합쳐가면서 최종적으로 유사 특성의 군집을 찾아내는 기법이다.

또 다른 빅데이터 처리 기법인 빅데이터 표현 기술은 빅데이터 분석 기술을 통해 분석된 데이터의 의미와 가치를 시각적으로 표현하기 위한 기술로서, 대표적인 예로는 'R'이라는 프로그래밍 언어가 있다.

3) 빅데이터의 활용 사례

지금까지 살펴본 빅데이터 기술을 바탕으로 한 활용 사례를 분야별로 정리해보면 다음과 같다.

- 경제 및 경영 분야 : 아마존닷컴은 모든 고객들의 구매 내역을 데이터베이스에 기록하고, 이 기록을 분석해 소비자의 소비 취향과 관심사를 파악한다. 이런 빅데이터의 활용을 통해 아마존닷컴은 고객별로 '추천상품'을 표시한다. 즉, 고객 개개인마다 취미나 독서 경향을 찾아 그와 일치하다고 생각되는 상품을 메일이나 홈페이지 상에서 해당 고객에게 자동적으로 제시하는 것이다.
- 과학 기술 분야 : 수집된 빅데이터의 보완, 마케팅, 시청률 조사, 경영 등으로부터 체계화된 분류, 연관 문서 등의 데이터 마이닝 과정을 거쳐 유의미한 통계적 결과를 도출해 내는데 적극적으로 활용된다.
- 생물 분야 : DNA, RNA, 단백질 서열 및 유전자들의 발현과 조절에 대한 데이터의 양이 급격히 증가했고, 이에 따라 빅데이터를 활용한 생명의 이해에 관한 논의가 진행되고 있다.
- 의료 분야 : 빅데이터를 활용하여 미국 의료 부문에서 정부 의료 예산의 약 8%에 해당하는 직·간접적인 비용 절감 효과를 기대하고 있다. 특히, 임상실험 분야에서는 의료기관별 진료 방법, 임상 효능, 의료 비용 데이터를 분석하여 보다 효과적이고 적절한 진료 방법을 파악하고, 환자 데이터를 온라인 플랫폼화 하여 의료기관 간 데이터 공유를 통해 치료 효과를 극대화 시킨다.

• 기업 경영 분야 : 대규모의 다양한 데이터를 활용한 빅데이터 경영이 주목 받으면서 데이터 품질 향상과 방대한 데이터 처리에 유용한 데이터 통합(DI : Data Integration) 기술의 중요성이 부각되고 있다. 데이터 통합은 데이터의 추출, 변환, 적재를 위한 ETL 솔루션이 핵심으로, 이를 활용하면 일일이 수많은 데이터를 기업의 데이터 형식으로 코딩하지 않아도 되고 좋은 품질의 데이터를 제공할 수 있다.

• 마케팅 분야 : 인터넷으로 시작해서 인터넷으로 마감하는 생활, 스마트폰을 이용해 정보를 검색하고 쇼핑도 하고, SNS를 이용해서 실시간으로 글을 남기는 등의 다양한 인터넷 활동을 통해 어떤 흔적이 남는다. 이러한 흔적들을 데이터화하여 분석하면 개인의 생활 패턴, 소비성향 등을 예측할 수 있게 된다. 기업들은 이러한 데이터를 통해서 소비자가 원하는 것들을 미리 예측할 수 있어서 빅데이터가 마케팅 자료로 활용할 수 있다는 것을 시사한다.

요 약

1. 네트워크 응용 기술

- 5세대 인프라는 새로운 기술의 탄생이라기보다는 기존의 다양한 네트워크 기술의 융합 및 수용의 형태가 될 것으로 전망하고 있다.
- 향후, 5G 네트워크 서비스는 4G 서비스 보다 수백 배나 빠른 초고속/초연결/대용량 데이터 서비스와 플랫폼, 융합 서비스의 형태가 될 것으로 예상된다.
- 4G 서비스는 누구나(anyone), 언제나(anytime), 어디서나(anywhere), 어떤 서비스(any service)라도 이용 가능하도록 하는 4Any를 목표로 하여 개발되었다.

2. 4G/5G 네트워크 기술

- 4G/5G 네트워크 관련 기술은 일반적으로 무선 주파수 기술, 액세스 네트워크 기술, 코어 네트워크 기술, 응용 기술 등 4개의 구성 요소로 구분된다.
- MIMO(Multiple Input Multiple Output)는 이동통신 환경에서 다수의 안테나를 사용하여 데이터를 교환하는 다중 안테나 신호처리 기술이다.
- OFDM(Orthogonal Frequency Division Multiplexing)은 대역확산 기술을 사용하여 정확한 주파수에서 일정 간격 떨어져 있는 다수의 반송파에 데이터를 분산시키는 기술이다.
- SDR(Software Defined Radio)은 무선 이동통신 시스템에서 3G, 4G 이동통신을 통합하고 나아가 xDSL, CDMA, UMTS, 무선 LAN, 블루투스, 위성통신 등 다양한 통신 수단을 하나의 단말기에서 구현할 수 있도록 하는 개념이다.
- SDN(Software Defined Networking)은 이러한 사용자 응용 지향 스마트 기반 구조에 대한 요구에 부합하는 차세대 네트워크 기술이라고 할 수 있다.
- UWB(Ultra Wide-Band)는 '초광대역' 또는 '무선 디지털 펄스'라고 불리는 차세대 무선통신 기술이다.
- 자율 네트워킹(autonomic networking)이란 인간의 개입을 최소화하면서 환경의 변화에 따라 네트워크 스스로 자율적인 관리 및 제어가 가능하도록 하는 기술이다.
- 가상화(virtualization) 기술이란 "물리적인 컴퓨터 자원의 특징을 다른 시스템, 응용 프로그램, 최종 사용자들이 자원과 상호작용하는 방식으로부터 감추는 기술"로 정의된다.
- 소형 셀(small cell)이란 10m에서 1~2km에 이르는 유효 범위를 가지며, 인가 혹은 비인가 주파수 대역에서 동작한다.

3. MANET 기술

- MANET(Mobile Ad-hoc NETwork)은 고정된 기반 네트워크의 도움 없이 이동 노드들 간에 자율적으로 구성되는 네트워크이다.
- MANET의 핵심 구성 요소는 이동 노드이다.
- MANET의 주요 기술로는 라우팅 기술, 무선 및 미디어 기술, TCP 성능 향상 기술, 보안성 기술 등이 있다.

4. USN 응용 기술

- USN(Ubiquitous Sensor Network)은 RFID와 무선통신 장치를 통해 사물과 온도, 습도, 오염 정도, 균열 등과 같은 환경 정보를 실시간으로 획득, 처리, 활용 가능하도록 하는 네트워크 시스템을 의미한다.
- USN의 구성 요소에는 보통 정보 제공 서버, 게이트웨이, 싱크 노드, 센서 노드 등이 있다.
- USN 구현 기술을 세분화하면, 센서 네트워크 기술, BcN 연동 기술, USN 미들웨어 기술, 응용 서비스 등으로 구분된다.

5. BcN 기술

- BcN은 통신, 방송, 인터넷이 융합된 품질보장형 광대역 멀티미디어 서비스를 언제 어디서나 끊김 없이 안전하게 광대역으로 이용할 수 있도록 하는 융합 네트워크이다.
- BcN 서비스는 통합 및 융합화, 고품질화, 광대역화, 다기능화 등 BcN이 지원하는 기능을 활용하여 제공되는 서비스로서, 유・무선, 음성과 데이터, 방송 서비스 및 다양한 부가서비스 등으로 구분된다.

6. 클라우드 컴퓨팅과 빅데이터 기술

- 클라우드 컴퓨팅은 인터넷 기반의 컴퓨팅 기술을 의미하며, 인터넷상의 유틸리티 데이터 서버에 유용한 프로그램들을 저장해두고 필요할 때마다 컴퓨터나 휴대전화 등으로 불러와서 사용하는 웹 기반 소프트웨어 서비스인 것이다.
- 클라우드 서비스는 보통 공용 클라우드, 사설 클라우드, 하이브리드 클라우드로 구분된다.
- 빅데이터는 통상적으로 사용되는 데이터 수집 및 관리, 처리하는 소프트웨어의 수용 한계를 넘어서는 대량의 데이터를 의미한다.
- 데이터의 양(Volume), 데이터의 입출력 속도(Velocity) 그리고 데이터 종류의 다양성(Variety)이라는 세 개의 관점에서 데이터의 성격을 정의하고 있다.
- 빅데이터의 처리 기법은 보통 분석 기술과 표현 기술로 구분된다.

연습문제

1. 이동통신 기술의 특징을 세대별로 구분하여 설명하시오.

2. 5G 네트워크 서비스의 특징을 4G 네트워크 서비스와 비교했을 때 차이점이 무엇인지 설명하시오.

3. 4G/5G 네트워크 기술 중 MIMO 기술이란 무엇인지 설명하시오.

4. 4G/5G 네트워크 기술 중 SDR 기술과 SDN 기술을 구분하여 설명하시오.

5. MANET 개념에 대해 설명하고, 특징을 열거하시오.

6. MANET의 주요 기술 중 라우팅 기술의 3가지 방식을 구분하여 서술하시오.

7. USN의 개념에 대해 설명하고, 이 기술의 진화 관계를 나열하시오.

8. USN 미들웨어 기술에 대해 서술하시오.

9. BcN의 개념에 대해 설명하시오.

10. BcN 서비스를 4가지로 구분하여 서술하시오.

11. 클라우드 컴퓨팅의 개념에 대해 설명하시오.

12. 클라우드 컴퓨팅의 서비스를 3가지로 구분하여 설명하시오.

13. 클라우드 컴퓨팅의 장단점에 대해 서술하시오.

14. 빅데이터의 정의를 서술하고, 이와 연관된 4V에 대해 열거하시오.

15. 빅데이터의 두 가지 처리 기법에 대해 서술하시오.

데이터 통신과 네트워크

지 은 이	서장원 · 박민식 · 김기태
펴 낸 이	김형근
펴 낸 곳	도서출판 기한재
주　　소	경기도 파주시 회동길 56 (파주출판도시)
전　　화	031)955-0900~2
팩　　스	031)955-0100
등　　록	1990년 3월 15일 제2-968호
발　　행	2023년 3월 10일 1판 4쇄
정　　가	19,000원

Published by Kihanjae Co.

ISBN 978-89-7018-789-1

http://www.kihanjae.com

E-mail : kihanjae@daum.net